短期攻略
センター
化学

三門恒雄 著

駿台文庫

はじめに

　センター試験の問題は，教科書の範囲から広く出題されます。内容は基本的なものから難しいものまでを適度のバランスで含みます。全体のレベル調整は，内容だけでなく出題形式や選択肢などでも行われます。センター試験で高得点を得るためには基礎からムラなく地道に学習を積み重ねていくことが大切ですが，それを実際の成績に結びつけていくためには，精選された問題による演習が不可欠です。

　本書は過去30年以上にわたって出題されてきた共通一次試験，大学入試センター試験の問題について，形式，レベル，内容，頻出度などを綿密に分析し，「化学」の内容にそって改作，編集して出来た問題集で，次のような特長を持っています。

○　1日3題の問題演習で「化学」の内容を1ヶ月程度で終了できます。
○　「化学」の重要なテーマや項目が網羅されています。「化学基礎」の範囲からも少し出題されますので，小問として数題収録してあります。
○　テーマ・項目に基づいて82題の大問に分け，大問ごとにセンター試験での標準的な所要時間，配点，難易度（易★，標準★★，やや難★★★）を示しました。
○　重要事項や関連知識が自然と吸収できるように，解答・解説は「短期攻略のツボ」などを適宜入れて，丁寧で詳しいものにしました。

　以上のような本書の特長を生かすためには，次のような使い方が効果的です。

①毎日少しずつ，所要時間を設定して問題を解く。
　－本番に備え，日頃から時間内で解くことに慣れておきましょう－
②解答をチェックして，出来なかったところや間違えたところに印をつけておく。
　－弱点を把握して，反復練習に備えておきましょう－
③解法をじっくり読んで，解法やポイントをしっかりつかむ。
　－参考書としても役立ててください－
④全分野を一通り終了したら，時間の許す限り問題を反復練習する。
　－時間がなければ，できなかったところだけでも再度やってみましょう－

　これから本書を利用する受験生の皆さん，日々の努力が本番の試験で実を結ぶよう，心より願っております。最後になりましたが，本書の刊行にあたり，駿台文庫編集部の松永正則様と中越邁様には大変お世話になりました。ここに深く感謝を申し上げます。

　　　　　　　　　　　　　　　　　　　　　　　　　　　　　　　　三門　恒雄

目　　次

第1編　物質の状態と平衡

第1章　物質の状態とその変化
1　物質の三態とその変化…………… 8
2　状態変化, 分子間力…………… 10

第2章　気体の性質
3　理想気体の法則………………… 12
4　理想気体の状態方程式, 実在気体 14
5　理想気体の法則の応用(1)………… 16
6　理想気体の法則の応用(2)………… 18
7　蒸気圧の性質…………………… 20

第3章　固体の構造
8　金属の結晶構造………………… 23
9　結晶と化学結合, アモルファス… 24
10　イオン結晶, 共有結合の結晶…… 26

第4章　溶液の性質
11　溶解性と固体の溶解度…………… 27
12　溶液の濃度, 気体の溶解度(ヘンリーの法則) …… 30
13　蒸気圧降下と沸点上昇…………… 32
14　凝固点降下……………………… 33
15　浸透圧…………………………… 34
16　コロイド………………………… 36

第2編　物質の変化と平衡

第1章　化学反応と熱・光エネルギー
17　熱化学方程式…………………… 38
18　燃焼熱, エネルギー図………… 40
19　ヘスの法則と反応熱(1)………… 42
20　ヘスの法則と反応熱(2)………… 43
21　中和熱と溶解熱, 化学反応と光… 44
22　結合エネルギー………………… 46

第2章　化学反応と電気エネルギー
23　酸化還元反応, ダニエル(型)電池 47
24　鉛蓄電池, 燃料電池…………… 50
25　電気分解とファラデーの法則…… 52
26　電気分解の応用(1)……………… 54
27　電気分解の応用(2)……………… 58

第3章　反応速度と化学平衡
28　反応速度と反応速度式………… 60
29　反応速度と化学平衡(1)………… 62
30　反応速度と化学平衡(2)………… 64

第4章　化学平衡と平衡移動
31　平衡移動の原理(1)……………… 66
32　平衡移動の原理(2)……………… 68
33　酸・塩基と電離平衡…………… 70
34　平衡定数………………………… 72

第3編　無機物質

第1章　非金属元素とその化合物
35　17族元素(ハロゲン)とその化合物 73
36　16族・15族元素とその化合物 … 74
37　非金属元素の単体・化合物……… 76
38　気体の性質・発生……………… 77
39　気体の発生装置・捕集・乾燥…… 78
40　気体の性質と反応……………… 81

第2章　金属元素とその化合物
41　1族・2族元素とその化合物 …… 82
42　元素の分類と性質……………… 83
43　13族・14族元素とその化合物 … 84
44　遷移元素とその化合物………… 85

45　炎色反応，遷移元素のイオン……　86
46　金属イオンの反応，錯イオン……　88
47　金属イオンの分離・確認…………　90
48　金属化合物の性質と反応…………　92

第3章　生活と無機物質
49　生活と無機物質……………………　94

第4章　総合問題
50　第4周期までの元素の単体や酸化物　96
51　酸化物の性質，化合物の識別……　97
52　金属・非金属の単体や化合物，薬品の貯蔵　……　98

第4編　有機化合物

第1章　有機化学の基礎
53　組成式・分子式の決定，官能基…　99
54　異性体………………………………100
55　不斉炭素原子，有機化合物の構造　101

第2章　脂肪族炭化水素
56　アルカン，アルケン，アルキン…102
57　不飽和炭化水素の反応……………104

第3章　酸素を含む脂肪族化合物
58　アルコールの反応…………………106
59　アルデヒド・ケトンなどの反応…108
60　カルボン酸…………………………110
61　構造式の決定………………………111
62　エステル……………………………112
63　油脂とそのけん化…………………114

第4章　芳香族化合物
64　ベンゼン，トルエンとその反応…116
65　フェノール，サリチル酸とその反応　………117

66　アニリンとその反応………………120
67　合成反応などの計算………………121
68　有機化合物の分離(1)………………122
69　有機化合物の分離(2)………………124

第5章　生活と有機化合物
70　セッケン，食品，染料……………126
71　医薬品………………………………127

第6章　総合問題
72　脂肪族・芳香族，反応の種類……129
73　有機化合物の性質・反応，実験と装置　……130

第5編　高分子化合物

第1章　高分子化合物の分類と特徴
74　高分子化合物の重合形式と構造…132
75　高分子化合物の分類・特徴，プラスチック　……133

第2章　合成高分子化合物
76　代表的な合成高分子化合物………134
77　合成高分子化合物の構造…………135
78　合成高分子化合物の計算…………136

第3章　天然高分子化合物
79　糖類…………………………………137
80　アミノ酸とタンパク質……………138
81　天然高分子化合物の計算，核酸…139

第4章　生活と高分子化合物
82　繊維・プラスチック，機能性高分子化合物　……140

短期攻略
センター
化学

第1編　物質の状態と平衡
第2編　物質の変化と平衡
第3編　無機物質
第4編　有機化合物
第5編　高分子化合物

第1編 物質の状態と平衡

第1章 物質の状態とその変化

★★1 物質の三態とその変化 【12分・17点】

必要があれば，原子量は次の値を使うこと。H 1.0　O 16

問1　水の状態変化に関する次の問い（a・b）に答えよ。

a　次の文章中の ア ～ ウ に当てはまる語の組合せとして最も適当なものを，下の①〜⑧のうちから一つ選べ。

大気圧（1.013×10^5 Pa）のもとで，氷に熱を加えていくと，図1に示すように温度が変化していき，0℃と100℃で状態の変化が起こる。0℃で氷が水に変化する現象（図中A）を ア といい，100℃で水が水蒸気に変化する現象（図中B）を イ という。水から水蒸気に変化する現象は常温・常圧でも起こっており，この現象は ウ とよばれる。

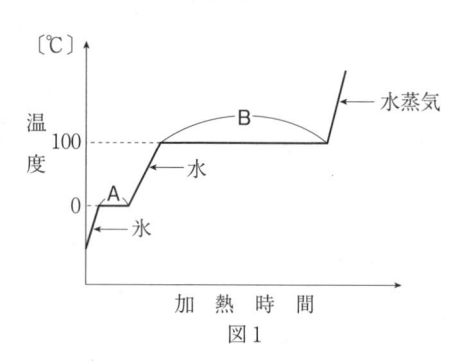

	ア	イ	ウ
①	融解	凝縮	蒸発
②	融解	沸騰	蒸発
③	融解	凝縮	昇華
④	融解	沸騰	昇華
⑤	溶解	凝縮	昇華
⑥	溶解	沸騰	昇華
⑦	溶解	凝縮	蒸発
⑧	溶解	沸騰	蒸発

図1

b　図中のA，Bの区間で加えられる熱量は，H_2O 1 mol あたり A では 6.0 kJ，B では 41 kJ である。0℃の氷 9.0 g を熱して，すべて100℃の水蒸気にするのに必要な熱量は何 kJ か。最も適当な数値を，次の①〜⑤のうちから一つ選べ。ただし，水 1 g の温度を 1 K 上げるのに必要な熱量を 4.2 J とする。

①　20　　②　23　　③　27　　④　30　　⑤　34

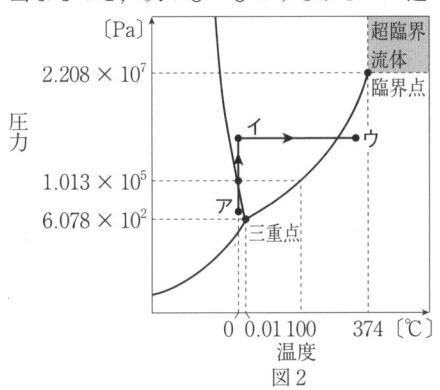

問2 図2は水の状態図である。図中の点ア ⟶ イ ⟶ ウの状態変化として最も適当なものを，次の①〜⑥のうちから一つ選べ。

	ア ⟶ イ ⟶ ウ
①	固体 ⟶ 液体 ⟶ 気体
②	固体 ⟶ 気体 ⟶ 液体
③	液体 ⟶ 固体 ⟶ 気体
④	液体 ⟶ 気体 ⟶ 固体
⑤	気体 ⟶ 液体 ⟶ 液体
⑥	気体 ⟶ 液体 ⟶ 固体

問3 図3は，3種類の物質 A，B，および C について，飽和蒸気圧と温度との関係(蒸気圧曲線)を示したものである。この図によって，次の文中の ☐1☐ , ☐2☐ に当てはまるものを，下の①〜⑥のうちから一つずつ選べ。ただし，同じものをくり返し選んでもよい。

a 大気圧が 1.0×10^5 Pa のとき，沸点の高いものから低いものへの順序は ☐1☐ である。

b 25℃で，揮発しやすいものから揮発しにくいものへの順序は ☐2☐ である。

① A−B−C ② A−C−B
③ B−A−C ④ B−C−A
⑤ C−A−B ⑥ C−B−A

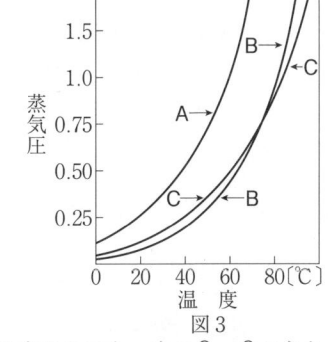

問4 物質の状態に関する記述として下線部に誤りを含むものを，次の①〜⑤のうちから一つ選べ。

① ピストン付き密閉容器内の気体の温度を一定にしたまま体積を小さくすると，単位時間・単位面積あたり容器の壁に衝突する分子の数が増える。
② 温度を上げると気体中の分子の拡散が速くなるのは，気体の分子がエネルギーを得て，その運動が活発になるからである。
③ 蒸気圧が一定の密閉容器内では，液体の表面から飛び出した分子は再び液体中にもどらない。
④ 大気中に放置したビーカー中の液体が蒸発して次第にその量が減少するのは，蒸発した分子が空気中に拡散していくからである。
⑤ 固体から液体へ状態が変化すると，この物質を構成する分子は，融解熱に相当するエネルギーを得て，自由に移動できるようになる。

★★2 状態変化,分子間力 【11分・18点】

問1 容積を変えることができる容器に,気体を入れて,気体分子の速さの分布を測定したところ,図1に示す曲線Aが得られた。次に,ある条件を変えて再び測定したところ,曲線Bとなった。この変化に対応する操作として最も適当なものを,次の①~④のうちから一つ選べ。

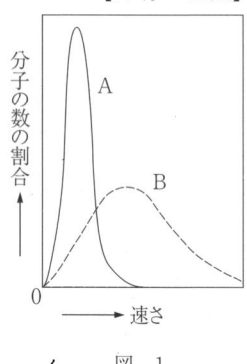

① 気体の種類を変えず,温度一定のもとで,圧力を増加させた。
② 気体の種類を変えず,圧力一定のもとで,温度を上昇させた。
③ 気体の種類を変えず,温度,圧力一定のもとで,分子の数を増すことによって体積を増加させた。
④ 温度,圧力,体積一定のもとで,気体の種類を分子量のより大きなものに変えた。

図 1

問2 次の問い(**a**・**b**)に答えよ。

a 容積を変えることができる密閉容器の中に,一定温度でベンゼンの蒸気と液体とが共存し,平衡状態にある。ベンゼンの蒸気圧 P〔Pa〕と容器の容積 V〔L〕の関係を表すグラフとして最も適当なものを,次の①~④のうちから一つ選べ。

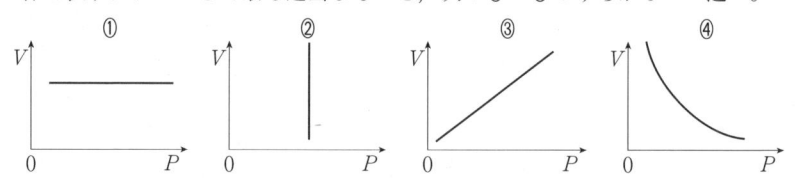

b 1.013×10^5 Pa のもとで純水を常温からゆっくり冷却する。全体が凍結するまでの冷却時間と温度 T〔K〕の関係を表すグラフとして最も適当なものを,次の①~④のうちから一つ選べ。

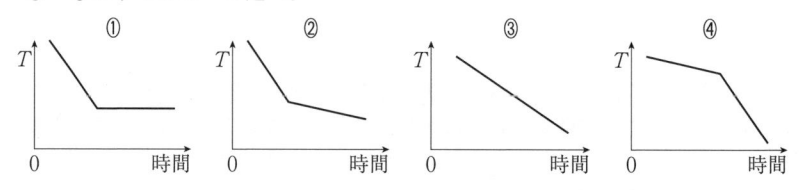

問3 次の記述①~⑤のうちから，下線をつけた部分に誤りを含むものを一つ選べ。
① 液体の蒸気圧が温度の上昇とともに高くなるのは，蒸発熱以上のエネルギーをもつ液体分子の割合が増加するためである。
② 一定気圧のもとで沸騰している液体の蒸気圧は，液体の種類に関係なく，すべて同一である。
③ ふた付きの椀に熱い吸い物を入れて室温で放置すると，ふたが取れにくくなるのは，主として椀の中の水蒸気圧が低下するためである。
④ 海水は純水よりも沸点が高いので，海水のほうが同温の純水よりも水蒸気圧が高い。
⑤ ナフタレンは分子間の結合力が弱いために，結晶は室温で昇華しやすい。

問4 分子と分子の間にはたらく力に関する記述として誤りを含むものを，次の①~⑤のうちから一つ選べ。
① 実在気体では分子間力がはたらいている。
② 1個の水分子は，隣接する水分子4個と水素結合をつくることができる。
③ メタン分子の間の分子間力は，水分子の間の水素結合の強さよりも強い。
④ 塩化水素分子は極性をもつので，分子間に静電気的な引力がはたらく。
⑤ 直鎖飽和炭化水素の炭素鎖が長くなると，分子間力が強くなる。

問5 次の図1は，14族，15族および16族元素の水素化合物の沸点を比較したものである。AとB，CとDおよびEとFは，それぞれ同じ族の元素の化合物である。B, D, Fの組合せとして正しいものを，次の①~⑥のうちから一つ選べ。

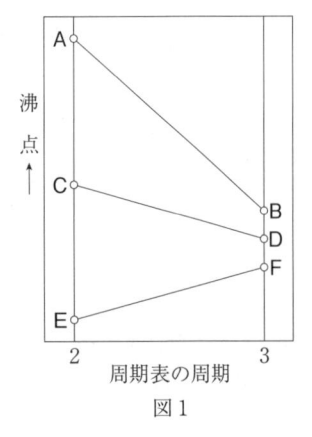

	B	D	F
①	SiH_4	PH_3	H_2S
②	SiH_4	H_2S	PH_3
③	PH_3	SiH_4	H_2S
④	PH_3	H_2S	SiH_4
⑤	H_2S	SiH_4	PH_3
⑥	H_2S	PH_3	SiH_4

図1

第2章 気体の性質

√★★3 理想気体の法則 【17分・17点】

必要があれば，原子量は次の値を使うこと。
H 1.0 He 4.0 C 12 N 14 O 16 Ne 20

問1 一定量の理想気体について，次の **a**〜**e** の関係を示すグラフを，それぞれ下の①〜⑧のうちから一つずつ選べ。ただし，同じものをくり返し選んでもよい。また，座標の原点はいずれも0とする。

a 圧力を一定としたとき，体積と絶対温度との関係
b 圧力を一定としたとき，絶対温度と体積の比の値と，絶対温度との関係
c 体積を一定としたとき，圧力と絶対温度との関係
d 温度を一定としたとき，圧力と体積との関係
e 温度を一定としたとき，圧力と体積の積の値と，圧力との関係

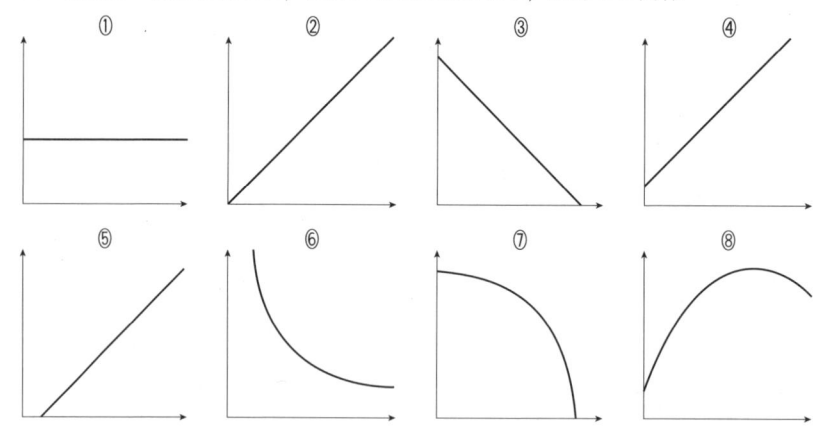

問2 水素ガスを容積1Lの容器に入れ，密封して400Kに加熱したところ，圧力は 3.32×10^5 Pa となった。容器内の水素の質量は何gか。最も適当な数値を，次の①〜⑥のうちから一つ選べ。ただし，気体定数は 8.3×10^3 Pa·L/(mol·K) とする。
① 0.1 ② 0.2 ③ 1 ④ 2 ⑤ 10 ⑥ 20

問3　容積 200 mL の容器がある。この容器に 20℃, 1.0×10^5 Pa の純粋な気体を満たしたときと，この容器を真空にしたときとでは，質量に 0.25 g の差があった。これに関する次の問い(**a**・**b**)に答えよ。ただし，気体定数は 8.3×10^3 Pa・L/(mol・K) とする。

a この気体の分子量に最も近い値を，次の①〜⑦のうちから一つ選べ。
① 16　② 26　③ 28　④ 30　⑤ 32
⑥ 42　⑦ 44

b この気体は何か。次の①〜⑤のうちから一つ選べ。
① 窒素　② 酸素　③ 二酸化炭素　④ 一酸化窒素
⑤ アセチレン

問4　図1中の2本の曲線は，同じ質量の気体 A および B のそれぞれについて，同じ温度における体積と圧力との関係を示したものである。A と B の組合せとして最も適当なものを，次の①〜⑥のうちから一つ選べ。ただし，A および B はともに理想気体とみなす。

図1

	A	B
①	水素	ヘリウム
②	ヘリウム	水素
③	窒素	ネオン
④	ネオン	窒素
⑤	窒素	一酸化炭素
⑥	一酸化炭素	窒素

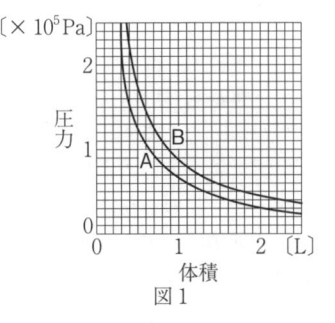

✓ ★★ 4　理想気体の状態方程式，実在気体　【19分・20点】

必要があれば，原子量は次の値を使うこと。H 1.0　C 12　O 16　S 32　Cl 35.5

問1　二酸化炭素(a)，塩素(b)，硫化水素(c)がそれぞれ別々の容器に入れてある。それらの気体の温度と密度は，みな等しいものとする。3種の気体の圧力の大小関係を正しく示しているものを，次の①〜⑧のうちから一つ選べ。ただし，気体はすべて理想気体と見なしてよいものとする。

① a＞b＞c　② a＞c＞b　③ b＞a＞c
④ b＞c＞a　⑤ c＞a＞b　⑥ c＞b＞a
⑦ a＝b＞c　⑧ b＞a＝c

問2　容積の等しい容器A，B，Cを真空にしたのち，それぞれ次の気体を封入した。

容器A：27℃，2.0×10^5 Paで2.5Lの体積を占める一酸化炭素
容器B：1.6gのメタン
容器C：標準状態で5.0Lの体積を占める窒素

封入後の容器の温度を27℃に保ったとき，容器内の圧力の高いものから順に並べると，どのようになるか。正しいものを，次の①〜⑥のうちから一つ選べ。ただし，気体はいずれも理想気体とし，気体定数は8.3×10^3 Pa・L/(mol・K) とする。

① A＞B＞C　② A＞C＞B　③ B＞A＞C
④ B＞C＞A　⑤ C＞A＞B　⑥ C＞B＞A

問3　容積4.1Lのフラスコに，27℃で1.0×10^5 Paの二酸化炭素を満たし，小さな穴をあけたアルミニウム箔でふたをした。これを，ある温度まで加熱したところ，フラスコの中から0.050 molの二酸化炭素が追い出された。フラスコは熱膨張しないとすれば，この温度は何℃か。最も適当な数値を，次の①〜⑤のうちから一つ選べ。ただし，大気圧は1.0×10^5 Paとし，気体定数は8.3×10^3 Pa・L/(mol・K) とする。

① 102　② 156　③ 375　④ 429　⑤ 477

問4　高度10000 mにおいて，大気圧は2.6×10^4 Pa，温度は－50℃である。気球が20℃，1.0×10^5 Paの海水面から上昇してこの高度に達したとき，気球の体積は何倍になるか。最も適当な数値を，次の①〜⑤のうちから一つ選べ。ただし，気体は理想気体であるとし，気球は自由に膨張できるものとする。

① 0.34　② 1.7　③ 2.9　④ 3.8　⑤ 5.0

問5 図1の実線は，水素とメタンそれぞれ1 mol について，0℃で圧力を変化させたときの PV/T の値を示したものである。ここで，P は圧力[Pa]，V はモル体積[L/mol]，T は絶対温度[K]である。また，q は $P \to 0\,\text{Pa}$ における PV/T の値である。この図に関する次の問い(**a**・**b**)に答えよ。

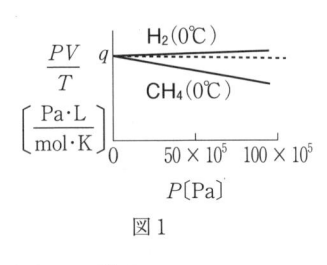

図1

a q の値に最も近い数値を，次の①～⑥のうちから一つ選べ。
　　① 0.083×10^3　② 0.12×10^3　③ 0.50×10^3　④ 1.0×10^3
　　⑤ 2.0×10^3　⑥ 8.3×10^3

b PV/T の値が圧力によって変化しないためには（上の図の破線で表される場合），分子はどのような性質をもっていなくてはならないか。正しいものを，次の①～⑥のうちから一つ選べ。
　　① 分子自身の体積が，圧力の増加にともなって減少する。
　　② 分子間力が働かず，分子自身の体積もゼロである。
　　③ 圧力を上げると，分子間に大きな引力がはたらく。
　　④ 圧力を上げると，分子間に大きな反発力がはたらく。
　　⑤ 圧力を上げると，分子の解離が起こる。
　　⑥ 圧力を上げると，二つの分子の会合が起こる。

★★5 理想気体の法則の応用(1)　【13分・13点】

必要があれば，原子量は次の値を使うこと。N 14　O 16　Ar 40

問1 気体の圧力・体積・温度を変化させることができるコック付きの容器(図1)を用いて下記の〔実験1〕および〔実験2〕を行った。下の問い(**a**・**b**)に答えよ。ただし，気体は理想気体とし，温度の上昇による容器の熱膨張はないものとする。

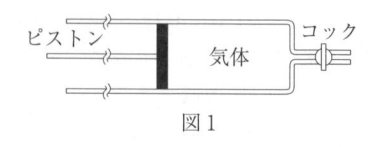

図1

〔実験1〕 圧力 3×10^5 Pa，体積 1 L，温度 100 K でピストンを固定した。次に，容器内の温度を 400 K に上げ，**コックを開き**，大気(圧力 1×10^5 Pa，400 K)に開放した後，コックを閉じた。

a このとき，容器内の気体の全物質量は初めの何倍に変化したか。最も適当な数値を，次の①～⑥のうちから一つ選べ。

① $\frac{1}{12}$　② $\frac{1}{6}$　③ $\frac{1}{3}$　④ $\frac{1}{2}$　⑤ $\frac{2}{3}$　⑥ $\frac{3}{4}$

〔実験2〕 圧力 3×10^5 Pa，体積 1 L，温度 100 K で図1の**コックを閉じ**，ピストンを動かせるようにした。次に，圧力と温度を調節して，図2のように(1)→(2)→(3)→(4)の順に気体の状態を変化させた。

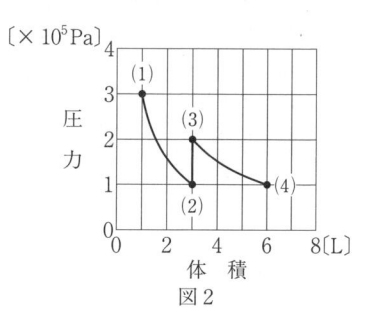

b このときの圧力と温度の関係として最も適当なグラフを，次の①～⑤のうちから一つ選べ。

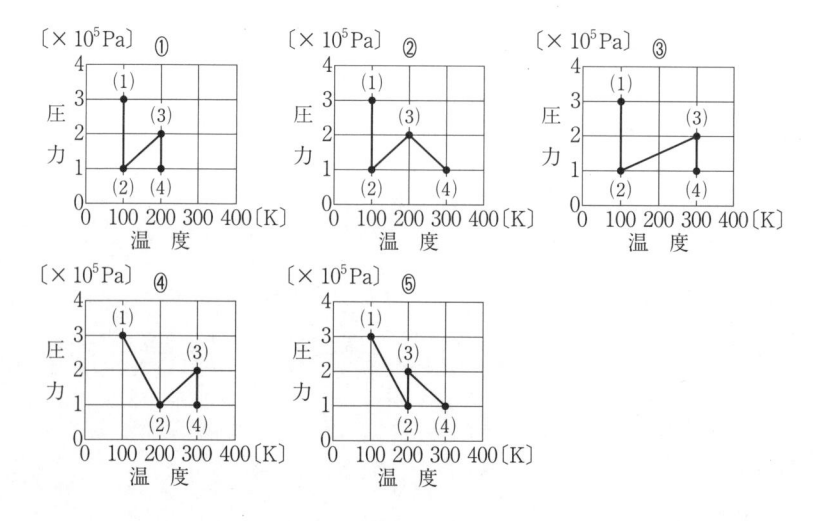

図2

問2　ある温度で，1.0×10^5 Pa の酸素 6.0 L と 2.0×10^5 Pa のアルゴン 2.0 L を混合した。この混合気体の平均分子量はおよそいくらか。最も適当な数値を，次の①〜⑤のうちから一つ選べ。
　① 18　　② 26　　③ 28　　④ 35　　⑤ 38

問3　気体に関する記述として正しいものを，次の①〜⑥のうちから二つ選べ。ただし，解答の順序は問わない。
　① 体積一定で気体の温度を 100℃から 200℃にすると，圧力は 2 倍になる。
　② 温度を一定に保って気体を圧縮すると，圧力が増加する。これは，圧縮によって気体分子の運動速度が大きくなるためである。
　③ ある温度で，0.10 mol の窒素を入れた容器内の圧力が 0.10×10^5 Pa であった。この容器にさらに 0.02 mol の酸素を加えると，同じ温度での圧力は 0.12×10^5 Pa となる。
　④ 空気中の酸素と窒素の組成比は一定で，定比例の法則を満足している。
　⑤ 酸素と窒素が物質量の比で 1 : 4 である混合気体の密度は，標準状態で $(28.0 \times 0.8 + 32.0 \times 0.2) \div 22.4 = 1.29$ 〔g/L〕である。
　⑥ 二酸化窒素を含む空気を集気びんに入れてふたをし，長時間放置しておくと，空気よりも重い二酸化窒素は集気びんの底の方へ集まってくる。

★★★ 6 理想気体の法則の応用(2) 【30分・24点】

必要があれば、原子量は次の値を使うこと。H 1.0　C 12　O 16　Al 27　Ca 40

問1 二つのフラスコからなる図1の容器を用いて、27℃、1.0×10^5 Pa の水素 H_2 1L と、27℃、2.0×10^5 Pa の二酸化炭素 CO_2 1L を、コックを開いて混ぜあわせ、長時間放置して、均一な混合気体をつくった。次の問い(**a**・**b**)に答えよ。

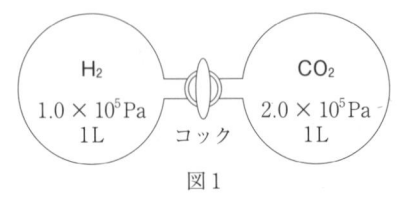

図1

a 得られたこの混合気体に関する記述として**誤りを含むもの**を、次の①～⑤のうちから一つ選べ。

① 左右のフラスコ内にある分子は、開いてあるコックを通じて互いに拡散しあう。
② 水素分子と二酸化炭素分子の熱運動は、温度を上げると激しくなる。
③ 気体をすべて理想気体とすれば、水素の分圧は27℃で 0.5×10^5 Pa である。
④ 気体をすべて理想気体とすれば、全圧は27℃で 1.5×10^5 Pa である。
⑤ 全体を-173℃に冷却すると、全圧は約3分の1に減少する。

b 上記の混合気体の密度は、27℃、1.0×10^5 Pa の水素の密度の何倍となるか。最も適当な数値を、次の①～④のうちから一つ選べ。

① 22.5　② 23.0　③ 45.0　④ 46.0

問2 カルシウムとアルミニウムとからなる合金がある。この合金中の二つの元素の量は、カルシウム1molに対しアルミニウム2molの割合になっている。これに関して次の問い(**a**・**b**)に答えよ。

a この合金中に含まれるカルシウムの質量パーセント(%)はいくらか。最も適当な数値を、次の①～⑥のうちから一つ選べ。

① 2.5　② 3.7　③ 28.7　④ 33.3　⑤ 42.6
⑥ 67.5

b この合金0.47gをとり、塩酸に完全に溶かしたとき、発生する水素は、標準状態で何Lか。最も適当な数値を、次の①～⑥のうちから一つ選べ。

① 0.22　② 0.36　③ 0.45　④ 0.60　⑤ 0.72　⑥ 0.90

問3 図2のように，内容積を1:2の割合に仕切った密閉容器がある。Aの部分にはアンモニアNH_3，Bの部分には塩化水素HClが，室温で，それぞれ圧力$1×10^5 Pa$で入っている。これに関して次の問い(a・b)に答えよ。ただし，気体はすべて理想気体とする。

図2

a 仕切りを取り去り，十分な時間が経過した後の室温での状態として最も適当なものを，次の①〜⑤のうちから一つ選べ。
① NH_3とHClが均等に混合した気体となる。
② NH_3とHClがすべて反応して，NH_4Clの気体となる。
③ NH_3とHClがすべて反応して，NH_4Clの固体を生じる。
④ すべてのHClはNH_4Clになり，未反応のNH_3が残る。
⑤ すべてのNH_3はNH_4Clになり，未反応のHClが残る。

b aの状態における容器内の圧力〔Pa〕として最も適当な数値を，次の①〜⑤のうちから一つ選べ。
① 0　② $\frac{1}{3}×10^5$　③ $\frac{1}{2}×10^5$　④ $\frac{2}{3}×10^5$　⑤ $1×10^5$

問4 触媒の入った容積12Lの反応容器に，400Kでエチレン1.00molと酸素0.50molの混合気体を封入したところ，次の二つの反応が同時に進行した。

$2C_2H_4 + O_2 \longrightarrow 2CH_3CHO$

$C_2H_4 + 3O_2 \longrightarrow 2CO_2 + 2H_2O$

酸素がすべて消費されたとき，生成したアセトアルデヒドと二酸化炭素の物質量の比は2:1であった。このとき，反応容器内の全圧は400Kで何Paか。また，生成したアセトアルデヒドの質量は何gか。最も適当な数値を，次の①〜⑧のうちから一つずつ選べ。ただし，反応容器内の物質はすべて気体であり，気体定数は$8.3×10^3 Pa・L/(mol・K)$とする。

全圧　1　Pa，アセトアルデヒドの質量　2　g
① $1.3×10^5$　② $2.2×10^5$　③ $3.6×10^5$　④ $4.1×10^5$
⑤ 14　⑥ 18　⑦ 26　⑧ 32

★★7 蒸気圧の性質　　　　　　　　　　　　【18分・15点】

必要があれば，原子量は次の値を使うこと。H1.0　O16

問1 水への溶解度が無視できる気体の分子量を求めるため，図1に示す装置を使って，次の a～d の順序で実験を行った。

a 気体がつまった耐圧容器の質量を測定したところ，W_1〔g〕であった。

b 耐圧容器から，ポリエチレン管を通じて気体をメスシリンダーにゆっくりと導き，内部の水面が水槽の水面より少し上まで下がったとき，気体の導入をやめた。メスシリンダーの目盛りを読んだところ，気体の体積は V_1〔L〕であった。

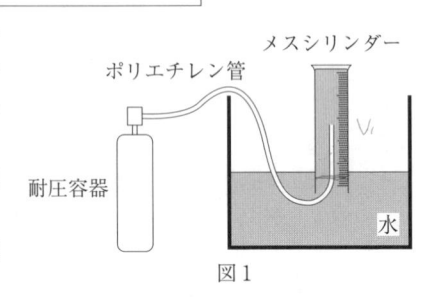

c メスシリンダーを下に動かし，内部の水面を水槽の水面と一致させて目盛りを読んだところ，気体の体積は V_2〔L〕であった。

d ポリエチレン管を外して耐圧容器の質量を測定したところ，W_2〔g〕であった。

　実験中，大気圧は P〔Pa〕，気温と水温は常に T〔K〕であった。水の蒸気圧を p〔Pa〕，気体定数を R〔Pa・L/(mol・K)〕とするとき，気体の分子量はどのように表されるか。最も適当なものを，次の①～⑥のうちから一つ選べ。ただし，ポリエチレン管の内容積は無視できるものとする。

① $\dfrac{RT(W_1-W_2)}{(P+p)V_1}$　② $\dfrac{RT(W_1-W_2)}{PV_1}$　③ $\dfrac{RT(W_1-W_2)}{(P-p)V_1}$

④ $\dfrac{RT(W_1-W_2)}{(P+p)V_2}$　⑤ $\dfrac{RT(W_1-W_2)}{PV_2}$　⑥ $\dfrac{RT(W_1-W_2)}{(P-p)V_2}$

問2　容積1Lの真空の容器に水を入れ，100℃に保って内部の圧力を測定した。水の質量を0〜1gの範囲で変えたとき，内部の圧力はどのように変わるか。最も適当なグラフを，次の①〜⑥のうちから一つ選べ。ただし，大気圧 1.013×10^5 Pa における水の沸点は，100℃である。また，気体定数は 8.3×10^3 Pa・L/(mol・K) とする。

① 圧力 $[\times 10^5 \text{Pa}]$　水の質量 [g]
② 圧力 $[\times 10^5 \text{Pa}]$　水の質量 [g]
③ 圧力 $[\times 10^5 \text{Pa}]$　水の質量 [g]
④ 圧力 $[\times 10^5 \text{Pa}]$　水の質量 [g]
⑤ 圧力 $[\times 10^5 \text{Pa}]$　水の質量 [g]
⑥ 圧力 $[\times 10^5 \text{Pa}]$　水の質量 [g]

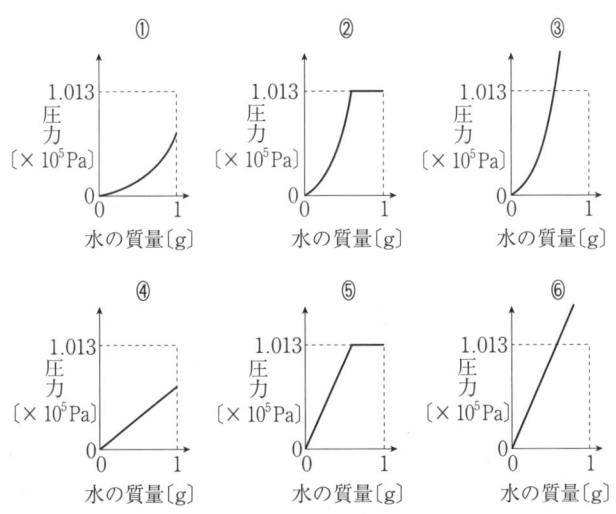

問3　次の物質ア〜エを，それぞれ容積1Lの容器に入れて密閉し，0〜100℃の範囲で温度を変化させた。そのときの各容器内の圧力変化を図2に示す。直線または曲線 a〜d と物質との組合せとして最も適当なものを，下の①〜⑥のうちから一つ選べ。ただし，気体定数は 8.3×10^3 Pa・L/(mol・K) とする。

ア　0.02 mol の酸素
イ　0.04 mol の窒素
ウ　0.01 mol の水
エ　0.03 mol のジエチルエーテル

	a	b	c	d
①	ア	イ	ウ	エ
②	ア	ウ	エ	イ
③	ア	エ	イ	ウ
④	イ	ウ	ア	エ
⑤	イ	エ	ウ	ア
⑥	イ	エ	ア	ウ

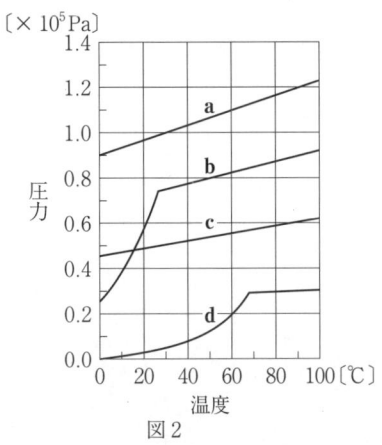

図2

問4 次の文章中の ア ・ イ に入れる数値の組合せとして最も適当なものを，下の①〜⑤のうちから一つ選べ。

図3は水の蒸気圧曲線を示す。ピストン付きの密閉容器に水 0.020 mol と窒素 0.020 mol を入れ，容器内の圧力を 1.0×10^5 Pa に保ちながら 110℃ まで加熱して，水を完全に気化させた。この圧力を保ちながら温度を下げていったとき， ア ℃で水が凝縮し始めた。さらに温度を イ ℃まで下げたとき，容器には 0.025 mol の気体が残った。

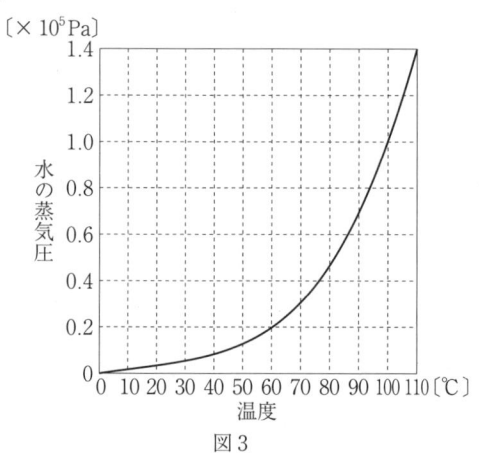

図3

	ア	イ
①	100	90
②	100	60
③	100	50
④	82	60
⑤	82	50

第3章 固体の構造

★★ 8 金属の結晶構造　　　　　　　　　　　　　　【13分・14点】

問1　同じ大きさの球を用いて，面心立方格子と体心立方格子をつくった。図1は，それぞれの格子の，配列の最小単位(単位格子)を示したものである。これらに関する記述として正しいものを，下の①〜⑤のうちから一つ選べ。

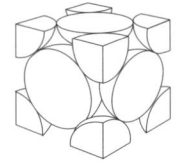

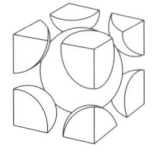

面心立方格子　　　体心立方格子

図1

① 面心立方格子の方が，体心立方格子よりも単位格子内に含まれる球の数が多い。
② 面心立方格子と体心立方格子では，単位格子の一辺の長さが等しい。
③ 面心立方格子と体心立方格子では，一つの球に接する球の数が等しい。
④ 面心立方格子よりも体心立方格子の方が，同じ体積で比べると球が密に詰め込まれている。
⑤ 面心立方格子と体心立方格子は，ともに単位格子の中心に隙間がない。

問2　金属元素AとBの結晶の構造はともに体心立方格子である。AとBの結晶の密度をそれぞれ d_A と d_B，単位格子の体積をそれぞれ V_A と V_B とする。また，AとBの原子量を，それぞれ M_A と M_B とする。単位格子の体積の比 $\dfrac{V_A}{V_B}$ を与える式として最も適当なものを，次の①〜⑤のうちから一つ選べ。

① $\dfrac{d_A M_B}{d_B M_A}$　　② $\dfrac{d_B M_B}{d_A M_A}$　　③ $\dfrac{d_A M_A}{d_B M_B}$　　④ $\dfrac{d_B M_A}{d_A M_B}$　　⑤ $\dfrac{d_A d_B}{M_A M_B}$

問3 銀は図2に示すように，面心立方格子(最密構造)からなる結晶をつくる。この結晶に関する次の問い(**a**・**b**)に答えよ。

a 図の立方体の一辺の長さは原子の半径の何倍になるか。最も適当なものを，次の①〜⑥のうちから一つ選べ。

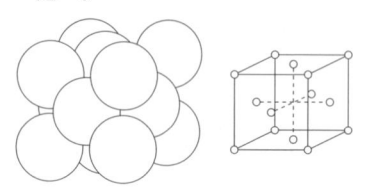

図2

① $\dfrac{2}{\sqrt{3}}$　② $\sqrt{2}$　③ 2　④ $\dfrac{4}{\sqrt{3}}$　⑤ $2\sqrt{2}$　⑥ $2\sqrt{3}$

b 銀の結晶の単位格子の一辺をa〔cm〕，銀のモル質量をW〔g/mol〕，結晶の密度をd〔g/cm³〕とするとき，アボガドロ定数N_A〔/mol〕を表す式として正しいものを一つ選べ。

① $\dfrac{W}{a^3 d}$　② $\dfrac{2W}{a^3 d}$　③ $\dfrac{4W}{a^3 d}$　④ $\dfrac{Wd}{a^3}$　⑤ $\dfrac{2Wd}{a^3}$　⑥ $\dfrac{4Wd}{a^3}$

★★9 結晶と化学結合，アモルファス　　　　　　　　　　　【14分・20点】

問1 水に関する記述として**誤りを含むもの**を，次の①〜⑤のうちから一つ選べ。
① 水分子の構造は折れ線形(くの字形)である。
② 水分子の酸素原子と水素原子の間で共有されている電子は，酸素原子のほうに引き寄せられている。
③ 水分子は配位結合をつくることができる。
④ 水分子が金属イオンに水和するとき，水分子の水素原子が金属イオンと結合する。
⑤ 水分子は，水素イオンを他の物質から受け取るとき，塩基として働く。

問2 次の**a〜d**は，ナトリウム，銅，黒鉛(グラファイト)の3種類の物質について，結晶構造の特徴を述べたものである。下線部が正しいものの組合せを，下の①〜⑥のうちから一つ選べ。

a ナトリウムの結晶(体心立方格子)では，単位格子中に2個の原子が含まれている。
b 銅の結晶(面心立方格子)では，どの原子も，等距離にある8個の原子で囲まれている。
c 黒鉛の結晶では，ファンデルワールス力(分子間力)による結合は存在しない。
d 銅と黒鉛では，結晶内を動きやすい価電子が存在するので，どちらの物質も電気をよく通す。

① a, b　② a, c　③ a, d　④ b, c　⑤ b, d　⑥ c, d

問3 塩化ナトリウムの結晶は，図1に示すように，ナトリウムイオンと塩化物イオンが交互に並んでいる。この結晶に関する次の問い(**a**・**b**)に答えよ。

a 塩化ナトリウムのイオン結晶において，Cl^-イオンはいくつのNa^+イオンと隣接しているか。最も適当な数を，次の①〜⑤のうちから一つ選べ。

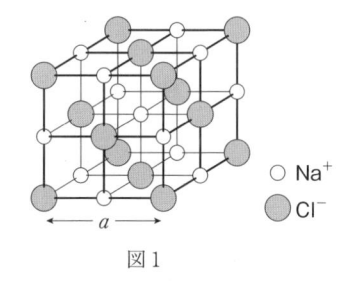

① 2　② 4　③ 6　④ 8　⑤ 10

b 図の立方体の一辺の長さをa[cm]，結晶の密度をd[g/cm^3]，アボガドロ定数をN_A[/mol]とするとき，塩化ナトリウムの式量をあたえる式として最も適当なものを，次の①〜⑥のうちから一つ選べ。

① $\dfrac{da^3 N_A}{8}$　② $\dfrac{da^3 N_A}{4}$　③ $\dfrac{da^3 N_A}{2}$　④ $\dfrac{8N_A}{da^3}$　⑤ $\dfrac{4N_A}{da^3}$

⑥ $\dfrac{2N_A}{da^3}$

問4 物質の構造に関連する記述として**誤り**を含むものを，次の①〜⑤のうちから一つ選べ。

① 塩化ナトリウムの結晶中では，ナトリウムイオンと塩化物イオンはそれぞれ面心立方格子をつくっている。
② ダイヤモンドは，1個の炭素原子に4個の炭素原子が正四面体状に共有結合した構造をもっている。
③ ヘキサシアニド鉄(Ⅲ)酸イオンは，八面体型構造をもつ錯イオンである。
④ 氷の中の水分子は，それを取り囲む他の水分子と水素結合によって，三次元的につながっている。
⑤ 二酸化ケイ素の結晶は，ケイ素と酸素がイオン結合によって，三次元的につながったものである。

問5 非晶質(アモルファス)に関する次の記述**a〜c**のうち正しいものはどれか。すべてを選んだものを，下の①〜⑦のうちから一つ選べ。

a 非晶質は，原子・分子の配列に規則性がない。
b 非晶質や結晶は，一定の融点を示す。
c アモルファスシリコンは，太陽電池に利用されている。

① **a**　② **b**　③ **c**　④ **a, b**　⑤ **a, c**　⑥ **b, c**
⑦ **a, b, c**

★★★ 10 イオン結晶，共有結合の結晶

【13分・13点】

問1 図1は，原子Aの陽イオン(●)と原子Bの陰イオン(○)からできたイオン結晶の単位格子(結晶格子のくり返しの基本単位)を示している。この化合物の組成式として最も適当なものを，次の①～⑦のうちから一つ選べ。

① AB_3　② A_4B_9　③ AB_2　④ AB
⑤ A_2B　⑥ A_9B_4　⑦ A_3B

● Aの陽イオン
○ Bの陰イオン
図1

問2 図2は，原子Aの陽イオンと原子Bの陰イオンからなる結晶の単位格子を示したものである。この単位格子は一辺の長さがaの立方体である。この結晶に関する記述として正しいものを，次の①～⑤のうちから一つ選べ。

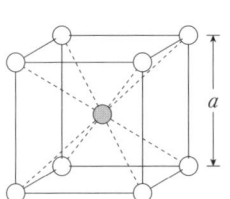

① 陽イオンと陰イオンとの最短距離は$\sqrt{3}a$である。
② 単位格子の一辺の長さaは，AとBの原子量およびアボガドロ定数だけから求められる。
③ 組成式はAB_8である。
④ 陽イオンに隣接する陰イオンの数と，陰イオンに隣接する陽イオンの数は等しい。
⑤ この単位格子は面心立方格子とよばれる。

● Aの陽イオン
○ Bの陰イオン
図2

問3 ある元素の原子だけからなる共有結合の結晶がある。結晶の単位格子(立方体)と，その一部を拡大したものを図3に示す。単位格子の一辺の長さをa〔cm〕，結晶の密度をd〔g/cm³〕，アボガドロ定数をN_A〔/mol〕とするとき，下の問い(**a**, **b**)に答えよ。

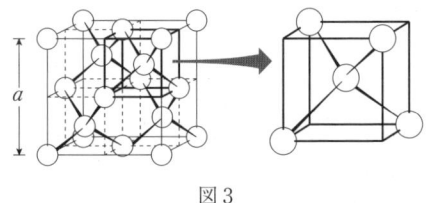

図3

a この元素の原子量はどのように表されるか。最も適当な式を，次の①～④のうちから一つ選べ。

① $\dfrac{a^3 d N_A}{8}$　② $\dfrac{a^3 d N_A}{9}$　③ $\dfrac{a^3 d N_A}{10}$　④ $\dfrac{a^3 d N_A}{12}$

b 原子間結合の長さ〔cm〕はどのように表されるか。最も適当な式を，次の①～④のうちから一つ選べ。

① $\dfrac{\sqrt{2}a}{4}$　② $\dfrac{\sqrt{3}a}{4}$　③ $\dfrac{\sqrt{2}a}{2}$　④ $\dfrac{\sqrt{3}a}{2}$

第4章　溶液の性質

★★11　溶解性と固体の溶解度　【19分・21点】

問1　溶解性について述べた次の記述 a ～ d のうちで，ヘキサン，塩化ナトリウム，塩化銀のそれぞれに当てはまるものはどれか。最も適当な組合せを，下の①～⑥のうちから一つ選べ。

a　水にはよく溶けるが，ベンゼンにはほとんど溶けない。
b　水にはほとんど溶けないが，ベンゼンにはよく溶ける。
c　水にもベンゼンにもよく溶ける。
d　水にもベンゼンにもほとんど溶けない。

	ヘキサン	塩化ナトリウム	塩化銀
①	b	a	d
②	d	a	d
③	b	a	b
④	d	c	d
⑤	b	c	b
⑥	d	c	b

問2　次の化合物①～⑥のうちから，水に溶けて，その水溶液が電気をよく導くものを一つ選べ。

①　一酸化炭素　　②　エタノール　　③　四塩化炭素　　④　二酸化ケイ素
⑤　二酸化窒素　　⑥　グルコース（ブドウ糖）

問3　図1は，ある結晶の水に対する溶解度（水100gに溶ける溶質のグラム数）と温度との関係を示したものである。水100gにこの結晶を溶かした60℃の水溶液Aがある。これを20℃まで冷却したところ，7.0gの結晶が析出した。はじめの水溶液Aを濃縮して，60℃の飽和水溶液にするためには，少なくとも何gの水を蒸発させなければならないか。最も適当な数値を，次の①～⑤のうちから一つ選べ。ただし，結晶は水和水（結晶水）を含まない。

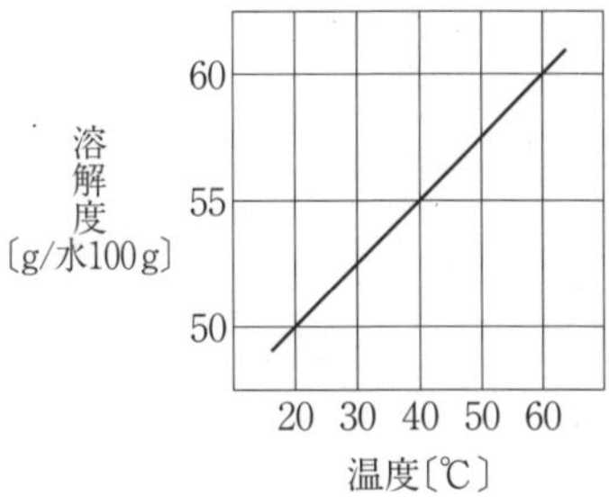

①　3.0　　②　5.0　　③　7.0　　④　10.0　　⑤　12.0

図1

問4 図2の曲線は硝酸カリウムの水に対する溶解度(水 100 g に溶ける溶質の質量〔g〕)と温度との関係を示している。図中 A 点(●)にある溶液 500 g を 40℃ まで冷却するとき,析出する硝酸カリウムの結晶の質量〔g〕はいくらか。最も適当な数値を,次の①〜⑤のうちから一つ選べ。

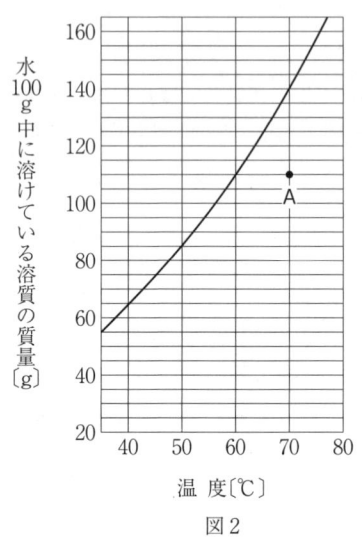

図2

① 21   ② 45   ③ 75   ④ 107   ⑤ 225

問5　図3は，水に対する硝酸カリウムと硝酸ナトリウムの溶解度曲線であり，縦軸（溶解度）は水100gに溶ける無水物の最大量[g]を示している。硝酸ナトリウム90gと硝酸カリウム50gの混合物を，60℃で100gの水に溶かした。この溶液に関する記述として**誤りを含むもの**を，下の①～⑤のうちから一つ選べ。ただし，溶解度は他の塩が共存しても変わらないものとする。

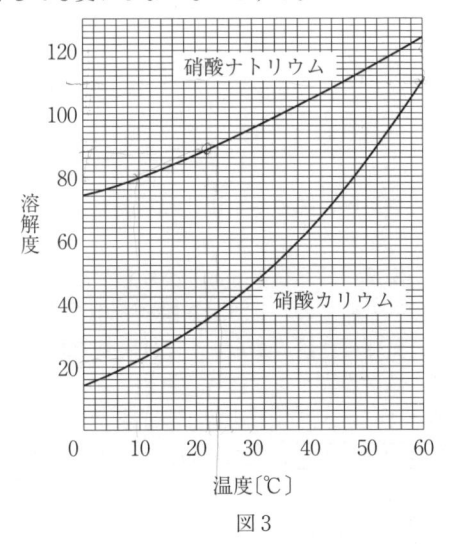

図3

① 硝酸カリウムが析出し始めるのは，およそ32℃まで冷却したときである。
② 22℃まで冷却すると，硝酸ナトリウムと硝酸カリウムの混合物が析出する。
③ 20℃から0℃に冷却したときに析出する量は，硝酸カリウムの方が硝酸ナトリウムより多い。
④ 10℃まで冷却したとき，溶液中に含まれる溶質の質量パーセント濃度は硝酸カリウムの方が高い。
⑤ 60℃から0℃の間で，硝酸ナトリウムのみを析出させることはできない。

問6　ある濃度の硫酸銅(Ⅱ)水溶液205gを，60℃から20℃に冷却したところ，25gの$CuSO_4 \cdot 5H_2O$(式量250)の結晶が得られた。もとの水溶液に含まれていた$CuSO_4$(式量160)の質量は何gか。最も適当な数値を，次の①～⑤のうちから一つ選べ。ただし，$CuSO_4$(無水塩)は，水100g当たり，60℃で40g，20℃で20gまで溶ける。

① 32　② 46　③ 48　④ 53　⑤ 80

★★12 溶液の濃度，気体の溶解度（ヘンリーの法則）　【23分・25点】

必要があれば，原子量は次の値を使うこと。H 1.0　O 16　Cl 35.5

問1　次の文章中の ⬜1⬜ 及び ⬜2⬜ に当てはまる最も近い数値を，下の①〜⑧のうちからそれぞれ一つずつ選べ。ただし，同じものを繰り返し選んでもよい。

密度が 1.18 g/cm³ で，HCl を 35％（質量パーセント）含んでいる塩酸がある。この塩酸の濃度は ⬜1⬜ mol/L であり，0.05 mol/L の希塩酸 500 mL をつくるのに，この塩酸 ⬜2⬜ mL が必要である。

① 0.05　② 0.5　③ 1.0　④ 1.1　⑤ 2.0　⑥ 2.2　⑦ 3.1　⑧ 11.3

問2　気体や固体の水への溶解に関する記述として正しいものを，次の①〜⑤のうちから一つ選べ。
① 気体の溶解度は，温度が低くなるほど，小さくなることが多い。
② 気体の溶解度は，一定温度のもとで，気体の圧力に無関係である。
③ 気体の溶解度は，気体の種類によらず，ほぼ同じである。
④ 固体の溶解度は，温度が高くなるほど，大きくなることが多い。
⑤ イオン結晶は溶けにくいが，分子結晶は溶けやすい。

問3　次の文章中の ⬜3⬜ 〜 ⬜5⬜ に入れるのに最も近い数値を，下の①〜⑧のうちから一つずつ選べ。ただし，同じものをくり返し選んでもよい。また，気体定数は 8.3×10^3 Pa·L/(mol·K) とする。

27℃，1.0×10^5 Pa の酸素は，水 1 L につき 30 mL 溶ける。この場合，水 1 L に溶けている酸素の質量は ⬜3⬜ mg である。

温度を 27℃ に保ったまま，酸素の圧力を 5.0×10^5 Pa にすると，水 1 L に溶け得る酸素の質量は ⬜4⬜ mg となり，その体積は 27℃，5.0×10^5 Pa の下では，⬜5⬜ mL である。

① 21　② 30　③ 38　④ 43　⑤ 107　⑥ 150　⑦ 190
⑧ 215

第4章 溶液の性質

問4 図1のようなピストン付き容器に，酸素で飽和した水と酸素とが圧力1×10^5 Pa で閉じこめてある。このときの気体の酸素の体積をVとする。ピストンを押し，容器内の圧力をはじめの2倍に保って，十分な時間放置した。このときの気体の酸素の体積に関する記述として正しいものを，次の①〜⑤のうちから一つ選べ。ただし，実験はすべて5℃で行ったものとする。また，水の蒸気圧の影響は無視してよい。

① 0になる。　　② $\dfrac{V}{2}$ より少し大きくなる。

③ $\dfrac{V}{2}$ になる。　　④ $\dfrac{V}{2}$ より少し小さくなる。

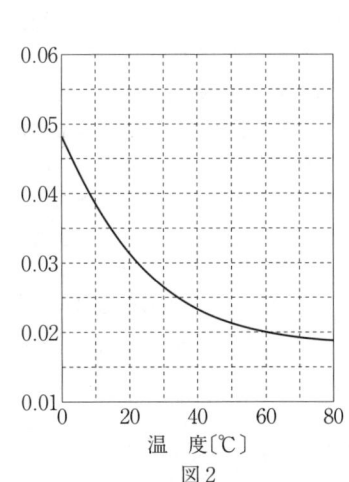

⑤ Vのまま変化しない。

図1

問5 0℃，1×10^5 Pa で，1L の水に窒素は 0.029 g，酸素は 0.068 g 溶ける。0℃において，10×10^5 Pa の空気（体積比で窒素：酸素＝4：1）と平衡になった水 10L の質量を A〔g〕とする。この水を同じ温度で 1×10^5 Pa の空気中に放置したところ，その質量が B〔g〕になった。A と B の差はいくらか。最も適当な数値を，次の①〜⑤のうちから一つ選べ。ただし，水は蒸発しないものとする。

① 0.33　　② 0.37　　③ 3.3　　④ 3.7　　⑤ 4.9

問6 水に対する酸素の溶解度曲線を図2に示す。縦軸は，1×10^5 Pa で水 1mL に溶ける酸素の体積を，標準状態での値に換算したものである。0℃で 2×10^5 Pa の酸素と接していた 4.0L の水を，同じ圧力で 60℃に温めたとき，出てくる酸素は何 g か。最も適当な数値を，次の①〜⑤のうちから一つ選べ。

① 0.32　　② 0.22　　③ 0.16
④ 0.11　　⑤ 0.080

図2

13 蒸気圧降下と沸点上昇　　【10分・12点】

問1 図1のように，空気を除いて密閉した容器のA側に純水を入れ，B側に高濃度のスクロース水溶液を入れる。この容器を室温で長く放置するとき，水面の高さはどうなるか。正しい記述を，次の①〜⑤のうちから一つ選べ。

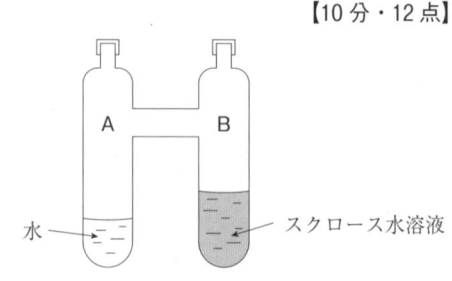

① A，Bそれぞれの側で蒸発する水分子の数と，凝縮する水分子の数がつり合っているので，水面の高さに変化がない。

② B側の水面がA側より高いので，B側からA側へ水分子が移り，やがて水面の高さが一致する。

③ B側の水蒸気圧がA側より低いため，B側では蒸発する水分子より凝縮する水分子の数が多く，B側の水面がさらに高くなる。

④ 純水を得る蒸留器と同じ機能をもつため，B側で蒸発する水分子がA側で凝縮し，A側の水面が高くなる。

⑤ B側では蒸気圧降下により沸点が上昇するため，A側でのみ蒸発と凝縮が起こり，水面の高さには変化がない。

問2 図2のAで示される曲線は，水の飽和蒸気圧曲線である。またBで示される曲線は，水1kgにスクロース0.1molを溶かした水溶液の飽和蒸気圧曲線である。水1kgに塩化ナトリウム0.1molを溶かした水溶液の沸点はおよそ何℃か。最も適当なものを，次の①〜⑥のうちから一つ選べ。ただし，塩化ナトリウムは水溶液中で完全に電離しているものとする。

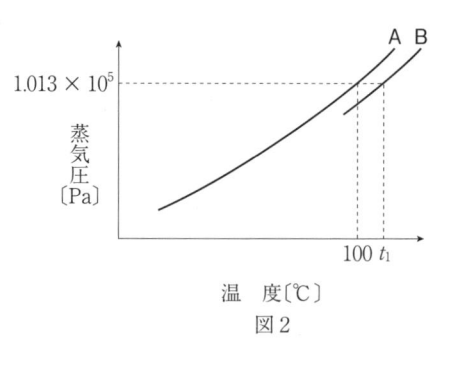

① 100　　② t_1　　③ $2t_1$　　④ $t_1 - 100$　　⑤ $2(t_1 - 100)$
⑥ $2(t_1 - 100) + 100$

問3 次に示す濃度0.10mol/kgの水溶液a〜cについて，沸点の高い順に並べたものとして正しいものを，下の①〜⑥のうちから一つ選べ。

　　a　塩化マグネシウム水溶液　　b　尿素水溶液　　c　塩化カリウム水溶液

① $a > b > c$　　② $a > c > b$　　③ $b > a > c$　　④ $b > c > a$
⑤ $c > a > b$　　⑥ $c > b > a$

★★ 14 凝固点降下 【15分・14点】

問1 次の文章を読んで、下の問い(**a**・**b**)に答えよ。

有機化合物Xの分子量を求めるために、凝固点降下度を測定した。

純ベンゼンをガラスの容器に入れ、かき混ぜながら、氷で冷却したときの温度変化の様子(冷却曲線)を図1の曲線Aで示す。温度は最初急激に変化し、凝固点以下まで下がった後、少し上昇してから温度一定の状態が続き、再び急激に下がる。

また、ベンゼン50.0gに、化合物X 1.22gを溶解した溶液の冷却曲線を図1の曲線Bで示す。曲線Aでは領域Ⅰにおいて温度が一定に保たれるが、曲線Bでは温度が徐々に下がる。

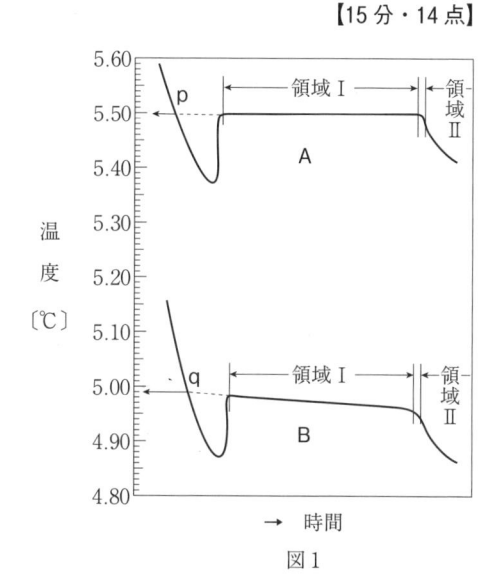

a 図1に関する記述として**誤りを含むもの**を、次の①〜⑤のうちから一つ選べ。

① 曲線Aの領域Ⅰでは、液体と固体のベンゼンが共存している。
② 曲線Aの領域Ⅰにおける温度は、ベンゼンの量に無関係である。
③ 曲線Bの領域Ⅰでは、ベンゼンが部分的に凝固している。
④ 曲線Bの領域Ⅰで温度が徐々に下がるのは、ベンゼン溶液中の化合物Xの濃度が減少するからである。
⑤ 曲線Aの領域Ⅱと曲線Bの領域Ⅱでは、いずれもベンゼンは完全に凝固している。

b 純ベンゼンおよび化合物Xを加えた溶液の凝固点は、図中の点pおよび点qで示される温度である。図1の冷却曲線から凝固点降下度を読み取り、化合物Xの分子量を計算すると、いくらになるか。最も適当な数値を、次の①〜⑤のうちから一つ選べ。ただし、ベンゼンのモル凝固点降下は5.1 K・kg/molである。

① 25 ② 63 ③ 122 ④ 207 ⑤ 244

問2 凝固点降下度が最も小さい水溶液を，次の①～⑤のうちから一つ選べ。ただし，電解質を溶質とする場合の凝固点降下の大きさは，一定質量の溶媒に溶けているイオンの総数に比例するものとする。
① 0.30 mol/kg スクロース（ショ糖）水溶液
② 0.50 mol/kg グルコース（ブドウ糖）水溶液
③ 0.30 mol/kg KCl 水溶液
④ 0.30 mol/kg AlK$(SO_4)_2$ 水溶液
⑤ 0.20 mol/kg K_2SO_4 水溶液

問3 1価の陽イオンと1価の陰イオンとから成る電解質がある。この電解質 0.01 mol を水 1000 g に溶かした溶液の凝固点降下度は ΔT であった。非電解質 1 mol を水 1000 g に溶かした溶液の凝固点降下度を ΔT_0 とすれば，この電解質の電離度を表す式として正しいものはどれか。次の①～⑥のうちから一つ選べ。

① $\dfrac{100\Delta T - \Delta T_0}{2\Delta T_0}$ ② $\dfrac{\Delta T - \Delta T_0}{2\Delta T_0}$ ③ $\dfrac{\Delta T - \Delta T_0}{200\Delta T_0}$

④ $\dfrac{100\Delta T - \Delta T_0}{\Delta T_0}$ ⑤ $\dfrac{\Delta T - \Delta T_0}{\Delta T_0}$ ⑥ $\dfrac{\Delta T - \Delta T_0}{100\Delta T_0}$

★★15 浸透圧　【16分・17点】

問1 浸透圧に関する次の問い（**a**・**b**）に答えよ。

a 希薄溶液と純溶媒が，半透膜を隔てて接しているときに生じる浸透圧は，理想気体の状態方程式と同じ形の式で表される。一定温度で，濃度が 1 g/L の溶液の浸透圧と溶質の分子量との関係を示す図を，次の①～⑥のうちから一つ選べ。

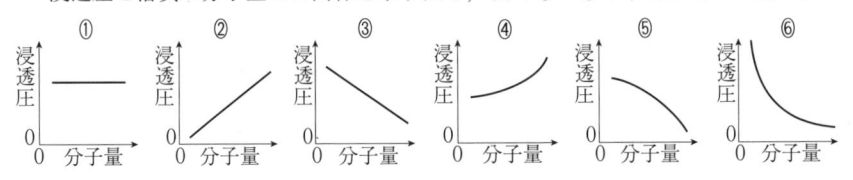

b 浸透圧が生じる理由を説明した記述として正しいものを，次の①～④のうちから一つ選べ。
① 溶液中の溶質分子が半透膜の細孔をふさぐから。
② 溶液側から溶質分子が浸透する速さが，溶媒側から溶媒分子が浸透する速さよりも大きいから。
③ 溶液側から溶媒分子が浸透する圧力が，溶媒側から溶媒分子が浸透する圧力よりも大きいから。
④ 溶液側から溶媒分子が浸透する圧力が，溶媒側から溶媒分子が浸透する圧力よりも小さいから。

問2　ある非電解質 0.84 g を水に溶かして 500 mL にした溶液の浸透圧は，27℃で 1.23×10^4 Pa であった。この物質の分子量はいくらか。最も適当な数値を，次の①～⑤のうちから一つ選べ。ただし，気体定数は 8.3×10^3 Pa·L/(mol·K) とする。
① 34　② 85　③ 170　④ 340　⑤ 680

問3　半透膜と浸透圧に関する記述として**誤りを含むもの**を，次の①～⑤のうちから一つ選べ。
① セロハン膜は半透膜としてよく利用される。
② 純水と薄いタンパク質水溶液を半透膜で仕切り，液面の高さをそろえると，タンパク質水溶液側に水が移動する。
③ 薄いデンプン水溶液の浸透圧は，デンプン濃度に比例する。
④ 薄いデンプン水溶液の浸透圧は，溶液の温度によらない。
⑤ 海水に圧力をかけて半透膜を通すことにより，海水を淡水化できる。

問4　次の文章中の　ア　・　イ　に入れる語句の組合せとして最も適当なものを，下の①～④のうちから一つ選べ。

水分子は通すがスクロース（ショ糖）分子は通さない半透膜を中央に固定したU字管がある。図1のように，A側に水を，B側にスクロース水溶液を，両方の液面の高さが同じになるように入れた。十分な時間をおくと液面の高さに h の差が生じ，　ア　の液面が高くなった。次にA側とB側の両方に，それぞれ体積 V の水を加え，放置したところ，液面の差は h より小さくなった。ここでA側から体積 $2V$ の水をとり除き，十分な時間放置したところ，液面の差は　イ　。ただし，A側から体積 $2V$ の水をとり除いたときも，A側の液面はU字管の垂直部分にあるものとする。また，水の蒸発はないものとする。

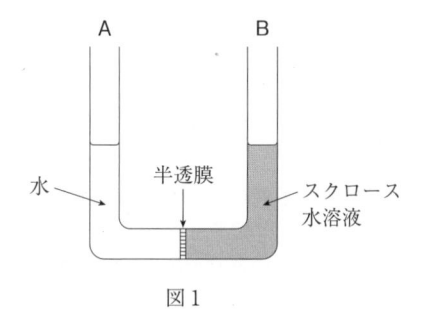

図1

	ア	イ
①	A側	なくなった
②	A側	h にもどった
③	B側	なくなった
④	B側	h にもどった

16 コロイド 【13分・17点】

問1 次の文章中の 1 ～ 4 に入れるのに最も適当な語を，それぞれの解答群のうちから一つずつ選べ。

水酸化鉄(Ⅲ)のコロイド溶液に少量の電解質を加えると 1 が起こる。このようなコロイドは 2 コロイドとよばれる。しかし 3 のコロイド溶液は 4 コロイドであるから，これに電解質を加えても 1 は起こりにくい。

1 の解答群
① 凝析　② 透析　③ 溶解　④ 潮解

2 , 4 の解答群
① 疎水　② 親水　③ 金属

3 の解答群
① 粘土　② 金　③ デンプン

問2 金は密度の大きい金属であるが，金のコロイド粒子は水中に分散して，沈殿しない。その理由についての記述として正しいものを，次の①～④のうちから一つ選べ。
① 多数の水分子がコロイド粒子の表面をとりまいて，コロイド粒子が凝集するのを妨げているから。
② コロイド粒子は電気を帯びているため，コロイド粒子間に反発力が作用するから。
③ コロイド粒子は水分子よりはるかに大きくて，動きにくいから。
④ コロイド粒子は水分子よりはるかに大きいため，大きな浮力を受けるから。

問3 あるコロイド水溶液に，硫酸カリウムあるいは硝酸カリウムを少量加えたところ，沈殿が生じた。このとき，沈殿の生成に必要な塩の最小モル濃度は，硫酸カリウムのほうが硝酸カリウムより小さかった。これに関する記述として正しいものを，次の①～⑤のうちから一つ選べ。
① この溶液は正の電荷をもつコロイド溶液である。
② この溶液中で沈殿が生じる現象を塩析という。
③ この溶液は親水コロイド溶液である。
④ この溶液は保護コロイド溶液である。
⑤ 硫酸カリウムの最小モル濃度が硝酸カリウムと比べて小さいのは，硫酸カリウムの式量のほうが大きいからである。

問4 次の記述 a～e について，それぞれに最も関係の深い語句を，下の①～⑨のうちから一つずつ選べ。ただし，同じものをくり返し選んでもよい。

a 河川水を浄化して水道水とするとき，硫酸アルミニウムを加えて，粘土などコロイド状の不純物を沈殿除去する。

b デンプンとグルコースの混合溶液をセロハンの袋に入れ，純水中に浸すと，グルコースのみが袋の外に出てくる。

c コロイド溶液を限外顕微鏡で見ると，コロイド粒子が絶えず不規則に動いているのが観察される。

d 墨汁には炭素の微粒子が沈殿しないように，アラビアゴムなどが加えられている。

e タンパク質の水溶液に多量の硫酸ナトリウムを加えると，沈殿が生じる。

① 凝析　② 塩析　③ 透析　④ 電気泳動　⑤ ブラウン運動
⑥ 乳化　⑦ 親水コロイド　⑧ 疎水コロイド　⑨ 保護コロイド

第2編　物質の変化と平衡

第1章　化学反応と熱・光エネルギー

★★17　熱化学方程式　【11分・12点】

必要があれば，原子量は次の値を使うこと。H 1.0　O 16

問1　次の熱化学方程式(1)・(2)をもとにした記述として**誤り**を含むものを，下の①〜④のうちから一つ選べ。

$$2CO + O_2 = 2CO_2 + 566 \text{ kJ} \quad (1)$$
$$C(黒鉛) + O_2 = CO_2 + 394 \text{ kJ} \quad (2)$$

①　$CO_2 \longrightarrow C(黒鉛) + O_2$ の反応は，吸熱反応である。
②　$2CO \longrightarrow C(黒鉛) + CO_2$ の反応は，吸熱反応である。
③　一酸化炭素 2 mol と酸素 1 mol がもっているエネルギーの和は，二酸化炭素 2 mol がもっているエネルギーより大きい。
④　一酸化炭素の生成熱は，111 kJ/mol である。

問2　次の熱化学方程式(1)〜(4)を参考にした記述として**誤り**を含むものを，下の①〜④のうちから一つ選べ。

$$CO(気) + \frac{1}{2}O_2(気) = CO_2(気) + 282.6 \text{ kJ} \quad (1)$$
$$H_2O(液) = H_2O(気) - 43.9 \text{ kJ} \quad (2)$$
$$H_2(気) + \frac{1}{2}O_2(気) = H_2O(気) + 241.6 \text{ kJ} \quad (3)$$
$$NaOH(固) + aq = NaOHaq + 44.3 \text{ kJ} \quad (4)$$

①　6 g の水を蒸発させるためには，14.6 kJ の熱を加えなければならない。
②　液体の水の生成熱は，197.7 kJ/mol（発熱）である。
③　1 mol の水酸化ナトリウムを，多量の水に溶解したときに発生する熱量は，44.3 kJ である。
④　一酸化炭素と水蒸気から，二酸化炭素と水素が生成する反応は，発熱反応である。

問3 次の熱化学方程式(1)～(6)と関連して考えられる事項についての記述として誤りを含むものを，下の①～④のうちから一つ選べ。

$$H_2(気) + \frac{1}{2}O_2(気) = H_2O(液) + 285.5 \text{kJ} \tag{1}$$

$$H_2(気) + \frac{1}{2}O_2(気) = H_2O(気) + 241.6 \text{kJ} \tag{2}$$

$$N_2(気) + O_2(気) = 2NO(気) - 180.6 \text{kJ} \tag{3}$$

$$AgNO_3(固) + aq = AgNO_3 aq - 22.6 \text{kJ} \tag{4}$$

$$NaOH(固) + aq = NaOH aq + 44.3 \text{kJ} \tag{5}$$

$$NaOH(固) + HCl aq = NaCl aq + H_2O(液) + 100.7 \text{kJ} \tag{6}$$

① 水の蒸発熱は，43.9 kJ/mol である。
② 一酸化窒素の生成熱は，-90.3 kJ/mol である。
③ 純水に硝酸銀を溶解させると，溶液の温度が下がる。
④ 水酸化ナトリウム水溶液と塩酸の中和熱は，100.7 kJ/mol より大きい。

★★ 18 燃焼熱, エネルギー図　　【20分・15点】

必要があれば, 原子量は次の値を使うこと。H 1.0　C 12　O 16

問1　次の文章中の ─1─, ─2─ に当てはまる最も適当な数値を, 下の①〜⑦のうちから一つずつ選べ。

グルコース(ブドウ糖) $C_6H_{12}O_6$ が完全に燃焼するとき, 1 mol あたり 2800 kJ の熱量が発生する。したがって, グルコース 1g あたりの発熱量は ─1─ kJ である。また, この反応で, 酸素 O_2 1 mol が消費されるときの発熱量は ─2─ kJ である。

① 7.9　② 15.6　③ 31.3　④ 234　⑤ 309　⑥ 467
⑦ 932

問2　メタンとエタンの燃焼熱は, それぞれ 890 kJ/mol, 1560 kJ/mol である。標準状態で 44.8 L を占めるメタンとエタンの混合気体を完全に燃焼させたところ, 2785 kJ の熱が発生した。この混合気体中には, 物質量で何%のメタンが含まれていたか。最も適当な数値を, 次の①〜⑤のうちから一つ選べ。

① 15　② 25　③ 50　④ 75　⑤ 85

問3　図1は, 炭素, 水素, 酸素から二酸化炭素, 水およびエタノールが生成する過程におけるエネルギーの量の変化を示したものである。この図と, 次の熱化学方程式(1)〜(3)を用いて, エタノールの燃焼熱 Q を求めると何 kJ/mol となるか。最も近い数値を, 下の①〜⑤のうちから一つ選べ。

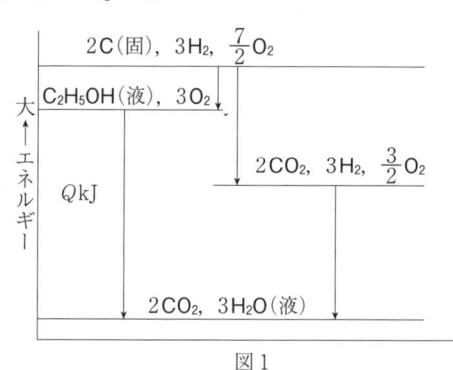

図1: 炭素, 水素, 酸素からのエネルギー変化図
- $2C(固), 3H_2, \frac{7}{2}O_2$
- $C_2H_5OH(液), 3O_2$
- $2CO_2, 3H_2, \frac{3}{2}O_2$
- $2CO_2, 3H_2O(液)$
- Q kJ

$$C(固) + O_2(気) = CO_2(気) + 393 \text{ kJ} \quad (1)$$

$$H_2(気) + \frac{1}{2}O_2(気) = H_2O(液) + 284 \text{ kJ} \quad (2)$$

$$2C(固) + 3H_2(気) + \frac{1}{2}O_2(気) = C_2H_5OH(液) + 276 \text{ kJ} \quad (3)$$

① 171　② 341　③ 681　④ 1362　⑤ 2724

第1章　化学反応と熱・光エネルギー　41

問4　次の記述中の空欄　ア　・　イ　に当てはまる語・数値の組合せとして最も適当なものを，下の①〜⑥のうちから一つ選べ。

炭素の同素体である黒鉛，ダイヤモンド，フラーレンがそれぞれ12gずつある。これらのもつエネルギー（化学エネルギー）を比較すると，　ア　が最も小さく，フラーレンと　ア　のエネルギー差は　イ　kJである。ただし，各同素体の完全燃焼は，以下の熱化学方程式で表される。

$C(黒鉛) + O_2(気) = CO_2(気) + 394 kJ$

$C(ダイヤモンド) + O_2(気) = CO_2(気) + 396 kJ$

$C_{60}(フラーレン) + 60 O_2(気) = 60 CO_2(気) + 25930 kJ$

	ア	イ
①	黒　鉛	34
②	黒　鉛	36
③	黒　鉛	38
④	ダイヤモンド	34
⑤	ダイヤモンド	36
⑥	ダイヤモンド	38

19 ヘスの法則と反応熱(1)　　　　　　　　　　　　　　【15分・12点】

問1 エタノールの製法の一つとして，グルコース（ブドウ糖）を原料とするアルコール発酵があり，その熱化学方程式は次のように表される。

$C_6H_{12}O_6(固) = 2C_2H_5OH(液) + 2CO_2 + Q\,kJ$

この反応の反応熱 Q を，次の熱化学方程式(1)〜(3)を用いて求めると，何 kJ になるか。最も適当な数値を，下の①〜⑥のうちから一つ選べ。

$C(黒鉛) + O_2 = CO_2 + 394\,kJ$ 　　　　　　　　　　　　　　　　　(1)

$2C(黒鉛) + 3H_2 + \dfrac{1}{2}O_2 = C_2H_5OH(液) + 277\,kJ$ 　　　　　　　(2)

$6C(黒鉛) + 6H_2 + 3O_2 = C_6H_{12}O_6(固) + 1273\,kJ$ 　　　　　　　(3)

① 69　② 325　③ 602　④ −69　⑤ −325　⑥ −602

問2 エチレンとエタンの生成熱は，それぞれ −52.2 kJ/mol と 84.0 kJ/mol である。エチレンに水素が付加してエタン 1 mol が生成する反応の反応熱〔kJ〕として最も適当な数値を，次の①〜⑥のうちから一つ選べ。

① −136.2　② −68.1　③ −31.8　④ 31.8　⑤ 68.1　⑥ 136.2

問3 C_2H_4(気)，$CH_2=CHCl$(気)，H_2O(気) の生成熱を，それぞれ A〔kJ/mol〕, B〔kJ/mol〕, C〔kJ/mol〕とするとき，次の熱化学方程式の Q の値を与える式を，下の①〜⓪のうちから一つ選べ。

$2C_2H_4(気) + Cl_2(気) + \dfrac{1}{2}O_2(気)$

　　　　$= 2CH_2=CHCl(気) + H_2O(気) + Q$〔kJ〕

① $2B + C - 2A$　　② $2B + C - A$　　③ $B + C - 2A$　　④ $B + C - A$
⑤ $B + 2C - A$　　⑥ $A - B - 2C$　　⑦ $A - B - C$　　⑧ $2A - B - C$
⑨ $A - 2B - C$　　⓪ $2A - 2B - C$

★★20 ヘスの法則と反応熱(2)　　【20分・17点】

必要があれば、原子量は次の値を使うこと。H 1.0　O 16　S 32

問1　熱化学方程式に関する次の問い（**a**・**b**）に答えよ。

a 硫化水素の生成熱は、硫化水素および硫黄の燃焼熱のほかに、ある物質の燃焼熱がわかれば求められる。その物質は何か。次の①〜⑤のうちから一つ選べ。
　① 水　　② 水素　　③ 酸素　　④ 二酸化硫黄　　⑤ 三酸化硫黄

b 1.0gの二酸化硫黄を三酸化硫黄に酸化すると、9.7kJの熱を発生する。次の熱化学方程式のQに最も近い数値を、下の①〜⑤のうちから一つ選べ。

$$SO_2(気) + \frac{1}{2}O_2(気) = SO_3(気) + Q[kJ]$$

　① 310　　② 460　　③ 620　　④ 780　　⑤ 1200

問2　触媒を用い、高温・高圧で一酸化炭素と水素を反応させると、次の式にしたがってメタノールが生じる。

$$CO(気) + 2H_2(気) \longrightarrow CH_3OH(気)$$

この反応によって、メタノール1molが生成するときの反応熱を、次の(1)〜(3)を用いて計算すると、何kJになるか。最も適当な数値を、下の①〜⑥のうちから一つ選べ。

$$CO(気) + \frac{1}{2}O_2(気) = CO_2(気) + 284 kJ \quad (1)$$

$$H_2(気) + \frac{1}{2}O_2(気) = H_2O(気) + 242 kJ \quad (2)$$

$$CH_3OH(気) + \frac{3}{2}O_2(気) = CO_2(気) + 2H_2O(気) + 677 kJ \quad (3)$$

　① −151　　② −133　　③ −91　　④ 91　　⑤ 133　　⑥ 151

問3　ナフタレン（$C_{10}H_8$）の小片を酸素中で完全燃焼させたところ、水（液）1.80gを生じた。このとき発生する熱量[kJ]はいくらか。最も適当な数値を、次の①〜⑤のうちから一つ選べ。ただし、ナフタレン（固）、水（液）および二酸化炭素（気）の生成熱は、それぞれ、−77.7kJ/mol、285.5kJ/mol、393.3kJ/molである。
　① 124.9　　② 128.8　　③ 749.4　　④ 1124.1　　⑤ 5152.7

問4　アセチレンの燃焼反応は、次の熱化学方程式で表される。

$$C_2H_2 + \frac{5}{2}O_2 = 2CO_2 + H_2O(液) + 1309 kJ$$

CO_2およびH_2O（気）の生成熱は、それぞれ394kJ/molおよび242kJ/mol、また水の蒸発熱は44kJ/molである。以上から、アセチレンの生成熱を計算すると何kJ/molになるか。最も適当な数値を、次の①〜⑥のうちから一つ選べ。
　① 323　　② 279　　③ 235　　④ −235　　⑤ −279　　⑥ −323

★★★ 21 中和熱と溶解熱，化学反応と光　【18分・16点】

問1 外界との熱の出入りを避けるため，図のような装置を用い，中和熱を測定する実験を行った。魔法びんの中に入っている 0.500 mol/L，20.5℃の水酸化ナトリウム水溶液 200 mL に，0.500 mol/L，20.5℃の塩酸を 50.0 mL ずつ加えてよくかきまぜてから，温度を測定した。このときの溶液の温度変化と加えた塩酸の量との関係は，どのようなグラフで示されるか。最も適当なものを，次の①～⑨のうちから一つ選べ。

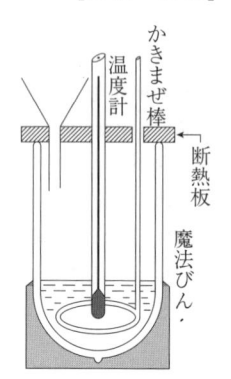

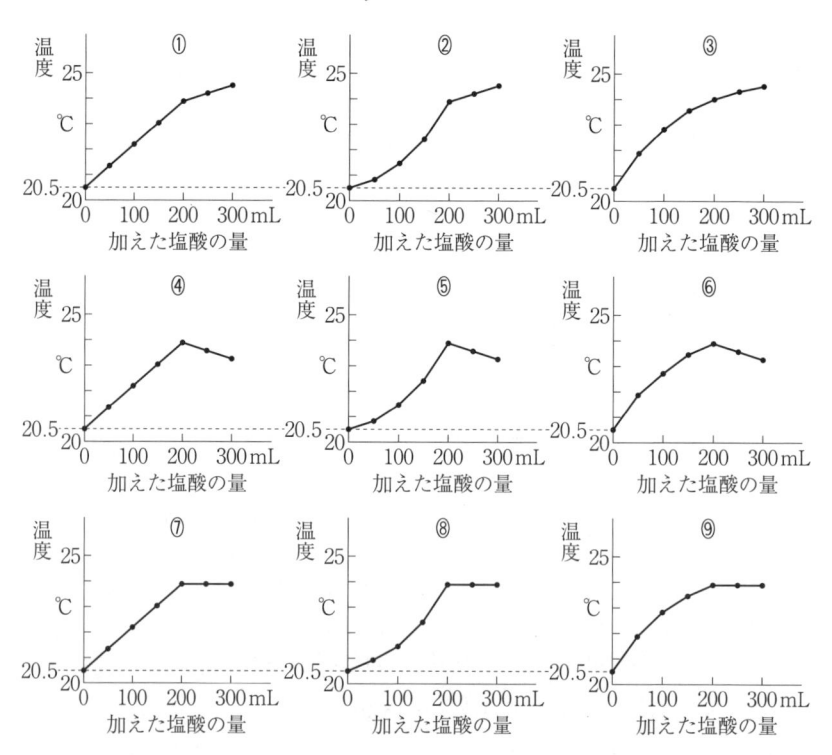

問2 塩化アンモニウム NH_4Cl と塩化水素 HCl の水に対する溶解熱，およびアンモニア NH_3 と塩化水素の反応熱は，それぞれ次の式(1)〜(3)で与えられる。

$NH_4Cl(固) + aq = NH_4Cl\,aq - 14.6\,kJ$ (1)
$HCl(気) + aq = HCl\,aq + 74.8\,kJ$ (2)
$NH_3(気) + HCl(気) = NH_4Cl(固) + 176.0\,kJ$ (3)

これらの式から次の反応

$NH_3(気) + HCl\,aq \longrightarrow NH_4Cl\,aq$

の反応熱[kJ/mol]として最も適当な数値を，次の①〜④のうちから一つ選べ。

① -265.4 ② -115.8 ③ 86.6 ④ 236.2

問3 ある容器に 15℃ の水 500 mL を入れ，そこに固体水酸化ナトリウム 1.0 mol を加え，すばやく溶解させたところ，溶液の温度は図1の領域Aの変化を示した。逃げた熱の補正をすると，溶液の温度は 35℃ まで上昇したことになる。溶液の温度が 30℃ まで下がったとき，同じ温度の 2.0 mol/L 塩酸 500 mL をすばやく加えたところ，再び温度が上昇して領域Bの温度変化を示した。この図から温度上昇を読み取り

$HCl\,aq + NaOH(固)$
    $\longrightarrow NaCl\,aq + H_2O$

の反応熱[kJ/mol]として最も適当な数値を，次の①〜⑤のうちから一つ選べ。ただし，固体水酸化ナトリウムの溶解や中和反応による溶液の体積変化はないものとし，溶液の密度は 1.0 g/mL，比熱（物質 1 g の温度を 1℃ 上げるのに必要な熱量）は 4.2 J/(℃·g) とする。

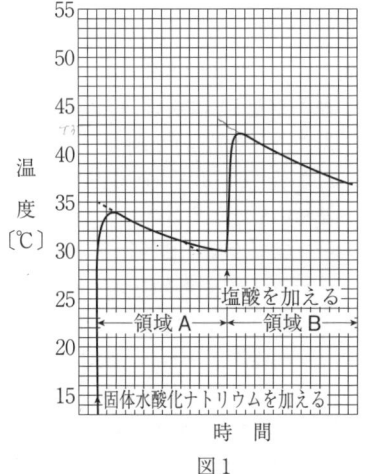

① 54.6 ② 96.6 ③ 138.6 ④ 180.6 ⑤ 222.6

図1

問4 化学反応と光に関する記述として**誤りを含むもの**を，次の①〜⑤のうちから一つ選べ。

① 水素と塩素の混合気体に強い光を当てると，光エネルギーを吸収して，爆発的に反応する。
② ホタルやウミホタルが光を発する現象は，化学発光の一種である。
③ 臭化銀には感光性があり，光を当てると銀が析出する。
④ 緑色植物は光エネルギーを吸収して，CO_2 と H_2O からデンプンなどの糖類を合成する。
⑤ 光化学反応は，物質のもつ化学エネルギーの差が，光となって放出されたとき起こる。

★★22 結合エネルギー 【18分・15点】

問1 H−H と H−F の結合エネルギーは，それぞれ 436 kJ/mol および 568 kJ/mol であり，HF の生成熱は 271 kJ/mol である。F−F の結合エネルギーは何 kJ/mol か。最も適当な数値を，次の①〜⑤のうちから一つ選べ。
① 79 ② 133 ③ 158 ④ 403 ⑤ 429

問2 H_2 の結合エネルギーは 436 kJ/mol, N_2 の結合エネルギーは 946 kJ/mol である。N−H の結合エネルギーに関する次の熱化学方程式(1)が与えられたとき，熱化学方程式(2)の数値 Q として正しいものを，下の①〜⑥のうちから一つ選べ。

$NH_3(気) = N(気) + 3H(気) − 1173 kJ$ (1)

$N_2(気) + 3H_2(気) = 2NH_3(気) + Q kJ$ (2)

① 92 ② 209 ③ 4600 ④ −92 ⑤ −209 ⑥ −4600

問3 次の熱化学方程式(1)から C−H の結合エネルギーを求め，その結果と熱化学方程式(2)を用いて，C−C の結合エネルギーを計算せよ。得られた C−C の結合エネルギーの数値 [kJ/mol] として最も適当なものを，下の①〜⑤のうちから一つ選べ。ただし，CH_4(気) と C_2H_6(気) に含まれる各 C−H の結合エネルギーは，すべて等しいものとする。

$CH_4(気) = C(気) + 4H(気) − 1664 kJ$ (1)

$C_2H_6(気) = 2C(気) + 6H(気) − 2826 kJ$ (2)

① 165 ② 330 ③ 416 ④ 581 ⑤ 1162

問4 H_2O(気) 1 mol 中の O−H 結合を，すべて切断するのに必要なエネルギーは何 kJ か。最も適当な数値を，下の①〜⑤のうちから一つ選べ。ただし，H−H および O=O の結合エネルギーは，それぞれ 436 kJ/mol, 498 kJ/mol とする。また，H_2O(液) の生成熱 [kJ/mol] および蒸発熱 [kJ/mol] は，それぞれ次の熱化学方程式(1), (2)で表されるものとする。

$H_2 + \dfrac{1}{2}O_2 = H_2O(液) + 286 kJ$ (1)

$H_2O(液) = H_2O(気) − 44 kJ$ (2)

① 443 ② 692 ③ 927 ④ 971 ⑤ 1176

第2章 化学反応と電気エネルギー

★★23 酸化還元反応，ダニエル(型)電池　　　　　　　　【18分・21点】

必要があれば，原子量は次の値を使うこと。Zn 65.4　Ag 108

問1　硫酸で酸性にした過酸化水素水溶液に，0.25 mol/L の過マンガン酸カリウム水溶液を 60 mL 加えた。このとき，次の酸化還元反応が起こっている。

$H_2O_2 \longrightarrow O_2 + 2H^+ + 2e^-$

$MnO_4^- + 8H^+ + 5e^- \longrightarrow Mn^{2+} + 4H_2O$

過マンガン酸カリウムが完全に反応したとすると，発生する酸素の体積は標準状態で何Lか。発生した気体は水溶液に溶けないものとして，最も適当な数値を，次の①～⑥のうちから一つ選べ。

① 0.17　② 0.34　③ 0.84　④ 1.7　⑤ 3.4　⑥ 8.4

問2　酸性の水溶液中で，次のア～ウの酸化還元反応が起こる。

ア．硫酸鉄(Ⅱ)の水溶液に過酸化水素水を加えると，鉄(Ⅱ)イオンは鉄(Ⅲ)イオンに変化する。

イ　ヨウ化カリウムの水溶液に過酸化水素水を加えると，ヨウ化物イオンはヨウ素に変化する。

ウ　ヨウ化カリウムの水溶液に硫酸鉄(Ⅲ)の水溶液を加えると，鉄(Ⅲ)イオンは鉄(Ⅱ)イオンに，ヨウ化物イオンはヨウ素に変化する。

ア～ウの反応から，鉄(Ⅲ)イオン(Fe^{3+})，過酸化水素(H_2O_2)，ヨウ素(I_2)の酸化剤としての強さの順序を知ることができる。Fe^{3+}，H_2O_2，I_2 が酸化剤としての強さの順に正しく並べられているものを，次の①～⑥のうちから一つ選べ。

① $Fe^{3+} > H_2O_2 > I_2$　　② $Fe^{3+} > I_2 > H_2O_2$　　③ $H_2O_2 > Fe^{3+} > I_2$

④ $H_2O_2 > I_2 > Fe^{3+}$　　⑤ $I_2 > H_2O_2 > Fe^{3+}$　　⑥ $I_2 > Fe^{3+} > H_2O_2$

問3 ダニエル電池を式で表すと次のようになる。

　　　Zn | ZnSO$_4$aq | CuSO$_4$aq | Cu

　この電池の両極を外部回路に接続して，豆電球を点灯させた。この電池を含む回路に関する次の記述 **a** ～ **c** のうち，正しいものはどれか。すべてを正しく選んだものを，下の①～⑦のうちから一つ選べ。

a 負極では，Zn ⟶ Zn^{2+} + 2e$^-$ の反応が進行する。
b 負極の亜鉛板の質量変化と，正極の銅板の質量変化は等しい。
c 電流は，亜鉛板から豆電球を経て銅板に流れる。

① a　② b　③ c　④ a, b　⑤ a, c　⑥ b, c
⑦ a, b, c

問4 次の電池①～③のうちから，起電力が最も大きいものを一つ選べ。ただし，電解質の濃度はすべて同じ(0.5 mol/L)とする。また，中央の | は溶液間の隔膜を，aq は水溶液を表す。

① Zn | ZnSO$_4$aq | NiSO$_4$aq | Ni　　② Zn | ZnSO$_4$aq | CuSO$_4$aq | Cu
③ Ni | NiSO$_4$aq | CuSO$_4$aq | Cu

問5　図1のような電池がある。亜鉛極と銀極を，ある時間だけ導線で連結しておいたところ，亜鉛板の質量が1.31 gだけ減少した。この実験について，次の問い(**a**・**b**)に答えよ。ただし，ファラデー定数を9.65×10^4 C/molとする。

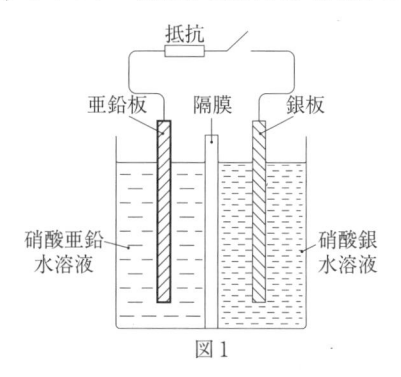

図1

a　このときの銀板の質量変化〔g〕として最も適当なものを，次の①～⑧のうちから一つ選べ。ただし，符号の＋は増加を，－は減少を表す。

① ＋0.54　② －0.54　③ ＋1.08　④ －1.08
⑤ ＋2.16　⑥ －2.16　⑦ ＋4.32　⑧ －4.32

b　このとき導線中を流れた電気量〔C〕に最も近い値と電流の方向との組合せを，次の①～⑧のうちから一つ選べ。

	電流の方向	電気量〔C〕
①	銀板から亜鉛板	483
②	銀板から亜鉛板	965
③	銀板から亜鉛板	1930
④	銀板から亜鉛板	3860
⑤	亜鉛板から銀板	483
⑥	亜鉛板から銀板	965
⑦	亜鉛板から銀板	1930
⑧	亜鉛板から銀板	3860

★★24 鉛蓄電池, 燃料電池　　【18分・17点】

必要があれば, 原子量は次の値を使うこと。H 1.0　O 16　S 32　Pb 207

問1 マンガン乾電池の放電で, 0.1 A の電流が 2.7 時間流れた。負極で酸化された亜鉛 Zn は何 mol か。最も適当な数値を, 次の ①〜⑤ のうちから一つ選べ。ただし, ファラデー定数は 9.65×10^4 C/mol とする。

① 0.005　② 0.01　③ 0.02　④ 0.05　⑤ 0.1

問2 鉛蓄電池に関する次の記述 ①〜⑤ のうちから, 正しいものを一つ選べ。
① 鉛蓄電池の電解液は, 希塩酸である。
② 鉛蓄電池は放電するにつれて, 両極の表面がともに白色になる。
③ 鉛蓄電池を放電させるとき, 正極で酸化が起こる。
④ 鉛蓄電池は放電するにつれて, 電解液の濃度が高くなる。
⑤ 鉛蓄電池を充電すると, 一方の電極は鉛に, 他方の電極は塩化鉛になる。

問3 図1は鉛蓄電池の模式図である。この鉛蓄電池に関する次の問い (**a**・**b**) に答えよ。

a 次の記述中の ア ・ イ に当てはまる語句の組合せとして最も適当なものを, 下の ①〜⑥ のうちから一つ選べ。

電極Aと電極Bの間に豆電球をつないで放電させると, PbO_2 は ア される。このとき硫酸の濃度は イ 。

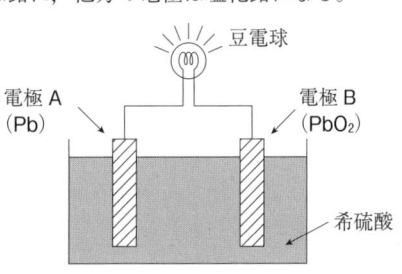

図1

	ア	イ
①	酸 化	増加する
②	酸 化	変化しない
③	酸 化	減少する
④	還 元	増加する
⑤	還 元	変化しない
⑥	還 元	減少する

b　鉛蓄電池を放電させたとき，電極A，電極Bの質量の変化量の関係を表す直線として最も適当なものを，図2の①〜⑥のうちから一つ選べ。

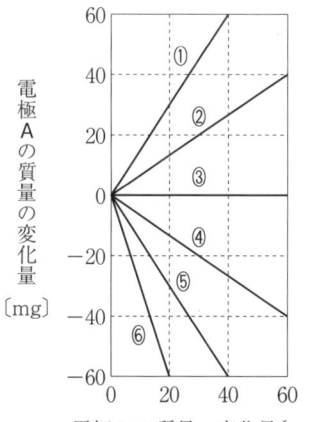

図2

問4　図3は燃料電池の模式図である。この電池に関する記述として**誤りを含むもの**を，次の①〜⑤のうちから一つ選べ。
① 水素と酸素の化学反応にともなって生じるエネルギーを，電気エネルギーとして取り出している。
② 電子が外部に流れ出る電極を負極，外部から流れ込む電極を正極とよぶ。
③ 水素が負極，酸素が正極で反応している。
④ 反応に使われる水素と酸素の標準状態における体積は等しい。
⑤ 1C(クーロン)の電気量を取り出すのに必要な水素の物質量は，水の電気分解において1Cの電気量を通じたとき発生する水素の物質量に等しい。

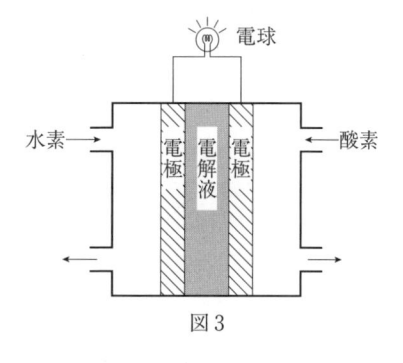

図3

25 電気分解とファラデーの法則 【18分・22点】

問1 図1のような電解槽で，下の表のア，イ，ウのように電極と電解質溶液を組み合わせて電気分解を行うとき，おのおのの電極で起こる現象 1 〜 6 の記述として最も適当なものを，下に示した解答群の①〜⑦のうちから一つずつ選べ。ただし，同じものをくり返し選んでもよい。

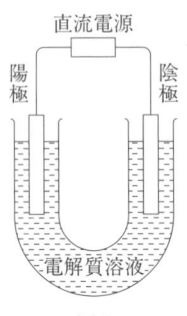

組合せ	陽極		陰極		電解質溶液
	電極	現象	電極	現象	
ア	白金	1	白金	2	希硫酸
イ	銅	3	銅	4	硫酸銅(Ⅱ)水溶液
ウ	炭素(黒鉛)	5	白金	6	塩化ナトリウム水溶液

解答群
① 何の変化も起こらない。
② 電極の物質がイオンとなって溶け出す。
③ 溶液中のイオンが金属となって析出する。
④ 気体の酸素が発生する。
⑤ 気体の水素が発生する。
⑥ 気体の二酸化硫黄が発生する。
⑦ 気体の塩素が発生する。

問2 電気分解のさいに，電極で変化するイオンの物質量[mol]は通じた電気量に比例し，同一の電気量を通じたときに電極で変化するイオンの物質量はイオンの価数に反比例することがファラデーにより実験的に発見されている。また，1C(クーロン)は1A(アンペア)の電流が1s(秒)流れた時の電気量であり，1molの電子のもつ電気量の絶対値は 9.65×10^4 C である。

原子量 M の2価の金属イオンを含む水溶液の電気分解において，i[A]の電流を t[s]通じた場合，析出する金属の質量[g]を表す式として正しいものはどれか。次の①〜⑤のうちから一つ選べ。

① $\dfrac{M}{2} \times \dfrac{i \times t}{96500}$
② $\dfrac{M}{2} \times \dfrac{96500}{i \times t}$
③ $\dfrac{2}{M} \times \dfrac{i \times t}{96500}$
④ $\dfrac{2}{M} \times \dfrac{96500}{i \times t}$
⑤ $\dfrac{2}{M} \times 96500 \times i \times t$

問3 硝酸銀水溶液を電解槽に入れ，二枚の銀板をそれぞれ陰極，陽極として，A〔A〕の電流をt秒間通じたところ，陰極の質量は，ちょうど1g増加した。この実験について，次の問い($\mathbf{a} \cdot \mathbf{b}$)に答えよ。

a 銀の原子量をM，ファラデー定数の値をF〔C/mol〕とすれば，M，A および t と F との間には，次の関係がある。

$F = \boxed{}$

$\boxed{}$ に入れるのに最も適当なものを，次の①〜⑧のうちから一つ選べ。

① MAt ② $\dfrac{MA}{t}$ ③ $\dfrac{Mt}{A}$ ④ $\dfrac{At}{M}$ ⑤ $\dfrac{M}{At}$ ⑥ $\dfrac{A}{Mt}$

⑦ $\dfrac{t}{MA}$ ⑧ $\dfrac{1}{MAt}$

b この電気分解で起こった変化についての正しい記述を，次の①〜③のうちから一つ選べ。
① 陽極の質量は減少したが，水溶液中の銀イオンの濃度は変わらなかった。
② 水溶液中の銀イオンの濃度は減少したが，陽極の質量は変わらなかった。
③ 陽極の質量と水溶液中の銀イオンの濃度は，ともに減少した。

問4 白金を陰極および陽極として，硫酸銅(Ⅱ)水溶液の電気分解を行った。これに関連して，次の問い($\mathbf{a} \cdot \mathbf{b}$)に答えよ。ただし，ファラデー定数を$9.65 \times 10^4$ C/mol，Cuの原子量を63.5とする。

a 陰極にw〔g〕の銅が析出した。このとき流れた電気量は何Cか。次の①〜⑨のうちから一つ選べ。

① $\dfrac{63.5 \times 96500 \times 2}{w}$ ② $\dfrac{63.5 \times 96500}{w}$ ③ $\dfrac{63.5 \times 96500}{w \times 2}$

④ $\dfrac{63.5 \times w \times 2}{96500}$ ⑤ $\dfrac{63.5 \times w}{96500}$ ⑥ $\dfrac{63.5 \times w}{96500 \times 2}$

⑦ $\dfrac{96500 \times w \times 2}{63.5}$ ⑧ $\dfrac{96500 \times w}{63.5}$ ⑨ $\dfrac{96500 \times w}{63.5 \times 2}$

b 電解の進行に伴って，電解液中の各イオンの量はどのように変化したか。最も適当なものを，次の①〜⑥のうちから一つ選べ。

	①	②	③	④	⑤	⑥
水素イオン	不変	不変	増加	増加	減少	減少
銅(Ⅱ)イオン	増加	減少	増加	減少	増加	減少
硫酸イオン	減少	増加	不変	不変	減少	不変

★★26 電気分解の応用(1) 【28分・27点】

必要があれば，原子量は次の値を使うこと。
H 1.0　O 16　Cu 63.5　Ag 108

問1 白金板を電極として硫酸銅(Ⅱ)水溶液を，0.50 A の電流で 96.5 分間電気分解した。陰極で析出する銅の質量〔g〕と陽極で発生する酸素の標準状態での体積〔mL〕の組合せとして最も適当なものを，次の①～⑥のうちから一つ選べ。ただし，ファラデー定数は 9.65×10^4 C/mol とする。

	銅の質量〔g〕	酸素の体積〔mL〕
①	0.95	42
②	0.95	84
③	0.95	168
④	1.9	168
⑤	1.9	84
⑥	1.9	42

問2 陽極および陰極に白金板を用い，希硫酸水溶液の電気分解を行った。965 C の電気量を流したとき，陽極および陰極で生成する気体の質量はそれぞれ何 g か。最も適当な数値を，次の①～⑦のうちから一つずつ選べ。ただし，ファラデー定数は 9.65×10^4 C/mol とする。

陽極 ⬜1⬜ g，陰極 ⬜2⬜ g

① 0.005　② 0.01　③ 0.02　④ 0.04　⑤ 0.08　⑥ 0.16
⑦ 0.32

問3 図1のAのように，水酸化ナトリウム水溶液を入れたビーカーに炭素電極2本を浸し，直流電源により電気分解を行った。このとき，発生した気体は，体積比2:1で電極部に蓄えられた。次に直流電源をはずし，図1のBのように小さな電球(表示灯)をつなぐと点灯し，蓄えられた気体が徐々に減少した。電球をつないだとき各電極で起こっている反応として最も適当なものを，下の①〜⑤のうちから，それぞれ一つずつ選べ。

（＋）極での反応　3　　（－）極での反応　4

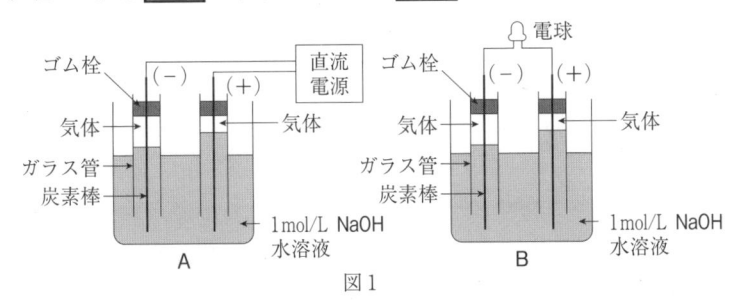

図1

① $4OH^- \longrightarrow O_2 + 2H_2O + 4e^-$　　② $H_2 + 2OH^- \longrightarrow 2H_2O + 2e^-$
③ $Na^+ + e^- \longrightarrow Na$　　　　　　　④ $2H_2O + 2e^- \longrightarrow H_2 + 2OH^-$
⑤ $O_2 + 2H_2O + 4e^- \longrightarrow 4OH^-$

問4 図2のように三つの電解槽を直流電源につなぎ，一定時間電流を流したところ，電極Ⅰに銅 0.635 g が析出した。この間に電極Ⅲ，電極Ⅳおよび電極Ⅴにおいて生じた変化の記述として正しいものを，それぞれの解答群のうちから一つずつ選べ。ただし，気体の体積は標準状態で測った値とする。

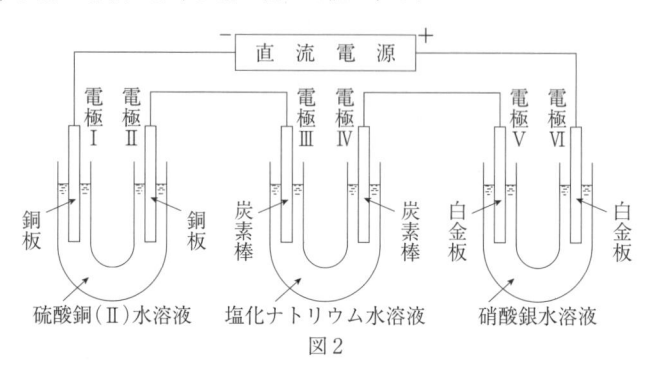

図2

a 電極Ⅲにおける変化
① 電極の質量が増加した。　② 電極の質量が減少した。
③ 気体が発生し，電極の周囲の溶液が酸性になった。
④ 気体が発生し，電極の周囲の溶液がアルカリ性になった。

b 電極Ⅳにおける変化
① 酸素が発生した。　② 塩素が発生した。
③ 気体は発生せず，電極の周囲の溶液が酸性になった。
④ 気体は発生せず，電極の周囲の溶液がアルカリ性になった。

c 電極Ⅴにおける変化
① 水素 0.056 L が発生した。　② 水素 0.112 L が発生した。
③ 水素 0.224 L が発生した。　④ 水素 0.448 L が発生した。
⑤ 銀 0.54 g が析出した。　⑥ 銀 1.08 g が析出した。
⑦ 銀 2.16 g が析出した。　⑧ 銀 4.32 g が析出した。

問5 図3に示す電気分解の装置において，電解槽Ⅰに金属Mの硫酸塩水溶液が入っており，電解槽Ⅱに水酸化ナトリウム水溶液が入っている。図3の回路に流れる電流を0.965Aにして30分間電気分解したとき，白金電極アに析出する金属Mの物質量〔mol〕と時間(10～30分)の間には，図4のグラフに示す関係があった。下の問い(**a・b**)に答えよ。ただし，ファラデー定数は9.65×10^4 C/molとする。

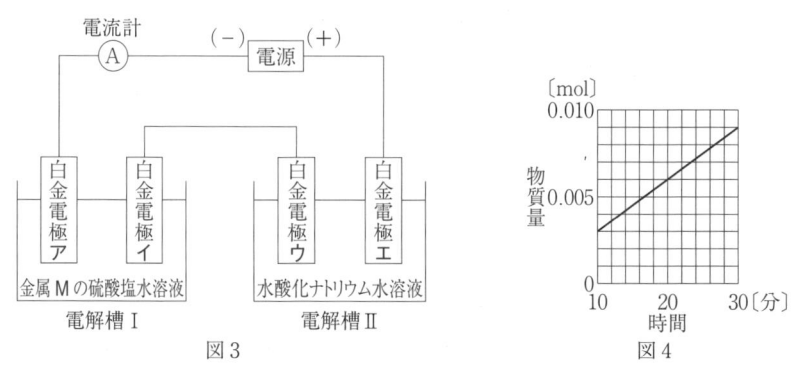

図3

図4

a 白金電極アに金属Mが5.0×10^{-3} mol析出するのに要した電気量は何Cか。最も適当な数値を，次の①～⑤のうちから一つ選べ。
① 16　② 48　③ 97　④ 4.8×10^2　⑤ 9.7×10^2

b 白金電極ウとエで発生した気体の物質量〔mol〕と時間の関係のグラフとして最も適当なものを，次の①～⑥のうちから一つ選べ。

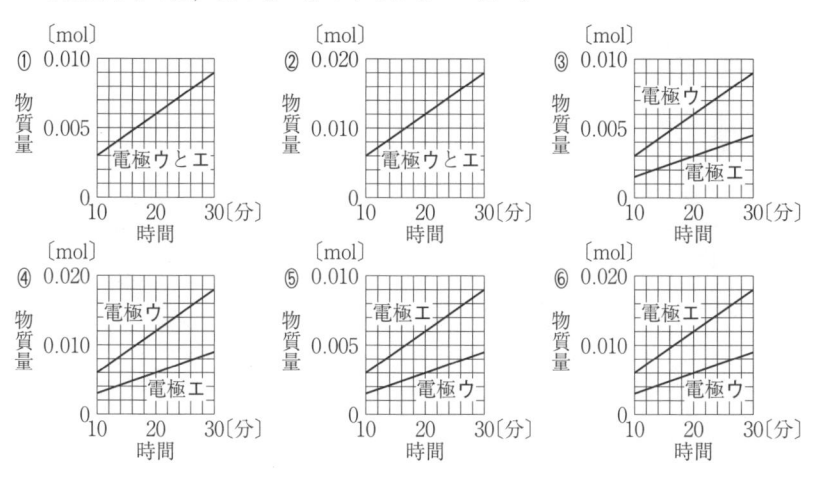

★★★27 電気分解の応用(2) 【25分・23点】

必要があれば，原子量は次の値を使うこと。Cu63.5　Zn65.4

問1 図1の装置は，2種類の電池を直列につないで，硫酸ナトリウム水溶液を電気分解するためのものである。ある時間だけXとYを接続しておいたところ270Cの電気量が流れた。この実験について次の問い(**a**・**b**)に答えよ。ただし，ファラデー定数は 9.65×10^4 C/mol とする。

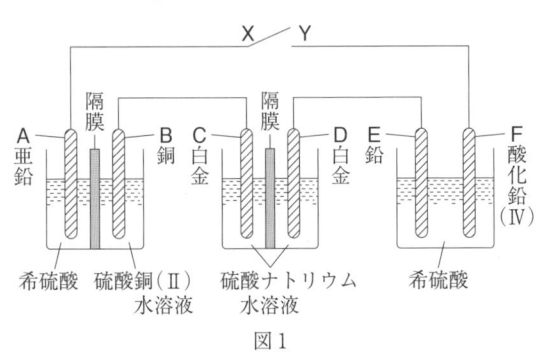

図1：左から 電極A(亜鉛)／隔膜／電極B(銅)｜希硫酸・硫酸銅(Ⅱ)水溶液、電極C(白金)／隔膜／電極D(白金)｜硫酸ナトリウム水溶液、電極E(鉛)／電極F(酸化鉛(Ⅳ))｜希硫酸。上部でXとYを接続。

a 次の記述のうち正しいものには①を，正しくないものには②を記せ。

- [1] 電流は F → Y → X → A の方向に流れた。
- [2] 電極Aの質量は減少した。
- [3] 電極Cの質量は減少した。
- [4] 電極D付近の溶液は酸性になった。
- [5] 電極Eの質量は減少した。
- [6] 電極Fの質量は増加した。

b 電極Bの質量は何g変化したか。最も適当なものを，次の①～⑥のうちから一つ選べ。

① 0.89g増　② 0.178g増　③ 0.089g増　④ 0.089g減
⑤ 0.178g減　⑥ 0.89g減

問2　図2のように，陽イオンだけを通す隔膜で仕切ったAおよびB室に，1.00 mol/Lの塩化ナトリウム水溶液を500 mLずつ入れ，電気分解を行った。電気分解後，A室の塩化ナトリウム水溶液の濃度は，0.900 mol/Lになった。

次の問い(**a**・**b**)に答えよ。ただし，電気分解の前後で，AおよびB室の溶液の体積は変わらないものとする。

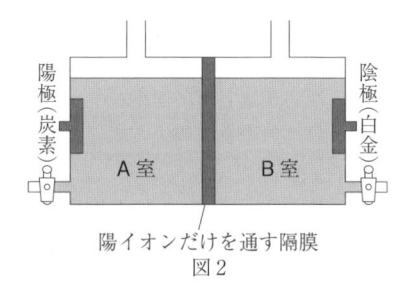

陽極（炭素）　A室　B室　陰極（白金）
陽イオンだけを通す隔膜
図2

a　電気分解で流れた電気量は何Cか。最も適当な数値を，次の①〜⑥のうちから一つ選べ。なお，ファラデー定数は 9.65×10^4 C/molである。

①　3620　②　4830　③　7240　④　9650　⑤　12100　⑥　14500

b　電気分解後，B室の溶液の一部をとり出し，純水で100倍にうすめた。この溶液の水酸化物イオン濃度は何 mol/Lか。最も適当な数値を，次の①〜⑥のうちから一つ選べ。

①　1.00×10^{-6}　②　1.00×10^{-5}　③　1.00×10^{-4}　④　1.00×10^{-3}
⑤　1.00×10^{-2}　⑥　1.00×10^{-1}

問3　銅の電解精錬の過程を実験室で再現するために，希硫酸に硫酸銅(Ⅱ)を溶かした溶液1000 mLを電解槽に入れ，不純物を含んだ銅(粗銅)を陽極に，純粋な銅(純銅)を陰極にして電気分解を行った。このことに関して，次の問い(**a**・**b**)に答えよ。

a　粗銅の電極には，不純物として，主に亜鉛，金，銀，鉄，ニッケルが含まれている。この不純物の金属には，電気分解後，陽極泥に含まれるものと，水溶液中にイオンとして存在するものとがある。陽極泥に含まれる金属はどれか。最も適当なものを，次の①〜⑦のうちから一つ選べ。

①　亜鉛，鉄　　②　亜鉛，鉄，ニッケル　　③　銀，ニッケル
④　金，ニッケル　⑤　金，鉄　⑥　金，銀　⑦　金，銀，鉄

b　直流電流を通じて電気分解したところ，粗銅は67.14 g減少し，一方，純銅は66.50 g増加した。また，陽極泥の質量は0.34 gで，溶液中の銅イオンの濃度は0.0400 mol/Lだけ減少した。この電気分解で水溶液中に溶け出した不純物の金属の質量は何gか。最も適当な数値を，次の①〜⑨のうちから一つ選べ。ただし，この電気分解により溶液の体積は変化しないものとし，また，不純物としては金属だけが含まれているものとする。

①　0.30　②　0.34　③　0.64　④　1.27　⑤　2.20　⑥　2.54
⑦　2.84　⑧　3.18　⑨　3.52

第3章 反応速度と化学平衡

★★28 反応速度と反応速度式 　　　　　　　　　　【13分・16点】

問1 反応の速さに関する記述として誤りを含むものを，次の①〜⑤のうちから一つ選べ。
① 可逆反応において，温度を上げると，正反応も逆反応も速くなる。
② 温度を10℃上げると速さが2倍になる反応では，温度を20℃下げると，速さは$\frac{1}{8}$になる。
③ 反応物の濃度が高くなれば，分子どうしの衝突回数が増加し，反応の速さは増大する。
④ 活性化エネルギーが小さくなれば，活性化エネルギーを超える分子の数が増加するので，反応の速さは増大する。
⑤ 可逆反応における見かけの反応の速さは，時間の経過とともに減少し，反応は平衡に達する。

問2 化学反応に対する触媒の作用についての記述として正しいものを，次の①〜⑤のうちから一つ選べ。
① 触媒の作用をもつものはすべて固体である。
② 触媒の作用により反応熱が大きくなる。
③ 触媒の作用により反応の経路が変わる。
④ 触媒の作用により正反応の速さは増すが，逆反応の速さは変わらない。
⑤ 化学平衡の状態になったところに触媒を加えると，平衡が移動し生成物の量が増す。

問3 2A＋B⟶2Cで表される反応がある。この反応について，次の問い（a・b）に答えよ。

a ある時点におけるCの増加速度は4.0×10^{-3}mol/(L・s)であった。この時点におけるBの減少速度は何mol/(L・s)か。最も適当な数値を，次の①〜⑤のうちから一つ選べ。
① 1.0×10^{-3}　② 2.0×10^{-3}　③ 4.0×10^{-3}　④ 6.0×10^{-3}
⑤ 8.0×10^{-3}

b Aの濃度を2倍にしたところ，Cの増加速度は4倍になった。また，Bの濃度を2倍にしたところ，Cの増加速度は2倍になった。この反応の反応速度式として最も適当なものを，次の①〜⑤のうちから一つ選べ。ただし，Cの増加速度をv，反応速度定数をkとする。
① $v=k[A]$　② $v=k[B]^2$　③ $v=k[A]^2[B]$　④ $v=k[A][B]^2$
⑤ $v=k[A][B]$

問4　一定容積の密閉容器の中でヨウ化水素を熱すると，次のように分解して水素とヨウ素になる。ただし，HI，H_2，I_2 はすべて気体とする。

　　　$2HI \longrightarrow H_2 + I_2$

　　この反応の速さ v は，次式で表される。

　　　$v = k[HI]^2$　（k は比例定数）

　容器中に含まれるヨウ化水素分子の数を3倍にすると，ヨウ化水素分子どうしが単位時間あたり衝突する回数は何倍になるか。最も適当な数値を，次の①～⑤のうちから一つ選べ。

　① $\dfrac{1}{3}$　　② 1　　③ 3　　④ 6　　⑤ 9

★★29 反応速度と化学平衡(1)　　【7分・11点】

必要があれば，原子量は次の値を使うこと。H 1.0　C 12　O 16

問1 水素とヨウ素の混合物を密閉容器に入れ，450℃で反応させると，ヨウ化水素が生成し，やがて平衡に達する。

$$H_2 + I_2 \underset{\text{逆反応}}{\overset{\text{正反応}}{\rightleftarrows}} 2HI$$

反応開始後の正反応の速さと逆反応の速さを表す図として最も適当なものを，次の①～⑤のうちから一つ選べ。

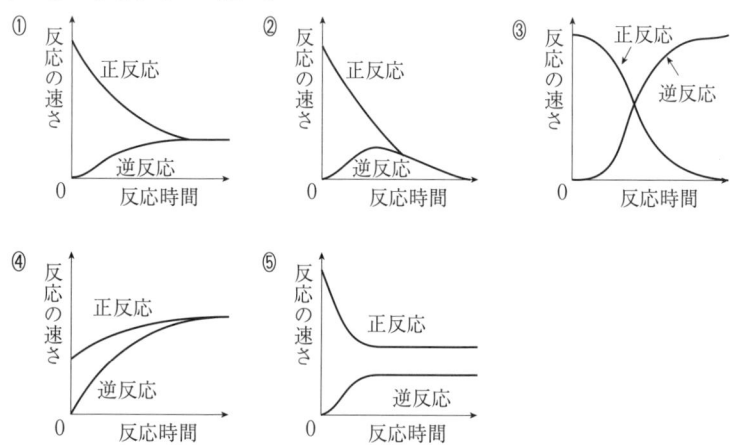

① 反応の速さ：正反応（減少），逆反応（低位で漸増）
② 反応の速さ：正反応（減少），逆反応（山型）
③ 反応の速さ：正反応（減少）と逆反応（増加）が交差
④ 反応の速さ：正反応（増加して一定），逆反応（増加）
⑤ 反応の速さ：正反応（減少して一定），逆反応（増加して一定）

問2 同じ質量の水素と二酸化炭素とを混合し，容器に入れて密閉した。この混合気体をある一定の温度に保ったところ，次の反応が起こって平衡状態に達した。

$$H_2(気) + CO_2(気) \rightleftarrows H_2O(気) + CO(気)$$

この平衡状態に関する記述として正しいものを，次の①～⑤のうちから二つ選べ。ただし，解答の順序は問わない。

① 平衡状態における H_2, CO_2, H_2O, CO の分圧は，すべて等しい。
② 平衡状態に達したあとでも，H_2 分子と CO_2 分子との反応，及び H_2O 分子と CO 分子との反応は，ともに起こっている。
③ 平衡状態における H_2O と CO の分圧は等しい。
④ 容器内の混合気体の H，C，O の原子数の比は，はじめと平衡状態に達したときとでは異なっている。
⑤ 平衡状態に達したあとでも，混合気体中の H_2 の質量は CO_2 の質量に等しい。

問3　酸性の水溶液中で，酢酸エチルの加水分解を行う。この反応は可逆反応であって，次の式で表される。

$$CH_3COOC_2H_5 + H_2O \underset{逆反応}{\overset{正反応}{\rightleftarrows}} CH_3COOH + C_2H_5OH$$

酢酸エチルの加水分解反応に関する記述として正しいものを，次の①～⑤のうちから一つ選べ。

① 酢酸エチルの濃度を高くしても，正反応の速さは変わらない。
② 溶液の温度を上げると，正反応の速さは大きくなるが，逆反応の速さは小さくなる。
③ 酢酸エチルの濃度が減少する速さと，エタノールの濃度が増加する速さは異なる。
④ 反応が平衡に達すると，正反応と逆反応の速さは等しくなる。
⑤ 逆反応の速さは，溶液にエタノールを加えても変わらない。

★★30 反応速度と化学平衡(2) 【10分・13点】

問1 熱化学方程式，

$$H_2(気) + I_2(気) = 2HI(気) + 10kJ$$

で表される反応が平衡状態にある。体積一定で，温度を上げたとき，正反応と逆反応の速度はどのように変化するか。正しい組合せを，次の①～⑥のうちから一つ選べ。

	正反応の速度	逆反応の速度
①	増 加	増 加
②	減 少	変化なし
③	増 加	減 少
④	変化なし	増 加
⑤	変化なし	減 少
⑥	減 少	減 少

問2 25℃，1.0×10^5 Pa のもとで，3.0L のアセチレン(HC≡CH)と7.0L の水素とを混合して，容積10.0L の容器に入れた。これに少量の触媒（白金）を加えて25℃に保っておいたところ，混合気体の圧力はしだいに減少して，ついに一定となり，アセチレンはすべてエタン(CH_3-CH_3)に変わった。図1の曲線 A は，この時の圧力変化を示す。この実験について，次の問い(**a**・**b**)に答えよ。

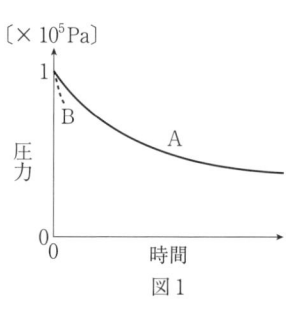

図1

a 触媒の量だけを2倍にして，上と同じ実験を行ったところ，反応初期の圧力変化は図1の曲線 B（破線）となった。この場合，反応の進行とともに，容器内の混合気体の圧力はおよそどのように変化するか。最も適当なグラフを，次の①～⑥のうちから一つ選べ。

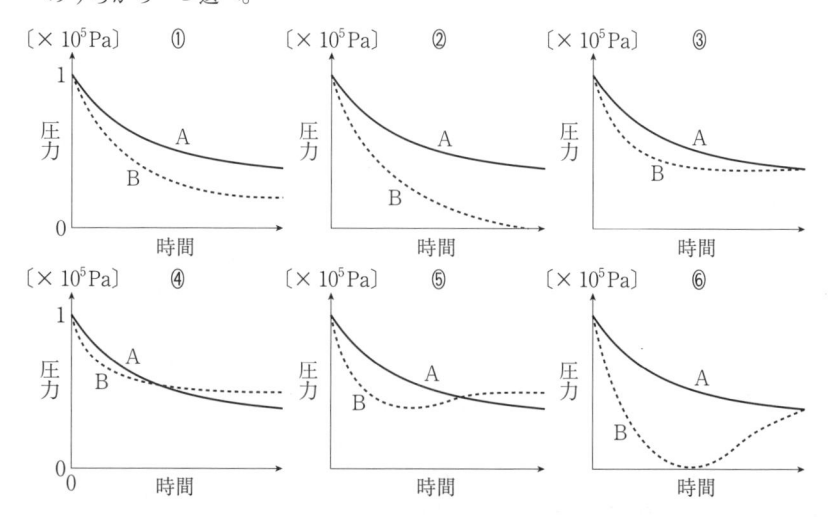

b はじめの実験で，混合気体の圧力が一定となった時の水素の分圧は何 Pa か。最も適当な数値を，次の①〜⑥のうちから一つ選べ。
① 1.0×10^4　② 2.0×10^4　③ 3.0×10^4　④ 4.0×10^4
⑤ 5.0×10^4　⑥ 6.0×10^4

問3　エチレン 0.8 mol とヨウ化水素 1.0 mol の混合気体が反応して，ヨウ化エチルを生成するときの物質量の時間変化を図2に示す。この図に関する記述として誤りを含むものを，下の①〜⑤のうちから一つ選べ。

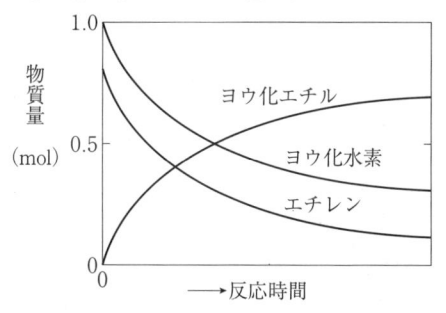

図2　物質量の時間変化

① 反応時間が同じ時点では，エチレンの物質量が減少する速さと，ヨウ化水素の物質量が減少する速さは等しい。
② 反応時間が同じ時点では，ヨウ化エチルの物質量が増加する速さと，ヨウ化水素の物質量が減少する速さは等しい。
③ ヨウ化エチルの物質量が増加する速さは，反応開始時が最も小さい。
④ 反応を始めてからある時間までに減少したヨウ化水素の物質量と，同じ時間内に増加したヨウ化エチルの物質量は等しい。
⑤ ヨウ化水素とエチレンの物質量の比は，反応が進むにつれて変化する。

第4章　化学平衡と平衡移動

★★31 平衡移動の原理(1)　【14分・16点】

問1　次の化学平衡（**a**・**b**）において，右辺の物質の量を増加させるには，温度と圧力をそれぞれどのように変えればよいか。表1中の ☐1☐～☐4☐ に当てはまるものを，下の①～③のうちからそれぞれ一つずつ選べ。ただし，同じものをくり返し選んでもよい。

　a　$CO + 2H_2 \rightleftarrows CH_3OH$（気体）
　b　$CO_2 + H_2 \rightleftarrows CO + H_2O$（気体）

ただし，これらの平衡に関係する熱化学方程式は，次の通りである。

　$CO + 2H_2 = CH_3OH$（気体）$+ 105 kJ$
　$CO_2 + H_2 = CO + H_2O$（気体）$- 41 kJ$

	温度	圧力
a	1	2
b	3	4

表1

① 高くする　② 低くする　③ 変えても効果はない

問2　無色の気体である四酸化二窒素 N_2O_4 は常温・常圧で熱を吸収し，一部解離して，褐色の二酸化窒素 NO_2 を生じる。この N_2O_4 と NO_2 の混合気体が，先を閉じた注射器の中で平衡状態になっている。この混合気体の温度を変えたり，注射器のピストンを動かして圧力を変えたりして，気体の色の変化を観察した。この実験に関する記述として正しいものを，次の①～⑤のうちから一つ選べ。

① 体積一定のもとで温度を高くすると，褐色がうすくなる。
② 体積一定のもとでは，温度を変えても色の変化はない。
③ 常温で圧力を急に減らすと，初め褐色がうすくなるが，やがて褐色が濃くなる。
④ 常温で圧力を急に加えると，初め褐色が濃くなり，やがて褐色がさらに濃くなる。
⑤ 常温で圧力を変えても，色の変化はない。

問3 窒素と水素からアンモニアが生成するとき，その熱化学方程式は次式で表される。

$N_2(気) + 3H_2(気) = 2NH_3(気) + 92 kJ$

物質量比1：3の窒素と水素の混合気体を反応させると，やがて平衡状態に達する。その後，平衡を保ちながら，圧力一定で温度を変えたときと，温度一定で圧力を変えたときのアンモニアの体積百分率の変化を測定した。この変化を表す図の組合せとして最も適当なものを，次の①～⑥のうちから一つ選べ。

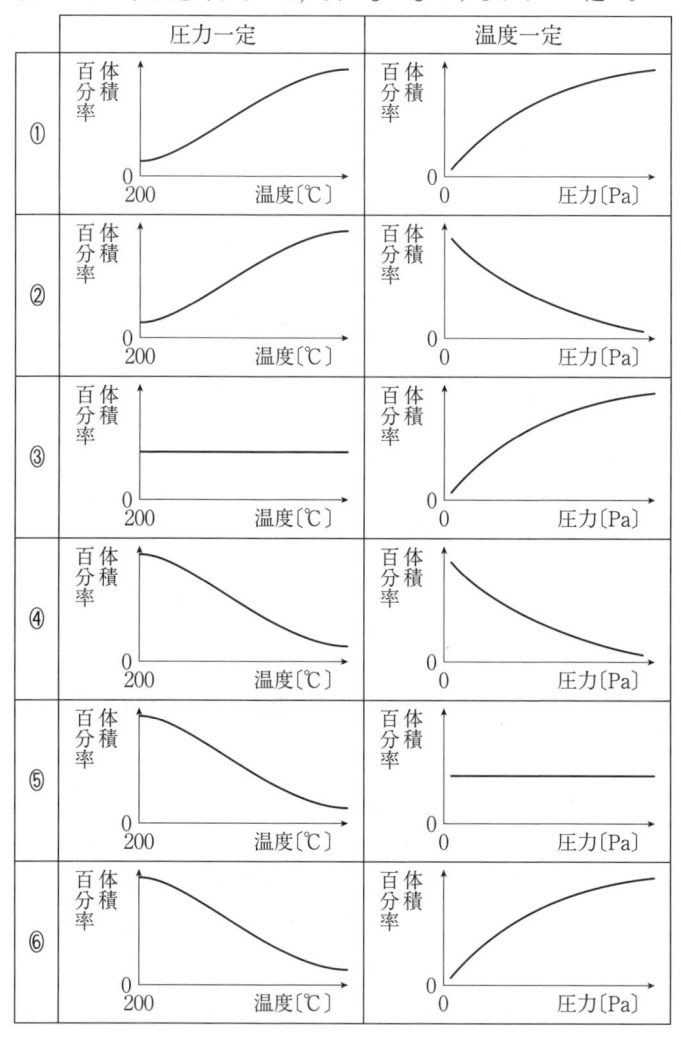

問4 次の熱化学方程式A～Eで表される反応に関する記述として誤りを含むものを，下の①～⑥のうちから二つ選べ。ただし，解答の順序は問わない。方程式中で，物質の化学式にその状態が付記されていない物質は，すべて気体の状態にある。

A　$2HI = H_2 + I_2 - 10\,kJ$
B　$2NO = N_2 + O_2 + 181\,kJ$
C　$C(黒鉛) + H_2O = CO + H_2 - 131\,kJ$
D　$2SO_2 + O_2 = 2SO_3 + 198\,kJ$
E　$2O_3 = 3O_2 + 285\,kJ$

① Aの反応で，正反応(HIが分解する反応)の活性化エネルギーは，逆反応の活性化エネルギーより大きい。
② A, B, Cの反応では，温度を一定にして圧力を上げても化学平衡は移動しない。
③ Bの反応が平衡に達しているとき，正反応でNOが分解する速度と逆反応でNOが生成する速度は等しい。
④ Dの反応で，平衡におけるSO$_3$の生成率は，温度が低く圧力が高いほど大きい。
⑤ Dの反応で，白金を触媒として加えると，反応熱は198kJよりも大きくなる。
⑥ Eの反応では，圧力を下げても，温度を低くしても，化学平衡が右へ移動する。

★★★ 32　平衡移動の原理(2)　　【19分・20点】

問1　二酸化窒素と四酸化二窒素の間には次の化学平衡が存在する。

$2NO_2 \rightleftarrows N_2O_4$

この反応は，右に進むとき発熱である。この反応について次の問い(a～c)に答えよ。ただし，NO$_2$とN$_2$O$_4$は，いずれも理想気体とみなし，液化は起こらないものとする。

a　この反応に関する次の記述のうち，正しいものは①を，誤りを含むものは②を選べ。

 1 　一定体積中のNO$_2$分子の数は，平衡状態に達した後は一定に保たれる。

 2 　平衡状態では，一定体積中のNO$_2$分子の数は，つねにN$_2$O$_4$分子の数の2倍である。

 3 　ある物質量のNO$_2$のみから出発したときと，その半分の物質量のN$_2$O$_4$のみから出発したときとでは，同温同圧で到達する平衡状態は完全に同じである。

 4 　体積を一定に保ったままで，外部からこの混合気体を冷却すると，平衡は発熱の方向に移動するので，その反応熱のために，内部の温度はかえって上昇する。

b この混合気体を容積一定の容器に入れ，温度(T)を変化させて，その圧力(P)を測定した。PとTの関係を示すグラフとして最も適当なものを，次の①〜⑥のうちから一つ選べ。

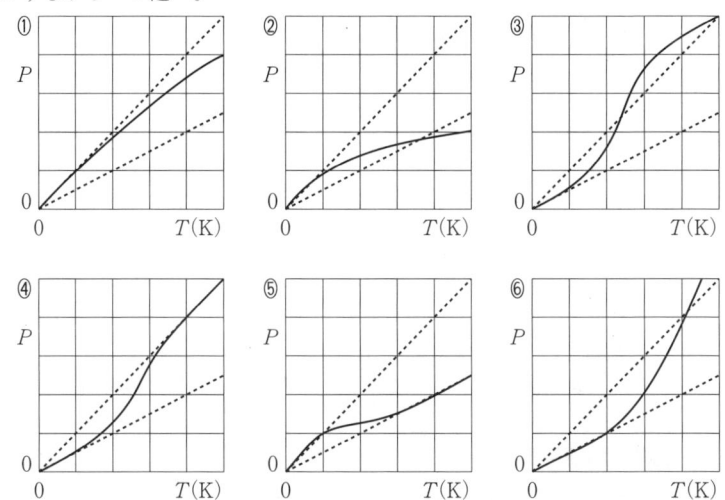

c この混合気体を容積一定の容器中で冷却した。このとき気体の密度および平均分子量(見かけの分子量)はどのように変化するか。正しいものを，次の①〜③のうちからそれぞれ一つずつ選べ。ただし，同じものをくり返し選んでもよい。

　　　 5 　気体の密度　　　 6 　気体の平均分子量

　① 増加する　　② 減少する　　③ 変化しない

問2 次に示す気体(a〜c)について，下の 7 ， 8 の数または圧力の大きさの関係を，①〜⑥のうちからそれぞれ一つずつ選べ。ただし，同じものをくり返し選んでもよい。また，aおよびbはいずれも平衡状態にあるものとする。

a 二酸化窒素(NO_2)と四酸化二窒素(N_2O_4)の混合物($25℃$, $1 \times 10^5 Pa$, $1L$)
b 二酸化窒素(NO_2)と四酸化二窒素(N_2O_4)の混合物($25℃$, $0.25 \times 10^5 Pa$, $4L$)
c 一酸化窒素(NO)($25℃$, $1 \times 10^5 Pa$, $1L$)

　 7 　各気体に含まれる窒素原子の数
　 8 　各気体を膨張あるいは圧縮して体積を$2L$としたとき，それが$25℃$において示す圧力

① $a > b > c$　　② $b > c > a$　　③ $c > a > b$　　④ $c > b > a$
⑤ $a > c > b$　　⑥ $b > a > c$

問3 次の文章を読み，下の問い(a・b)に答えよ。

エチレンと水素からエタンが生成する反応は可逆反応であり，次の熱化学方程式で示される。

$C_2H_4(気体) + H_2(気体) = C_2H_6(気体) + Q \text{ kJ}$

a　いま，エチレン 2.0 mol と水素 4.0 mol を混合した。この混合気体が 1.0×10^5 Pa，1000 K で平衡に達したのち，エタンの量を測定したところ，1.3 mol であった。このときの水素の分圧は何 Pa か。最も適当な数値を，次の①〜⑥のうちから一つ選べ。

① 4.7×10^5　② 2.7×10^5　③ 1.0×10^5　④ 0.70×10^5
⑤ 0.57×10^5　⑥ 0.27×10^5

b　次に，圧力を 1.0×10^5 Pa に保ったまま温度を上げると，水素の分圧が増大した。このことから，上の熱化学方程式の Q として正しいものを，次の①〜④のうちから一つ選べ。

① $Q > 0$　② $Q = 0$　③ $Q < 0$　④ これだけでは判断できない。

★★33 酸・塩基と電離平衡　【20分・18点】

必要があれば，原子量は次の値を使うこと。H 1.0　O 16

問1　次の記述(a・b)中の x と y の大小関係はどのようになるか。最も適当なものを，下の①〜③のうちからそれぞれ一つずつ選べ。ただし，同じものをくり返し選んでもよい。

a　一定容積の容器の中に HI 1 mol を封入して加熱すると，HI の一部は解離して H_2 と I_2 を生成し，平衡状態になる。このときの I_2 の体積百分率を x %とする。別の同じ容器の中に HI 2 mol を封入して，前と同じ温度に加熱して平衡状態になったときの I_2 の体積百分率を y %とする。ただし，平衡状態にある物質はすべて理想気体とする。

b　塩酸に水酸化ナトリウム水溶液を加えると，発熱反応が起こる。20℃における水のイオン積を x (mol/L)^2，60℃における水のイオン積を y (mol/L)^2 とする。

① $x > y$　② $x < y$　③ $x = y$

問2　酸，塩基に関する次の記述のうち，正しいものはどれか。次の①〜④のうちから一つ選べ。

① 電離度が1に近い酸は弱酸である。
② 酸の価数が大きい酸ほど強酸であり，塩基の価数が大きい塩基ほど強塩基である。
③ 同じモル濃度の強酸と弱酸とでは，強酸の pH の値の方が小さい。
④ pH 6 の酢酸水溶液を水で1000倍にうすめると，pH は約9になる。

問3 酸や塩基に関する記述として正しいものを，次の①〜⑤のうちから一つ選べ。
① 水溶液中での酢酸の電離度は，その濃度が小さくなるにつれて，小さくなる。
② 純水の電離度は，室温で 1×10^{-7} である。
③ 一定温度の酸や塩基のうすい水溶液では，水のイオン積は pH によらず一定である。
④ pH 4 の塩酸と pH 12 の水酸化ナトリウム水溶液とを同体積ずつ混合すると，その溶液の pH は 8 となる。
⑤ 酢酸水溶液に水酸化ナトリウム水溶液を加えると，溶液中の酢酸イオンの濃度が減少する。

問4 アンモニアを水に溶かすと，次式に示すような平衡状態になる。
$$NH_3 + H_2O \rightleftarrows NH_4^+ + OH^-$$
これに，次の a 〜 c の水溶液を少量加えたとき，平衡が右へ移動するものはどれか。すべてを正しく選んだものを，下の①〜⑦のうちから一つ選べ。ただし，水溶液の温度や体積の変化は無視できるものとする。
a HCl   b NaOH   c NH$_4$Cl
① a ② b ③ c ④ a, b ⑤ a, c ⑥ b, c
⑦ a, b, c

問5 硫化水素 H$_2$S は弱酸で，水溶液中で次のように2段階に電離する。
$$H_2S + H_2O \rightleftarrows H_3O^+ + HS^-$$
$$HS^- + H_2O \rightleftarrows H_3O^+ + S^{2-}$$
硫化水素の飽和水溶液（約 0.1 mol/L）をそれぞれ 100 mL とり，次の a 〜 d の実験を行った。このときの変化を，下の①〜③のうちからそれぞれ一つずつ選べ。ただし，同じものをくり返し選んでもよい。
a 1 mol/L の硫酸 1 mL を加えると S^{2-} の濃度は 1 。
b 1 mol/L の水酸化ナトリウム水溶液 10 mL を加えると HS$^-$ の濃度は 2 。
c b の操作を行った溶液に，さらに 1 mol/L の水酸化ナトリウム水溶液 5 mL を加えると HS$^-$ の濃度は 3 。
d 溶液を沸騰させると HS$^-$ の濃度は 4 。ただし，沸騰によって溶液の体積は変化しないものとする。
　① 増加する　② 減少する　③ 変化しない

★★★34 平衡定数 【19分・18点】

問1 容積一定の容器中に H_2 と I_2 を 0.50 mol ずつ入れて，温度を 448℃ に保ったところ，HI が 0.78 mol 生成して平衡状態に達した。
この温度における次の可逆反応の平衡定数はいくらか。最も適当な数値を，下の①～⑤のうちから一つ選べ。

$$H_2 + I_2 \rightleftharpoons 2HI$$

① 10　② 20　③ 30　④ 40　⑤ 50

問2 次の可逆反応の平衡定数は，1120℃ で 2.0 である。

$$CO_2(気) + H_2(気) = CO(気) + H_2O(気) - 31 kJ$$

この反応に関する次の文章中の ア ・ イ に当てはまる語句の組合せとして最も適当なものを，右の①～⑥のうちから一つ選べ。

一定容積の反応容器中に 1120℃ で，CO_2 0.5 mol，H_2 0.5 mol，CO 1.0 mol，H_2O 1.0 mol を入れると，反応は ア 方向へ進む。また，この反応の 700℃ における平衡定数は イ 。

	ア	イ
①	右	2.0 より大きい
②	右	2.0 より小さい
③	右	2.0 である
④	左	2.0 より大きい
⑤	左	2.0 より小さい
⑥	左	2.0 である

問3 25℃ において，0.030 mol/L の酢酸水溶液がある。これに関して，次の問い（**a**・**b**）に答えよ。ただし，25℃ における酢酸の電離定数 K_a は 2.7×10^{-5} mol/L とする。

a この酢酸水溶液中の酢酸の電離度 α はいくらか。最も適当な数値を，次の①～⑤のうちから一つ選べ。

① 0.010　② 0.020　③ 0.030　④ 0.040　⑤ 0.060

b この酢酸水溶液を水でうすめると，電離度 α と pH はどのように変化するか。最も適当なものを，次の①～⑥のうちから一つ選べ。

	α	pH
①	小さくなる	小さくなる
②	小さくなる	大きくなる
③	大きくなる	小さくなる
④	大きくなる	大きくなる
⑤	変わらない	小さくなる
⑥	変わらない	大きくなる

問4 pH が 3.0 の塩酸中に，塩化銀の沈殿が少量存在して溶解平衡になっている。この水溶液中に溶けている銀イオンの濃度は何 mol/L か。最も適当な数値を，次の①～⑥のうちから一つ選べ。ただし，塩化銀の溶解度積は 1.8×10^{-10} (mol/L)^2 とする。

① 9.0×10^{-10}　② 1.8×10^{-9}　③ 9.0×10^{-9}　④ 1.8×10^{-8}
⑤ 9.0×10^{-8}　⑥ 1.8×10^{-7}

第3編　無機物質

第1章　非金属元素とその化合物

★35 17族元素(ハロゲン)とその化合物　　【7分・12点】

問1　ハロゲンに関する次の文章中の [1] ～ [4] に当てはまる元素を，下の①～④のうちから一つずつ選べ。ただし，同じものをくり返し選んでもよい。

　　フッ素，塩素，臭素およびヨウ素の中で，単体の融点が最も低い元素は [1] であり，反応性が最も低い元素は [2] である。[3] の単体は常温で赤褐色の液体である。また，1価の陰イオンがアルゴンと同じ電子配置をとるハロゲンは [4] である。

① F　② Cl　③ Br　④ I

問2　次の記述①～⑤のうちから，正しいものを一つ選べ。
① ハロゲンの単体は，いずれも常温・常圧で気体である。
② 臭素は，ガラスを侵す。
③ 銀のハロゲン化物は，いずれも水に溶けやすい。
④ ハロゲンの単体の酸化力は，原子番号が大きいほど弱くなる。
⑤ 塩素を得るには，アルミニウムに塩酸を加えて加熱する。

問3　ヨウ素の性質に関する次の記述 ①～⑤ のうちから，誤りを含むものを一つ選べ。
① ヨウ素は，固体も気体も有色である。
② ヨウ素は，昇華性の結晶をつくる。
③ 同温・同圧において，気体のヨウ素の密度は，空気のそれより大きい。
④ デンプン水溶液は，ヨウ素デンプン反応により青～青紫色になる。
⑤ ヨウ素は，水によく溶ける。

36 16族・15族元素とその化合物 【18分・20点】

必要があれば，原子量は次の値を使うこと。H1.0　N14　O16　S32

問1　オゾン O_3 に関する記述について**誤りを含むもの**を，次の①〜⑤のうちから一つ選べ。
① 酸素の同素体である。
② 湿ったヨウ化カリウムデンプン紙を青変させる。
③ 無色・無臭の気体である。
④ 酸素に紫外線を照射すると生成する。
⑤ 酸素の中で放電すると生成する。

問2　二酸化硫黄と硫化水素の性質として正しいものを，次の①〜⑧のうちから二つ選べ。ただし，解答の順序は問わない。
① 二酸化硫黄は硫化水素と反応して，硫黄を生じる。
② 二酸化硫黄は無色，無臭の気体である。
③ 二酸化硫黄の水溶液は，中性である。
④ 硫化水素は，無色，無臭，無毒の気体である。
⑤ 硫化水素は，空気よりも軽い気体である。
⑥ 硫化鉄(Ⅱ)に希硫酸を加えると，硫化水素が発生する。
⑦ 硫化水素の水溶液は，弱いアルカリ性を示す。
⑧ 硫酸銅(Ⅱ)の水溶液に硫化水素を通じると，白色沈殿が生じる。

問3　次の3段階の反応を利用すると，硫化鉄(Ⅱ)から硫酸をつくることができる。

$$4FeS + 7O_2 \longrightarrow 2Fe_2O_3 + 4SO_2 \quad (1)$$
$$2SO_2 + O_2 \longrightarrow 2SO_3 \quad (2)$$
$$SO_3 + H_2O \longrightarrow H_2SO_4 \quad (3)$$

硫化鉄(Ⅱ)から，質量パーセント濃度80％の硫酸196gをつくるのに必要な酸素は何molか。最も適当な数値を，次の①〜⑥のうちから一つ選べ。
① 0.8　② 1.4　③ 1.8　④ 2.8　⑤ 3.6　⑥ 5.6

問4　濃硫酸と2mol/Lの希硫酸をそれぞれ別のビーカーに入れて実験室に放置し，1日ごとに質量を測定した。得られた質量変化を図1の曲線AおよびBで示した。このような質量変化を説明する用語として最も適当なものを，次の①〜⑥のうちから一つずつ選べ。
A ☐1☐ , B ☐2☐
① 吸湿　② 凝縮　③ 昇華
④ 蒸発　⑤ 潮解　⑥ 風解

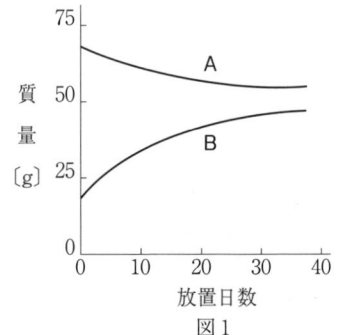

図1

問5 濃硫酸について次の記述①〜⑤のうちから，誤りを含むものを一つ選べ。
① 濃硫酸は吸湿性が強いので，乾燥剤として使われる。
② 濃硫酸に水を注ぐと，発熱して水が沸騰し，はねるので危険である。
③ 熱濃硫酸は酸化力が強いので，銀を溶かすことができる。
④ 濃硫酸を塩化ナトリウムと混ぜて熱すると，塩素が発生する。
⑤ 濃硫酸に三酸化硫黄を吸収させると，発煙硫酸が得られる。

問6 硝酸に関する次の文章中の ア 〜 ウ に当てはまる語，数値の組合せとして最も適当なものを，下の①〜⑥のうちから一つ選べ。

　硝酸を工業的に製造するためには，まず白金を触媒として ア を空気で酸化し，一酸化窒素に変える。この一酸化窒素を，さらに空気で酸化して二酸化窒素にする。これを水と反応させて硝酸を得る。この製法は， イ 法とよばれる。この製法によると，1.7kgのアンモニアから理論上，質量パーセント濃度63％の硝酸が ウ kg得られる。

	ア	イ	ウ
①	アンモニア	ハーバー・ボッシュ	5
②	アンモニア	オストワルト	5
③	アンモニア	オストワルト	10
④	窒　素	ハーバー・ボッシュ	5
⑤	窒　素	ハーバー・ボッシュ	10
⑥	窒　素	オストワルト	10

37 非金属元素の単体・化合物 【11分・19点】

問1 次のa・bに当てはまるものを，下の①～⑤のうちからそれぞれ一つずつ選べ。
　a　水に溶けて塩基性を示す水素化合物をつくる元素
　b　水に溶けて強い酸性を示す水素化合物をつくる元素
　① 炭素　② 窒素　③ フッ素　④ 硫黄　⑤ ヨウ素

問2 希ガスに関する次の記述a～cに当てはまる気体の組合せとして正しいものを，右の①～⑥のうちから一つ選べ。

	a	b	c
①	ヘリウム	アルゴン	ネオン
②	ヘリウム	ネオン	アルゴン
③	アルゴン	ヘリウム	ネオン
④	アルゴン	ネオン	ヘリウム
⑤	ネオン	ヘリウム	アルゴン
⑥	ネオン	アルゴン	ヘリウム

　a　大気中にわずかしかなく，通常地殻に埋蔵されており，気球や飛行船の充塡ガスに用いられる。
　b　希ガスの中では大気中に最も多く含まれ，白熱電球に封入されている。
　c　希ガスの中では原子量が2番目に小さく，広告用の表示機器に用いられている。

問3 次の記述a～cは，酸化数+1の塩素原子1個を含むオキソ酸，酸化数+5の窒素原子1個を含むオキソ酸，またはその両方に当てはまる。両方に当てはまる記述をすべて選び出したものを，下の①～⑥のうちから一つ選べ。
　a　強い酸化作用を示す。
　b　弱酸である。
　c　1価の酸である。
　① a　② b　③ c　④ a, b　⑤ a, c　⑥ b, c

問4 次の記述a～dのうち，濃硫酸，濃硝酸，濃塩酸のいずれにも当てはまる性質として，正しいものはどれか。下の①～⑤のうちから一つ選べ。
　a　ガラスを侵さない。
　b　還元作用がある。
　c　金や白金とは反応しない。
　d　揮発性の酸である。
　① a・c　② a・d　③ c・d　④ a・b・c　⑤ b・c・d

問5 次の記述①～⑥のうちから，内容に誤りを含むものを二つ選べ。ただし，解答の順序は問わない。
　① 赤リンは，空気中で自然発火しやすい。
　② フッ化水素酸は，ガラスと反応してこれを溶かす。
　③ 二酸化硫黄と三酸化硫黄は，いずれも酸性酸化物である。
　④ 硫酸とリン酸は，いずれも2価の酸である。
　⑤ 濃硝酸は，強い酸化作用を示す。
　⑥ ケイ素は，酸化物やケイ酸塩の形で天然に存在する。

★★38 気体の性質・発生　　【14分・19点】

問1　下の表は、周期表の一部を示したものであり、第1～3周期に属する元素をア、イ、…、ツで表示してある。常温・常圧で単体が気体である元素だけが並んでいる組を、次の①～⑤のうちから一つ選べ。

① ウ，オ，ク，コ，シ　② エ，カ，ク，コ，シ　③ ア，キ，ケ，チ，ツ
④ オ，キ，ケ，シ，セ　⑤ ア，ケ，シ，ソ，ツ

族 周期	1	2					13	14	15	16	17	18
1	ア											イ
2	ウ	エ					オ	カ	キ	ク	ケ	コ
3	サ	シ					ス	セ	ソ	タ	チ	ツ
4												

問2　次の①～⑤のうちから、常温・常圧で有色の気体の組を一つ選べ。

① Cl_2 と NO　② Cl_2 と NO_2　③ H_2S と SO_2　④ H_2S と NO_2
⑤ NO と SO_2

問3　次の①～⑤のうちから、刺激臭のあるものの組合せを一つ選べ。

① CH_4 と HCl　② Na と Ca　③ NaOH と $Ca(OH)_2$
④ CH_3COOH と NH_3　⑤ CuO と $CaCO_3$

問4　次の a・b に当てはまる物質を、それぞれの解答群の①～⑤のうちから一つずつ選べ。

a　希塩酸と反応して気体を発生する物質
　① NaCl　② $NaNO_3$　③ Na_2CO_3　④ Na_2SO_4　⑤ $NaHSO_4$

b　濃い水酸化ナトリウム水溶液と反応して気体を発生する物質
　① LiCl　② NaCl　③ KCl　④ NH_4Cl　⑤ AgCl

問5　次の a～c に当てはまる反応を、下の①～⑦のうちからそれぞれ二つずつ選べ。ただし、同じものをくり返し選んでもよい。また、解答の順序は問わない。

a　単体の気体が発生する。
b　酸性酸化物の気体が発生する。
c　有色の気体が発生する。

① アルミニウム片を水酸化ナトリウム水溶液に入れる。
② 塩化ナトリウムに濃硫酸を加えて、加熱する。
③ 銀を濃硝酸に入れる。
④ 水酸化カルシウムと塩化アンモニウムを混ぜて、おだやかに加熱する。
⑤ 炭化カルシウム（カーバイド）に水を加える。
⑥ 濃塩酸に酸化マンガン(Ⅳ)を加えて、加熱する。
⑦ 炭酸カルシウムを強熱する。

★★39 気体の発生装置・捕集・乾燥 【18分・30点】

問1 図1は固体と液体の反応を利用して気体を発生させる装置である。AとBの接合部Eの気密は保たれている。Bに亜鉛粒を入れ、Aに希硫酸を入れる。コック（活栓）Dを開くと水素が発生する。コックDを閉じると、希硫酸が移動して亜鉛との接触が断たれ、水素の発生が止まる。この実験を行うとき、次の**a・b**について最も適当なものを、それぞれの解答群の①〜⑤のうちから一つずつ選べ。

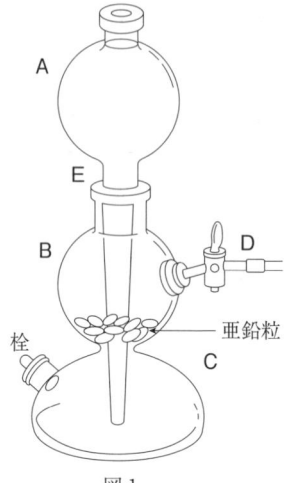

a 亜鉛のかわりに用いることができる物質
① CaC_2 ② Fe ③ Pb ④ Cu
⑤ SiO_2

b 水素発生中に、コックDを閉じるとき、希硫酸の移動する方向
① $A \to C$ ② $C \to B$ ③ $B \to D$ ④ $B \to C \to A$
⑤ $A \to C \to B$

図1

問2 乾いた塩素を得る目的で、図2のような装置を組み立てた。この実験について下の問い**a〜f**に答えよ。

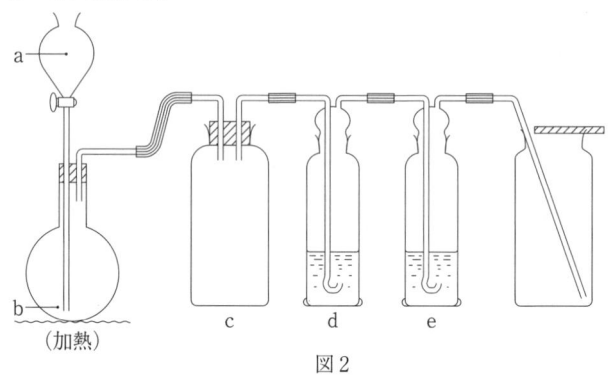

図2

a aに入れる試薬をA群から一つ選べ。
b bに入れる試薬をA群から一つ選べ。
c 空ビンcが用いられている理由をB群から一つ選べ。
d dには水が入れてある。その理由をC群から一つ選べ。
e eは生成した塩素を乾燥するためのものである。このビンに入れるのに適当な試薬を、A群から一つ選べ。
f bに入れる試薬の成分元素の一つは、反応によって酸化数が変化する。変化に相当する数をD群から一つ選べ。

〔A群〕
① 濃硫酸　② 希硫酸　③ 濃塩酸　④ 塩化ナトリウム
⑤ 酸化鉄(Ⅲ)　⑥ 酸化銅(Ⅱ)
⑦ 酸化マンガン(Ⅳ)　⑧ 炭酸カルシウム
⑨ 塩化カルシウム水溶液　⓪ 10％過酸化水素水

〔B群〕
① 生成した塩素を凝縮させるため。
② ビンdからフラスコbへの水の逆流を防ぐため。
③ 塩素の発生効率を上げるため。
④ 発生した気体に含まれる水分を凝縮させるため。
⑤ 発生した気体の中の塩素よりも重い気体を集めるため。

〔C群〕
① 反応により熱せられた塩素を冷やすため。
② 塩素とともに生じた塩化水素を除くため。
③ 塩素とともに生じた酸素を除くため。
④ 塩素とともに生じた二酸化炭素を除くため。

〔D群〕
① -5　② -4　③ -3　④ -2　⑤ -1　⑥ $+1$
⑦ $+2$　⑧ $+3$　⑨ $+4$　⓪ $+5$

第3編 無機物質

問3 実験室で少量の気体をつくる方法について，次の問い(**a**・**b**)に答えよ。

a アンモニアおよび水素を発生させるために，それぞれ2種類の試薬(希硫酸以外はすべて固体)を反応させた。下の①～⓪のうちから最も適当な試薬を選べ。同じ試薬をくり返し選んでもよい。

アンモニア　[1] と [2]
水　素　　　[3] と [4]

① ケイ酸　② 希硫酸　③ 亜鉛　④ 銅　⑤ 塩素酸カリウム
⑥ 塩化アンモニウム　⑦ 硫酸カルシウム　⑧ 水酸化カルシウム
⑨ さらし粉　⓪ 塩化ナトリウム

b 安全性を考慮したうえで，アンモニアおよび水素の発生装置と捕集装置として最も適当なものを，下のA群(発生装置)およびB群(捕集装置)のうちから，それぞれ一つずつ選べ。ただし，同じものをくり返し選んでもよい。

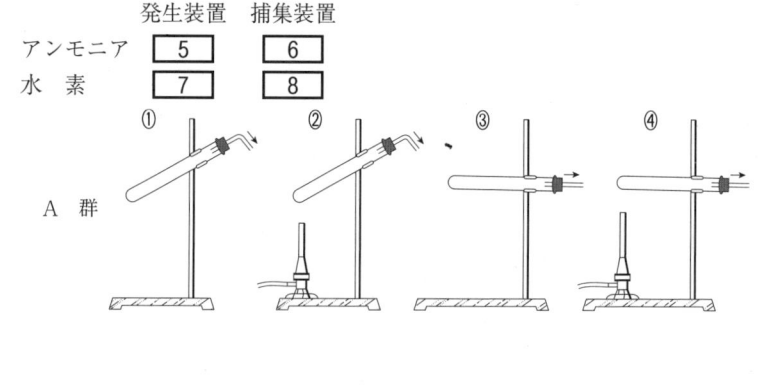

　　　　　　発生装置　捕集装置
アンモニア　[5]　　　[6]
水　素　　　[7]　　　[8]

A群

B群

問4 次に示す実験操作①～⑤のうちから，正しいものを一つ選べ。
① 銅に希硝酸を作用させ，発生する気体を水上置換法で集める。
② 銅に濃硫酸を加えて加熱し，発生する気体を上方置換法で集める。
③ 塩化アンモニウムと水酸化カルシウムをよく混合して加熱し，発生する気体を十酸化四リンで乾燥する。
④ 石灰石に塩酸を作用させ，発生する気体をソーダ石灰(NaOHとCaOの混合物)で乾燥する。
⑤ 硫化鉄(Ⅱ)に塩酸を作用させ，発生する気体を水酸化ナトリウム水溶液の入った洗気ビンで洗浄する。

★★ 40 気体の性質と反応　【10分・16点】

問1 次の記述 a・b に当てはまるものを，下の①～⑥のうちからそれぞれ一つずつ選べ。ただし，同じものをくり返し選んでもよい。

　a　無色，無臭，有毒な気体で，高温において還元力が強く，この性質は鉄の製錬に用いられる。

　b　刺激臭のある無色，有毒な気体で，還元性があり漂白作用がある。

　① CO　② CO_2　③ NO　④ NO_2　⑤ Cl_2　⑥ SO_2

問2 次の文中の　1 ・ 2 　に入れるのに最も適当な物質を，下の①～⑧のうちから一つずつ選べ。

　 1 　は，水に溶けやすく，水溶液は弱酸性を示す。この水溶液に水酸化ナトリウムを加えて加熱すると，においのある気体が発生し，この気体に水でしめらせた赤色リトマス紙をかざすと，リトマス紙が青変する。

　 2 　に，塩酸を加えると，においのある気体を発生する。この気体に水でしめらせた赤色リトマス紙をかざすと，しだいに赤色が消える。

　①　酸化アルミニウム　　②　水酸化カルシウム　　③　炭酸カルシウム
　④　塩化カリウム　　⑤　塩化アンモニウム　　⑥　ヨウ素　　⑦　スクロース
　⑧　さらし粉

問3 次の記述 a～d における気体ア～エの化学式として正しい組合せを，右の①～⑤のうちから一つ選べ。

	ア	イ	ウ	エ
①	H_2S	N_2	HCl	NH_3
②	HCl	O_2	NH_3	H_2S
③	NH_3	N_2	HCl	H_2S
④	NH_3	O_2	HCl	H_2S
⑤	H_2S	O_2	HCl	NH_3

　a　気体アとウを混合すると，白煙が生じる。
　b　気体イの同素体は，大気上層で紫外線を吸収する。
　c　気体ウとエは，水に溶けると酸性を示す。
　d　気体エは腐卵臭があり，水溶液中で還元性を示す。

問4 次の文中の a～d に当てはまる物質を，下の①～⑨のうちから一つずつ選べ。

　a　希塩酸を加えると，刺激臭のある無色の気体が発生した。この気体の水溶液は弱酸性を示し，また硫化水素と反応して硫黄を生じた。

　b　希硝酸を加えると，無色の気体が発生した。この気体は空気に触れて，赤褐色に変わった。

　c　濃硫酸を加えて加熱し，発生した気体をガラスに触れさせたところ，ガラスの表面が侵された。

　d　希硫酸を作用させると，悪臭のある気体が発生した。この気体を硫酸銅(II)水溶液に通じたところ，黒色沈殿が生じた。

　①　銅　　②　金　　③　二クロム酸カリウム　　④　硫化鉄(II)
　⑤　フッ化カルシウム　　⑥　亜硫酸ナトリウム　　⑦　硫酸ナトリウム
　⑧　炭酸ナトリウム　　⑨　過酸化水素水

第2章　金属元素とその化合物

★★ 41 1族・2族元素とその化合物　【12分・16点】

問1　次の①〜⑤のうちから、アルカリ土類金属の元素を一つ選べ。
① B　② Ca　③ K　④ Mn　⑤ Na

問2　アルカリ土類金属に関する次の記述①〜⑤のうちから、誤りを含むものを一つ選べ。
① 特有の炎色反応を示す。
② 単体は常温では水と反応しない。
③ 酸化物は水と反応して水酸化物になる。
④ 水酸化物の水溶液は塩基性を示す。
⑤ 炭酸塩は水に溶けにくい。

問3　水酸化ナトリウムについての次の記述①〜④のうちから、誤りを含むものを一つ選べ。
① 水酸化ナトリウムは、塩化ナトリウム水溶液の電気分解によってつくられる。
② 水酸化ナトリウム水溶液に塩素を通じると、次亜塩素酸イオンが生じる。
③ 水酸化ナトリウム水溶液に二酸化炭素を吸収させると、炭酸イオンが生じる。
④ 水酸化ナトリウムの結晶は空気中で風解する。

問4　次の文（**a〜d**）は、炭酸ナトリウムの工業的製法（アンモニアソーダ法）に関連する反応を記述したものである。文中の $\boxed{1}$ 〜 $\boxed{6}$ に相当するものの化学式を、それぞれの解答群のうちから一つずつ選べ。

a　飽和食塩水にアンモニアと $\boxed{1}$ を吹きこむと、溶解度の小さい $\boxed{2}$ が析出し、溶液中には $\boxed{3}$ が多量に生成する。

b　$\boxed{2}$ を取り出して加熱すると、炭酸ナトリウムと $\boxed{1}$ と $\boxed{4}$ とに分解する。ここで得られる $\boxed{1}$ は、**a** の反応に利用される。

c　石灰石（炭酸カルシウム）を強く熱すると、$\boxed{1}$ と $\boxed{5}$ とに分解する。この $\boxed{1}$ は **a** の反応に利用される。

d　$\boxed{5}$ に水を加えると、発熱して反応し $\boxed{6}$ になる。また、**a** の操作後、$\boxed{2}$ を除いた溶液に $\boxed{6}$ を加えて加熱すると、アンモニアが発生する。これは再び **a** の反応に利用される。

$\boxed{1}$ と $\boxed{4}$ の解答群
① Cl_2　② H_2　③ N_2　④ O_2　⑤ CO　⑥ CO_2
⑦ NH_3　⑧ NO_2　⑨ HCl　⓪ H_2O

$\boxed{2}$, $\boxed{5}$ と $\boxed{6}$ の解答群
① $NaCl$　② $NaOH$　③ $NaHCO_3$　④ Na_2CO_3　⑤ NH_4Cl
⑥ $(NH_4)_2CO_3$　⑦ CaO　⑧ $Ca(OH)_2$　⑨ $CaCl_2$　⓪ $CaCO_3$

$\boxed{3}$ の解答群
① H_3O^+　② NH_4^+　③ Na^+　④ NO_3^-　⑤ OCl^-

*42 元素の分類と性質　　　【6分・12点】

問1　次の①〜⑤のうちから，典型元素の組合せを一つ選べ。
　　①　MgとZn　　②　NaとFe　　③　AgとAu　　④　KとCu
　　⑤　AlとNi

問2　次の①〜⑤のうちから，常温で自由電子をもつ単体を一つ選べ。
　　①　I_2　　②　Ne　　③　P_4　　④　S_8　　⑤　Zn

問3　次の①〜⑤のうちから，強酸の水溶液とも，強塩基の水溶液とも反応して，塩を生じる酸化物を一つ選べ。
　　①　CaO　　②　CO_2　　③　Na_2O　　④　SO_2　　⑤　ZnO

問4　次の①〜⑤のうちから，常温・常圧で，単体がいずれも固体である元素の組を一つ選べ。
　　①　C, N, O　　②　Cl, Br, I　　③　Li, Mg, Hg　　④　Ne, Ar, Kr
　　⑤　Si, P, S

43 13族・14族元素とその化合物　　【12分・13点】

必要があれば，原子量は次の値を使うこと。C 12　N 14　O 16　Na 23　Al 27
Si 28　Cl 35.5　K 39　Ca 40　Br 80

問1　アルミニウムと酸化アルミニウムの性質に関する次の記述 a ～ d のうちで，正しいものはどれか。最も適当な組合せを，下の①～⑥のうちから一つ選べ。
a　融点は，酸化アルミニウムの方がアルミニウムより高い。
b　いずれもよく電気を導く。
c　アルミニウムは，アルミニウムイオンを含む水溶液から電気分解で得られる。
d　空気中ではアルミニウムの表面に，酸化アルミニウムの被膜ができる。
① a, b　② a, c　③ a, d　④ b, c　⑤ b, d
⑥ c, d

問2　次の記述①～⑤のうちから，誤りを含むものを一つ選べ。
① スズ Sn は，塩酸に溶ける。
② 塩化スズ(Ⅱ) $SnCl_2$ は，還元作用を示す。
③ 硫酸鉛(Ⅱ) $PbSO_4$ は，希硫酸に溶けにくい。
④ 塩化鉛(Ⅱ) $PbCl_2$ は，冷水に溶けにくい。
⑤ 酸化鉛(Ⅳ) PbO_2 は，還元剤として使われる。

問3　5種類の元素 A ～ E に関する，次のア～オの記述を読んで，A ～ E に当てはまる元素を，下の①～⓪のうちからそれぞれ一つずつ選べ。
A 1, B 2, C 3, D 4, E 5
ア　A の単体 1.00 g を B の単体と反応させると，AB の組成をもつ固体の化合物 2.54 g が生成する。
イ　A の単体と C の単体は，ともに常温で水と反応して水素を発生する。
ウ　B の単体と，水素とを混合して日光に当てると，爆発的に反応する。
エ　D の単体は空気の一成分であり，E の単体と化合して ED_2 の分子式をもつ気体となる。
オ　C の単体と水との反応によって生成する物質の水溶液に気体 ED_2 を通すと，白色の沈殿が生成する。
① 炭素　② 窒素　③ 酸素　④ ナトリウム　⑤ アルミニウム
⑥ ケイ素　⑦ 塩素　⑧ カリウム　⑨ カルシウム　⓪ 臭素

★★ 44 遷移元素とその化合物 【18分・20点】

必要があれば，原子量は次の値を使うこと。
H 1.0 O 16 S 32 Fe 56 Cu 64

問1 クロム，マンガン，鉄のすべてに当てはまる記述として正しいものを，次の①〜⑤のうちから一つ選べ。
① 典型元素である。　② 化合物には無色のものが多い。
③ 両性元素である。　④ 酸化数の異なるいくつかの化合物をつくる。
⑤ 単体は熱伝導性が悪く，断熱材となる。

問2 次の記述 a・b に当てはまる最も適当な金属を，下の①〜⑦のうちから一つずつ選べ。
a 工業的には，酸化物をコークスとともに加熱し，還元してつくられる。濃硝酸には，不動態になって溶けない。
b 湿った空気中に放置すると，酸化されて緑青(ろくしょう)が生じる。また，貨幣や電線の材料として用いられる。
① 亜鉛　② アルミニウム　③ 金　④ 銀　⑤ 鉄　⑥ 銅
⑦ マグネシウム

問3 鉄粉 28 g をすべて酸化鉄(Ⅲ) Fe_2O_3 に変えるのに必要な酸素は，標準状態で何 L か。最も適当な数値を，次の①〜⑥のうちから一つ選べ。
① 2.1　② 2.8　③ 4.2　④ 5.6　⑤ 6.3　⑥ 8.4

問4 塩化鉄(Ⅲ)の酸性水溶液 10 mL に，十分量のアンモニア水を加えて水酸化鉄(Ⅲ)を沈殿させた。この沈殿をろ過して取り出し，強熱して酸化鉄(Ⅲ) Fe_2O_3 としたのち，室温まで冷やした。この Fe_2O_3 の質量は 0.32 g であった。はじめの水溶液中の塩化鉄(Ⅲ)の濃度は何 mol/L か。最も適当な数値を，次の①〜⑤のうちから一つ選べ。
① 0.20　② 0.40　③ 0.80　④ 2.0　⑤ 4.0

問5 硫酸銅(Ⅱ)五水和物 62 mg を空気中 900℃で加熱したところ，質量が 20 mg になった。加熱して得られた物質の組成として最も適当なものを，次の①〜⑤のうちから一つ選べ。
① Cu　② CuO　③ $CuSO_4$　④ $CuSO_4 \cdot H_2O$　⑤ $CuSO_4 \cdot 3H_2O$

45 炎色反応,遷移元素のイオン 【14分・19点】

問1 白金線を濃塩酸に浸した後,₁ガスバーナーの炎(外炎)に入れた。次に,白金線の先を₂金属塩の水溶液に浸して炎に入れたところ,黄色の炎色反応が観察された。次の問い(**a**・**b**)に答えよ。

a 下線部1の操作を行った理由として最も適当なものを,次の①~④のうちから一つ選べ。
① 白金線の表面を酸化するため。
② 白金線の表面を還元するため。
③ 炎色反応を示す物質が白金線に付着していないことを確かめるため。
④ 白金線が炎の中で溶融しないことを確かめるため。

b 下線部2の結果から,溶けているイオンとして正しいものを,次の①~④のうちから一つ選べ。
① Li^+ ② Na^+ ③ K^+ ④ Sr^{2+}

問2 次の記述 **a**~**d** に当てはまる酸化物 CaO, CuO, SiO_2, ZnO の組合せとして最も適当なものを,下の①~⑤のうちから一つ選べ。

a 塩酸には溶けないが,フッ化水素酸に溶ける。
b 濃い水酸化ナトリウム水溶液に溶かし,その溶液を弱い塩基性にしてから硫化水素を吹き込むと,白色の沈殿が生じる。
c 水に溶かすと,その溶液は強い塩基性を示す。
d 希塩酸に溶かし,その溶液に硫化水素を吹き込むと,黒色の沈殿が生じる。

	a	b	c	d
①	SiO_2	CuO	CaO	ZnO
②	ZnO	CaO	SiO_2	CuO
③	SiO_2	ZnO	CaO	CuO
④	CuO	CaO	SiO_2	ZnO
⑤	SiO_2	ZnO	CuO	CaO

問3 次の記述 a・b 中の ア ～ エ に当てはまる語句および化学式として最も適当な組合せを，下のそれぞれの解答群①～⑥のうちから一つずつ選べ。

a 銅(Ⅱ)イオンを含む水溶液に水酸化ナトリウム水溶液を加えると， ア の沈殿が生じる。この沈殿を取り出し，60～80℃に加熱すると，黒色の イ が生成する。

	①	②	③	④	⑤	⑥
ア	赤色	黄色	青白色	赤色	黄色	青白色
イ	CuO	CuO	CuO	Cu_2O	Cu_2O	Cu

b 黄色のクロム酸カリウム水溶液を ウ にすると，赤橙色の エ が生成する。

	①	②	③	④	⑤	⑥
ウ	酸性	酸性	酸性	塩基性	塩基性	塩基性
エ	$Cr_2O_7^{2-}$	CrO_4^{2-}	Cr^{3+}	$Cr_2O_7^{2-}$	CrO_4^{2-}	Cr^{3+}

問4 次の記述①～⑤のうちから，**誤りを含むもの**を一つ選べ。

① 塩化鉄(Ⅲ)水溶液に，水酸化ナトリウム水溶液を加えると，沈殿が生じる。
② 硫酸鉄(Ⅱ)水溶液に，KSCN 水溶液を加えると，血赤色の沈殿が生じる。
③ 塩化鉄(Ⅲ)水溶液に，$K_4[Fe(CN)_6]$ 水溶液を加えると，濃青色の沈殿が生じる。
④ 硫酸鉄(Ⅱ)水溶液に，$K_3[Fe(CN)_6]$ 水溶液を加えると，濃青色の沈殿が生じる。
⑤ 硫酸鉄(Ⅱ)水溶液に，アンモニア水を加えると，沈殿が生じる。

★★★ 46 金属イオンの反応, 錯イオン　【24分・22点】

問1 次の記述 a ～ d のすべてに当てはまる金属イオンを，下の①～⑤のうちから一つ選べ。

a アンモニア水を加えると沈殿を生じ，過剰に加えるとこの沈殿は溶ける。
b 弱アルカリ性で硫化水素を通じると，硫化物の沈殿を生じる。
c 塩酸を加えても沈殿を生じない。
d 水酸化ナトリウム水溶液を加えると沈殿を生じ，過剰に加えるとこの沈殿は溶ける。

① Ag^+　② Al^{3+}　③ Cu^{2+}　④ Pb^{2+}　⑤ Zn^{2+}

問2 次の記述①～⑤のうちから，**誤りを含むもの**を一つ選べ。

① 銀イオンと銅(Ⅱ)イオンとを含む水溶液に水酸化ナトリウム水溶液を加えていくと，沈殿が生じるが，さらに加えても沈殿は溶けない。
② 亜鉛イオンと鉄(Ⅱ)イオンとを含む水溶液に濃い水酸化ナトリウム水溶液を加えていくと，沈殿が生じるが，さらに加えると沈殿は完全に溶ける。
③ 銀イオンと銅(Ⅱ)イオンとを含む水溶液にアンモニア水を加えていくと，沈殿が生じるが，さらに加えると沈殿は完全に溶ける。
④ バリウムイオンを含む水溶液に硫酸ナトリウム水溶液を加えると，沈殿が生じる。
⑤ 鉛(Ⅱ)イオンを含む水溶液に塩酸を加えると，沈殿が生じる。

問3 錯イオンに関する次の記述 a 中の ア ・ イ および記述 b 中の ウ ・ エ に当てはまる語および数値の組合せとして最も適当なものを，それぞれの解答群の①～⑥のうちから一つずつ選べ。

a 硫酸銅(Ⅱ)の水溶液にアンモニア水を加えていくと青白色の沈殿が生じる。さらにアンモニア水を加えると沈殿は溶解し，配位数が4の銅の錯イオンを含む ア の溶液となる。この錯イオンの形は イ である。

	ア	イ
①	赤褐色	正四面体
②	赤褐色	正方形
③	赤褐色	正八面体
④	深青色	正四面体
⑤	深青色	正方形
⑥	深青色	正八面体

b 塩化銀は水に溶けにくいが，アンモニア水には溶けて銀の錯イオンを含む無色の溶液となる。この錯イオンはジアンミン銀(Ⅰ)イオンとよばれ，配位数は ウ ，配位子は エ である。

	ウ	エ
①	2	塩化物イオン
②	2	アンモニア分子
③	2	水酸化物イオン
④	4	塩化物イオン
⑤	4	アンモニア分子
⑥	4	水酸化物イオン

問4 次の問い(**a**・**b**)に答えよ。

a 塩化ナトリウム水溶液に，A欄の水溶液を加えると白色沈殿が生成し，さらにB欄の水溶液を加えていくとその沈殿が溶解した。AとBの溶液の組合せとして正しいものを，次の①〜⑤のうちから一つ選べ。

	①	②	③	④	⑤
A	$CuSO_4$	NH_3	$AgNO_3$	$AgNO_3$	$AgNO_3$
B	NH_3	H_2SO_4	HNO_3	H_2S	NH_3

b 硫酸バリウムと炭酸カルシウムの混合物(粉末)から，炭酸カルシウムだけを溶解させたい。このための試薬として最も適当なものを，次の①〜⑤のうちから一つ選べ。
① 酢酸ナトリウム水溶液　② アンモニア水　③ 過酸化水素水
④ 希硝酸　⑤ 水酸化ナトリウム水溶液

問5 0.1 mol/Lの硝酸鉛(Ⅱ)水溶液300 mLに，0.2 mol/Lの硫酸100 mLを加えると，硫酸鉛(Ⅱ)が沈殿した。沈殿をろ過してから，ろ液に純水を加え，溶液の体積を500 mLにした。次の記述①〜⑤のうちから，正しいものを一つ選べ。
① 溶液には，未反応の硫酸が0.01 mol残っている。
② 溶液のpHは，7より大きい。
③ 溶液中の硝酸の濃度は，0.04 mol/Lである。
④ 沈殿した硫酸鉛(Ⅱ)は，0.04 molである。
⑤ 溶液中に残っている鉛(Ⅱ)イオンの濃度は，0.02 mol/Lである。

47 金属イオンの分離・確認　【14分・14点】

問1　答：⑥（水溶液A: Cu²⁺, Fe²⁺／水溶液B: Ag⁺, Zn²⁺）

問2　答：②（ア：溶液が深青色になる／イ：白色の沈殿が生じる）

問3 4種類の陽イオン Ag^+, Ba^{2+}, Fe^{3+} および Al^{3+} を含む水溶液がある。これらのイオンをそれぞれ分離するために，次の図に示すような実験を行った。試薬 1 ～ 3 を，下の解答群の①～⑤のうちからそれぞれ一つずつ選べ。

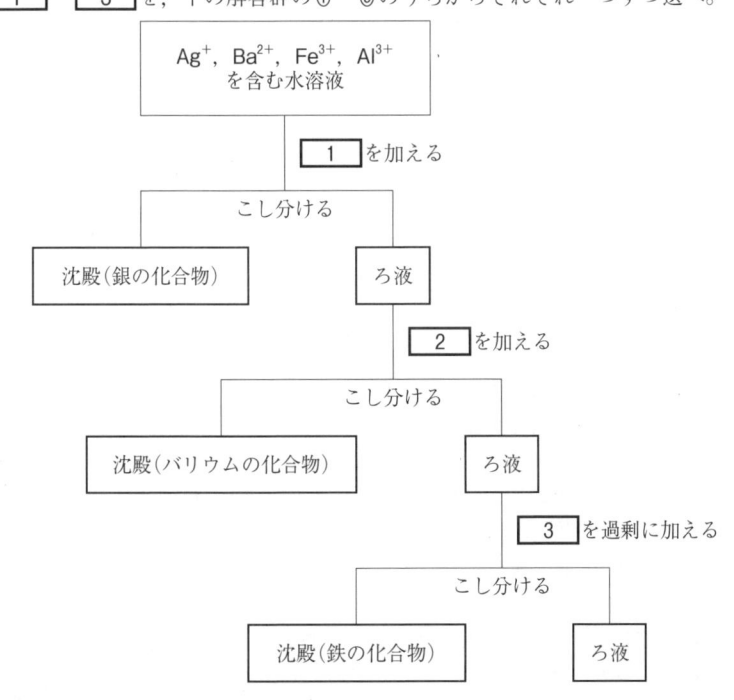

```
        $Ag^+$, $Ba^{2+}$, $Fe^{3+}$, $Al^{3+}$
              を含む水溶液
                    │
                    │ 1 を加える
                    │
               こし分ける
              ┌─────┴─────┐
         沈殿(銀の化合物)    ろ液
                           │
                           │ 2 を加える
                           │
                      こし分ける
                     ┌─────┴─────┐
              沈殿(バリウムの化合物)  ろ液
                                 │
                                 │ 3 を過剰に加える
                                 │
                            こし分ける
                           ┌─────┴─────┐
                      沈殿(鉄の化合物)   ろ液
```

解答群
① 希硝酸　② 希塩酸　③ アンモニア水　④ 硫酸カリウム水溶液
⑤ 水酸化ナトリウム水溶液

★★48 金属化合物の性質と反応 【16分・24点】

問1 次の化合物 a・b に当てはまるものを，下の①～⑥のうちからそれぞれ一つずつ選べ。

a 白色の固体で，水にほとんど溶けない化合物
b 黄色の固体で，水に溶ける化合物

① 酸化亜鉛　　　　　② ヨウ化銀　　　　③ 炭酸ナトリウム
④ クロム酸カリウム　⑤ 硝酸銀　　　　　⑥ 硫酸銅(Ⅱ)

問2 次の a～d に該当する化合物を，下の①～⓪のうちからそれぞれ一つずつ選べ。ただし，同じものをくり返して選んでもよい。

a この粉末は，熱しても，塩酸を加えても，二酸化炭素を発生した。
b この水溶液にアンモニア水を加えたところ，赤褐色の沈殿が生じた。さらに過剰のアンモニア水を加えたが，この沈殿は溶けなかった。
c この水溶液に水酸化ナトリウム水溶液を少量加えたところ，白色の沈殿が生じた。さらに過剰の水酸化ナトリウム水溶液を加えたところ，この沈殿は溶けた。
d この水溶液にアンモニア水を加えたところ，青白色の沈殿が生じた。さらに過剰のアンモニア水を加えたところ，この沈殿は溶けて深青色の溶液となった。

① 炭酸水素ナトリウム　② 炭酸ナトリウム　　③ 硫酸マグネシウム
④ 水酸化カルシウム　　⑤ 塩化バリウム　　　⑥ 塩化アルミニウム
⑦ 硫酸鉄(Ⅱ)　　　　　⑧ 塩化鉄(Ⅲ)　　　　⑨ 硫酸銅(Ⅱ)　　⓪ 硝酸銀

問3 A, B, C, D は，それぞれ下の①～⑧に示した塩の一つを溶かした水溶液である。次の記述 a～e を読んで，A, B, C, D に含まれる塩を，①～⑧のうちからそれぞれ一つずつ選べ。

a A は黄色の炎色反応を示した。
b B に水酸化ナトリウム水溶液を加えると，赤褐色沈殿が生じた。さらに水酸化ナトリウム水溶液を加えても，沈殿は変化しなかった。
c C に水酸化ナトリウム水溶液を加えると，白色沈殿が生じた。さらに水酸化ナトリウム水溶液を加えると，沈殿は溶解した。
d D に塩酸を加えると，白色沈殿が生じた。
e B 及び C のそれぞれに D を加えると，どちらからも白色沈殿が生じた。

A ☐1☐　B ☐2☐　C ☐3☐　D ☐4☐

① $AgNO_3$　② $AlCl_3$　③ $Al(NO_3)_3$　④ $CaCl_2$　⑤ $FeCl_3$
⑥ K_2CO_3　⑦ Na_2CO_3　⑧ $Zn(NO_3)_2$

問4 水溶液中における硫酸銀と塩化バリウムとの反応は，次式で表される。
$Ag_2SO_4 + BaCl_2 \longrightarrow 2AgCl\downarrow + BaSO_4\downarrow$

図1に示す装置を用いて，硫酸銀水溶液に塩化バリウム水溶液を滴下し，滴下量と溶液に流れる電流との関係を調べると，この反応による溶液中のイオン濃度の変化の様子を知ることができる。

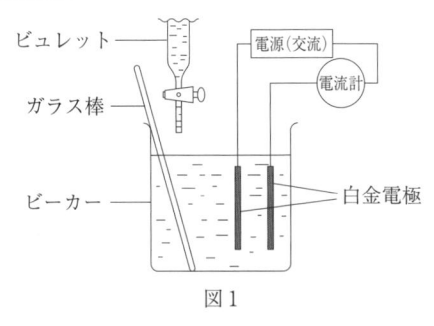

いま，ビーカーに$0.01\,mol/L$の硫酸銀水溶液を$100\,mL$とり，ビュレットに入れた$0.5\,mol/L$の塩化バリウム水溶液を少しずつ加え，ガラス棒でよくかき混ぜて，両極間に流れる電流を測定した。

塩化バリウム水溶液の滴下量と電流との関係を最もよく表しているグラフを，次の①～④のうちから一つ選べ。

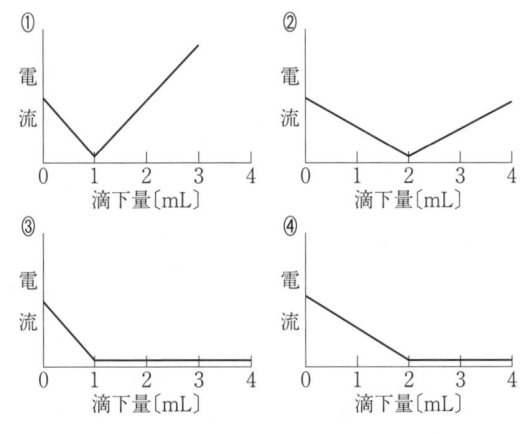

第3章　生活と無機物質

★★ 49 生活と無機物質　　　　　　　　　　　　　　【14分・16点】

問1　われわれの生活において，さまざまな物質が，その化学的性質を生かして広く用いられている。これに関する記述として下線をつけた部分に誤りを含むものを，次の①〜⑤のうちから一つ選べ。

① 酸化マグネシウムは融点が高いことを利用して，耐火れんがの原料として使われている。
② 焼きセッコウは水を加えると固まることを利用して，建築材料や塑像などに使われている。
③ ハロゲン化銀は感光性をもつことを利用して，写真のフィルムに使われている。
④ さらし粉は還元作用をもつことを利用して，漂白剤や殺菌剤に使われている。
⑤ 酸化チタン(Ⅳ)は光触媒作用をもつことを利用して，ビルの外壁の汚れ防止などに使われている。

問2　表面の不純物(亜鉛メッキ，さびなど)を除去した，きれいな鉄釘をガラス容器に置き，うすい塩化ナトリウム水溶液を入れ，釘を浸した。これにフェノールフタレイン溶液と，うすいヘキサシアニド鉄(Ⅲ)酸カリウム水溶液を，それぞれ1滴加え，ゆっくりかきまぜた後，放置した。

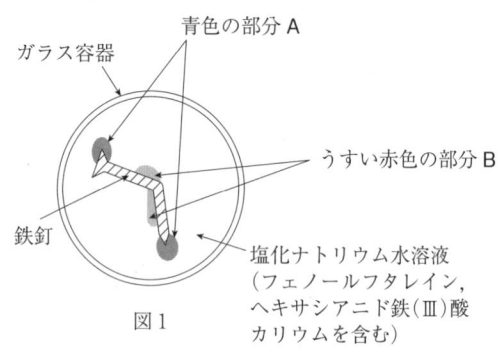

しばらくすると，図1に示すように，釘のまわりに青色の部分Aとうすい赤色の部分Bが現れた。青色の部分Aとうすい赤色の部分Bの釘の表面で起こっている反応を，次の①〜⑤のうちからそれぞれ一つずつ選べ。A 1 ，B 2

図1　（ガラス容器，青色の部分A，うすい赤色の部分B，鉄釘，塩化ナトリウム水溶液(フェノールフタレイン，ヘキサシアニド鉄(Ⅲ)酸カリウムを含む)）

① $Fe \longrightarrow Fe^{2+} + 2e^-$　　② $Fe \longrightarrow Fe^{3+} + 3e^-$
③ $O_2 + 2H_2O + 4e^- \longrightarrow 4OH^-$
④ $2Cl^- + 2H_2O \longrightarrow Cl_2 + H_2 + 2OH^-$
⑤ $[Fe(CN)_6]^{3-} + e^- \longrightarrow [Fe(CN)_6]^{4-}$

問3　セラミックスに関する記述として**誤りを含むもの**を，次の①〜⑤のうちから一つ選べ。
① セメント（ポルトランドセメント）の主成分は酸化カルシウムであるので，コンクリートは塩酸などの酸には強い。
② ガラス（ソーダ石灰ガラス）は，ケイ砂（二酸化ケイ素），炭酸ナトリウム，炭酸カルシウムを混ぜて融解させてつくる。
③ 土器や陶器は，粘土と水を練り混ぜ，窯で焼いてつくる。土器をつくるときは低い温度で焼き，陶器は高い温度で焼く。
④ ほうろうや陶磁器に模様を描くには，金属または金属の化合物を含む絵の具を使う。
⑤ 人工骨や人工歯には，ある種のニューセラミックスが使われている。

問4　合金に関する記述として正しいものを，次の①〜⑤のうちから一つ選べ。
① ジュラルミンは，亜鉛を主成分とする合金であり，軽くて強度が大きいため，航空機などに用いられる。
② 青銅は，銅と亜鉛の合金であり，さびにくく，美術品や鐘などに用いられる。
③ ニクロムは，ニッケルとクロムの合金であり，電気抵抗が小さく，電線の材料に用いられる。
④ 無鉛はんだは，スズを主成分とした融点の低い合金であり，金属どうしの接合に用いられる。
⑤ ステンレスは，チタンとニッケルの合金であり，さびにくく強いため，台所用品などに用いられる。

第4章　総合問題

★★50 第4周期までの元素の単体や酸化物　　【10分・15点】

問1　**a〜i**の文は，次の周期表中の空欄 ☐ の元素について述べたものである。それぞれに最もよく当てはまる元素を，下の①〜⑨のうちから一つずつ選べ。ただし，同一元素を何度選んでもよい。

H																	He
Li	Be											☐	C	N	O	F	Ne
Na	Mg											☐	☐	P	☐	☐	☐
☐	Ca	Sc	Ti	V	Cr	☐	☐	Co	Ni	Cu	Zn	Ga	Ge	As	Se	Br	Kr

a この元素の単体は水と激しく反応して溶解し，水素を発生する。溶け終わった後の溶液は強いアルカリ性を示す。

b この元素の単体を空気中で燃やすと還元性の気体が生成する。

c この元素の酸化物は石英や水晶の成分であり，岩石圏に広く分布している。

d この元素の単体は常温・常圧において単原子分子の気体である。

e この元素の原子核の陽子数は 17 である。

f この元素は遷移元素で，その酸化物は乾電池の材料として用いられる。

g この元素は典型元素で，その酸化物は M_2O_3 の組成をもつ両性酸化物である。

h この元素の単体は，その酸化物を主成分とする鉱石を原料として電解法により製造され，金属として広い用途をもっている。

i この元素は，窒素およびリンとともに植物の三大栄養素の一つで，その化合物には肥料として用いられるものがある。

①　S　　②　Al　　③　B　　④　K　　⑤　Cl　　⑥　Si　　⑦　Mn
⑧　Ar　　⑨　Fe

問2　次の記述 **a〜c** に当てはまる単体を，下の①〜⓪のうちからそれぞれ一つずつ選べ。

a 常温・常圧では固体であり，塩酸には溶けて気体を発生するが，濃硝酸中では表面に酸化物の膜ができて溶けにくくなる。また水酸化ナトリウム水溶液にも溶けて気体を発生する。

b 常温・常圧では赤味を帯びた固体であり，希塩酸には溶けないが，濃硝酸には赤褐色の気体を発生して溶ける。

c 常温・常圧では液体であり，ヨウ化カリウム水溶液からヨウ素を遊離させる。

①　亜鉛　　②　アルミニウム　　③　塩素　　④　オゾン　　⑤　銀
⑥　臭素　　⑦　水銀　　⑧　鉄　　⑨　銅　　⓪　フッ素

★★51 酸化物の性質，化合物の識別　　【10分・14点】

問1　次の記述①〜⑤のうちから，誤りを含むものを一つ選べ。
① ヘリウムやネオンは，原子の電子殻が閉殻であるため，他の物質と反応しにくい。
② 遷移元素には，二つ以上の酸化数をとるものが多い。
③ ハロゲンの単体は，いずれも二原子分子である。
④ アルカリ金属の酸化物は，いずれも水に溶けて塩基性を示す。
⑤ アルカリ土類金属の硫酸塩は，いずれも水に溶けやすい。

問2　次の a と b について，それぞれ二つの化合物を区別するための最も適当な方法を，下の①〜⑤のうちから一つずつ選べ。ただし，同じものをくり返し選んでもよい。
a　炭酸ナトリウムと炭酸カリウム
b　塩化カリウムとヨウ化カリウム
① 水に溶かし，溶液の酸性・塩基性を調べる。
② 水に溶かし，水酸化カルシウム水溶液を加えて，沈殿の生成を調べる。
③ 水に溶かし，炎色反応を調べる。
④ 希硫酸に溶かし，過酸化水素水を加えて，溶液の色の変化を調べる。
⑤ 希硫酸を加えて，気体が発生するかどうかを調べる。

問3　次の記述 a〜c に当てはまる酸化物を，下の①〜⓪のうちからそれぞれ一つずつ選べ。
a　無色の気体であるが，空気に触れると赤褐色になる。この赤褐色の気体の水溶液は，強い酸性を示す。
b　白色の固体であり，水を加えると発熱して反応し，生じた水溶液は塩基性(アルカリ性)を示す。
c　無色の気体であり，これを水酸化カルシウムの水溶液に通じると，最初白色沈殿が生じるが，長く通じているとその白色沈殿は溶ける。
① CO　② CO_2　③ NO　④ NO_2　⑤ SiO_2
⑥ P_4O_{10}（P_2O_5 とも書く）　⑦ CaO　⑧ ZnO　⑨ MnO_2
⓪ CuO

52 金属・非金属の単体や化合物，薬品の貯蔵　　　　　【12分・16点】

問1 次の記述 a～d に当てはまる金属ア～エの組合せとして正しいものを，下の①～⑤のうちから一つ選べ。

a 金属アは，酸化数が +2 または +3 の化合物をつくりやすい。
b 金属イは，金属ア～エのうちで，イオン化傾向が最も小さい。
c 金属ウは，黄銅（しんちゅう）の成分である。
d 金属ウとエは，両性元素である。

	ア	イ	ウ	エ
①	Fe	Cu	Ag	Al
②	Mg	Fe	Al	Zn
③	Fe	Mg	Zn	Al
④	Mn	Hg	Cu	Zn
⑤	Fe	Cu	Zn	Al

問2 次の記述①～⑥のうちから，正しいものを二つ選べ。ただし，解答の順序は問わない。

① 十酸化四リンに水を加えて加熱すると，リン酸が生成する。
② 銅は熱濃硫酸に溶け，水素を発生する。
③ 二クロム酸イオンを含む水溶液に酸を加えると，クロム酸イオンを生じる。
④ 二酸化硫黄を過酸化水素水に通じると，硫黄が生成する。
⑤ 銀の塩化物は，アンモニア水に溶けにくい。
⑥ 黄リンも赤リンも，空気中で燃やすと，同じ化合物を与える。

問3 A群の薬品を試薬びんに入れて貯蔵したい。B群には，安全に貯蔵するための方法が書いてある。B群の a～d に当てはまる薬品を，A群の①～⓪のうちからそれぞれ一つずつ選べ。

〔A群〕　① ジエチルエーテル　　② 四塩化炭素　　③ カリウム
　　　　④ シアン化カリウム　　⑤ カーバイド（炭化カルシウム）
　　　　⑥ 過マンガン酸カリウム　⑦ 硫黄　　　　⑧ 黄リン
　　　　⑨ 水酸化ナトリウム　　⓪ 塩酸

〔B群〕　a 特に引火しやすいから密栓をした上，火の気のない冷暗所に貯蔵する。
　　　　b 水に触れると反応して発火するから，石油中に入れておく。
　　　　c 空気中で自然発火しやすいから，水中に入れておく。
　　　　d 強い酸化剤であるから，強い還元性物質や有機物と接触しないように貯蔵する。

第4編　有機化合物

第1章　有機化学の基礎

★53　組成式・分子式の決定，官能基　【18分・20点】

必要があれば，原子量は次の値を使うこと。H1.0　C12　O16

問1　次の文章中の［1］・［2］に当てはまるものを，下の①〜⑦のうちからそれぞれ一つずつ選べ。

炭素，水素，酸素から成る有機化合物の分子式を決めるには，まず［1］を決定する必要がある。［1］は，一定量の有機化合物を完全に燃焼させて生じる二酸化炭素と水の量を測定することによって求められる。次に，この化合物の［2］を知ることによって分子式が決定される。

① 構造式　② 組成式　③ 示性式　④ 原子量　⑤ 分子量
⑥ 原子団　⑦ 官能基

問2　ある有機化合物の1 mol を完全に燃焼させたところ，4.5 mol の酸素が消費され，3 mol の二酸化炭素と4 mol の水を生じた。この有機化合物の分子式として最も適当なものを，次の①〜⑤のうちから一つ選べ。

① C_3H_6　② C_3H_8　③ $C_3H_6O_2$　④ C_3H_8O　⑤ $C_3H_8O_2$

問3　ある化合物の元素分析の結果は，C 54.5 %，H 9.1 %，O 36.4 %であった。この化合物を気化させたところ，その密度は同温・同圧における酸素の密度の2.75倍であった。これに基づいて，次の a・b に答えよ。

a　この化合物の分子量はいくらか。次の①〜⓪のうちから一つ選べ。
① 32　② 44　③ 46　④ 60　⑤ 74　⑥ 88　⑦ 92
⑧ 102　⑨ 120　⓪ 132

b　この化合物の分子式はどれか。次の①〜⓪のうちから一つ選べ。
① CH_4O　② CH_2O_2　③ C_2H_4O　④ $C_2H_4O_2$　⑤ C_2H_6O
⑥ $C_3H_4O_3$　⑦ $C_4H_8O_2$　⑧ $C_4H_{10}O$　⑨ $C_5H_{12}O_2$
⓪ $C_6H_{12}O_3$

問4　次の化合物のうち，ヒドロキシ基をもつ化合物は何個あるか。当てはまる数を，下の①〜⑨のうちから一つ選べ。

アセトン　アニリン　o-クレゾール　ジエチルエーテル　サリチル酸
酢酸エチル　トリクロロメタン（クロロホルム）　グリセリン

① 1　② 2　③ 3　④ 4　⑤ 5　⑥ 6　⑦ 7
⑧ 8　⑨ 0

問5 次の文中の ③ 〜 ⑥ に当てはまる有機化合物を，下の①〜⓪のうちから一つずつ選べ。ただし， ③ と ④ ，および ⑤ と ⑥ の解答の順序は問わない。

1分子中にメチル基とベンゼン環の両方を含む化合物は ③ と ④ であり，1分子中に同じ官能基を二つ以上含む化合物は ⑤ と ⑥ である。

① フェノール　② トルエン　③ サリチル酸　④ 酢酸
⑤ p-クレゾール　⑥ グリセリン　⑦ グリシン　⑧ アニリン
⑨ アジピン酸　⓪ アセトアルデヒド

★★54 異性体　【16分・16点】

問1　次の各組の化合物が，互いに異性体の関係にないものを，①〜⑤のうちから一つ選べ。

① 2-ブテンと2-メチルプロペン　② o-キシレンとp-キシレン
③ シュウ酸と乳酸　④ フタル酸とテレフタル酸
⑤ マレイン酸とフマル酸

問2　分子式が C_3H_8O である化合物は何種類あるか。次の①〜⓪のうちから一つ選べ。

① 1　② 2　③ 3　④ 4　⑤ 5　⑥ 6　⑦ 7
⑧ 8　⑨ 9　⓪ 10以上

問3　プロパンの水素原子2個を塩素原子2個で置き換えた化合物には，構造異性体がいくつあるか。正しいものを，次の①〜⑤のうちから一つ選べ。

① 2　② 3　③ 4　④ 5　⑤ 6

問4　次の記述 a 〜 c の中の，□ に当てはまる数を，下の①〜⑥のうちから一つずつ選べ。ただし，同じ数をくり返し選んでもよい。

a　分子式 C_5H_{12} で示される化合物のすべての異性体の数は，□ である。

b　分子式 C_3H_5Br で示され，二重結合を一つもつ化合物のすべての異性体の数は，□ である。

c　分子式 $C_6H_3Cl_3$ で示され，ベンゼン環を一つもつ芳香族化合物のすべての異性体の数は，□ である。

① 1　② 2　③ 3　④ 4　⑤ 5　⑥ 6

第 1 章　有機化学の基礎　101

★55 不斉炭素原子，有機化合物の構造　【8分・12点】

問1 次の分子①～⑤のうちから，シス-トランス異性体(幾何異性体)が存在するものを一つ選べ。

① CH_3-CH_2-COOH　② $CH_3-CH(OH)-COOH$
③ $CH_2=CH-COOH$　④ $HOOC-(CH_2)_4-COOH$
⑤ $HOOC-CH=CH-COOH$

問2 次の化合物ア～カのうち，不斉炭素原子をもつ化合物が二つある。その組合せとして正しいものを，下の①～⑥のうちから一つ選べ。

ア $CH_3CH_2CH_3$　　　　　　イ $CH_3CH(OH)CH_3$
ウ $CH_3CH(OH)CH_2COOH$　エ $CH_3CH=CHCH_3$
オ $CH_2(OH)CH(OH)CH_2OH$　カ $CH_3CH(NH_2)COOH$

① イ，エ　② ウ，カ　③ エ，オ　④ ア，オ　⑤ イ，ウ
⑥ オ，カ

問3 有機化合物の構造に関する次の記述①～⑥のうちから，正しいものを一つ選べ。

① メタンのすべての水素原子は，同一平面上に存在する。
② プロペン(プロピレン)のすべての水素原子は，同一平面上に存在する。
③ プロパンの三つの炭素原子は，一直線上に並んでいる。
④ プロピン(メチルアセチレン)の三つの炭素原子は，一直線上に並んでいる。
⑤ 天然のアミノ酸の一つであるグリシンには，不斉炭素原子がある。
⑥ o-キシレンには，次の A および B で示される二つの構造異性体が存在する。

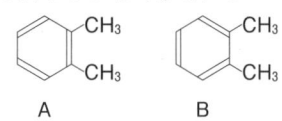

第2章　脂肪族炭化水素

★★56 アルカン，アルケン，アルキン　　【18分・20点】

必要があれば，原子量は次の値を使うこと。H 1.0　C 12

問1　ある気体の炭化水素を完全に燃焼させたとき，生じた二酸化炭素と水との物質量[mol]の比は，1：1であった。また，この炭化水素の標準状態での密度は1.88g/Lであった。この炭化水素の分子式はどれか。次の①～⑤のうちから一つ選べ。

① CH_4　② C_2H_2　③ C_2H_6　④ C_3H_6　⑤ C_4H_8

問2　炭化水素に関する記述として正しいものを，次の①～⑤のうちから一つ選べ。
① アルカンの沸点は，炭素原子数が増大するにつれて低くなる。
② アルケンは，二重結合を軸とした分子内の回転が自由にできる。
③ アルケンは水にはよく溶けるが，有機溶媒には溶けにくい。
④ アルキンには，幾何異性体がある。
⑤ 同じ炭素数のシクロアルカンとアルケンは，互いに構造異性体である。

問3　アルカンと塩素の混合物に，光を照射すると，水素原子が塩素原子で置換される。この反応で生成するモノクロロ置換体（一塩素化物）の構造異性体の数を調べ，アルカンを互いに識別する方法がある。次の炭素数5のアルカンア～ウからそれぞれ何種類のモノクロロ置換体が得られるか。その組合せとして正しいものを，下の①～⑤のうちから一つ選べ。ただし，光学異性体は考えないものとする。

ア　$CH_3CH_2CH_2CH_2CH_3$
イ　$CH_3CH(CH_3)CH_2CH_3$
ウ　$C(CH_3)_4$

	ア	イ	ウ
①	3	1	4
②	1	4	3
③	4	1	3
④	4	3	1
⑤	3	4	1

問4　エチレンの水素原子のうち二つを，それぞれ臭素原子で置換した化合物には，いくつの異性体があるか。当てはまる数を，次の①～⑥のうちから一つ選べ。

① 1　② 2　③ 3　④ 4　⑤ 5　⑥ 6

問5 アセチレンに関する次の記述①〜⑤のうちから，誤りを含むものを一つ選べ。
① 炭化カルシウムに水を作用させると生成する。
② 直線分子である。
③ 触媒を用いて水を付加させると，アセトンになる。
④ 触媒を用いて3分子を重合させると，ベンゼンになる。
⑤ 触媒を用いて酢酸を付加させると，酢酸ビニルになる。

57 不飽和炭化水素の反応 【25分・21点】

必要があれば，原子量は次の値を使うこと。H 1.0　C 12　Br 80

問1 あるアルカン 1 mol とプロペン（プロピレン）$\frac{1}{3}$ mol との混合気体がある。この混合気体を完全に燃焼させるのに，酸素 5 mol が必要であった。次の問い（**a**〜**c**）に答えよ。

a この混合気体に含まれるアルカンは何か。その分子式を，次の①〜⑤のうちから一つ選べ。

① CH_4　② C_2H_6　③ C_3H_8　④ C_4H_{10}　⑤ C_5H_{12}

b この混合気体を標準状態で 90 mL とり，臭素水と反応させた。完全に反応したとすれば，生成する 1,2-ジブロモプロパンの量は何 g か。最も近い数値を，次の①〜⓪のうちから一つ選べ。

① 0.1　② 0.2　③ 0.3　④ 0.4　⑤ 0.5　⑥ 0.6
⑦ 0.7　⑧ 0.8　⑨ 0.9　⓪ 1.0

c ジブロモプロパンの異性体は，1,2-ジブロモプロパンのほかにいくつあるか。次の①〜⑥のうちから一つ選べ。

① 1　② 2　③ 3　④ 4　⑤ 5　⑥ 0

問2 不飽和炭化水素に関する次の**ア**〜**ウ**の条件をすべて満たすものを，下の①〜⑤のうちから一つ選べ。

ア 分子を構成するすべての炭素原子が一つの平面上にある。

イ 白金触媒を用いて水素化すると，枝分かれをした炭素鎖をもつ飽和炭化水素を与える。

ウ 1.0 mol/L の臭素の四塩化炭素溶液 10 mL に，この炭化水素を加えていくと，0.56 g を加えたところで溶液の赤褐色が消失する。

① $CH_3CH=CH_2$　　② $CH_2=C(CH_3)_2$　　③ $CH_2=CHCH_2CH_3$
④ $CH_3CH=CHCH_3$　　⑤ $(CH_3)_2C=CHCH_3$

問3 分子式 C_6H_{10} で表される炭化水素がある。この炭化水素 164 mg に，触媒を使って水素を付加させたところ，シクロヘキサンが生成した。標準状態で何 mL の水素が付加したか。最も適当な数値を，次の①〜⑥のうちから一つ選べ。

① 11.2　② 22.4　③ 30.6　④ 44.8　⑤ 89.6　⑥ 98.0

問4 プロピン(メチルアセチレン) 20 g に触媒を用いて水素を付加させ,プロパンとしたい。そのために必要な水素の体積〔L〕(標準状態)と,得られるプロパンの質量〔g〕の組合せとして正しいものを,次の①〜⑥のうちから一つ選べ。

	水素の体積〔L〕	プロパンの質量〔g〕
①	11.2	21
②	11.2	22
③	22.4	21
④	22.4	22
⑤	44.8	21
⑥	44.8	22

第3章　酸素を含む脂肪族化合物

★★58 アルコールの反応　　　　　　　　　　　　　【17分・21点】

必要があれば，原子量は次の値を使うこと。H 1.0　C 12　O 16

問1　次の実験ア，イによって，下のAからDまでの，いずれか二つの化合物が得られる。実験ア，イで得られる化合物の組合せ①～⑤のうちから，両方とも正しいものを一つ選べ。

実験ア　エタノールに二クロム酸カリウムの硫酸酸性水溶液を加え，おだやかに加熱する。

実験イ　エタノールと酢酸の混合物に，少量の濃硫酸を加えて温める。

A　CH_3CHO　　B　$CH_3COOC_2H_5$　　C　CH_3COCH_3
D　$C_2H_5OC_2H_5$

	①	②	③	④	⑤
実験ア	A	A	A	B	B
実験イ	B	C	D	C	D

問2　ある有機化合物Aと濃硫酸との混合物を，160℃～170℃で加熱・脱水すると，無色の気体の不飽和炭化水素が発生する。ある有機化合物Aはどれか。次の①～⑤のうちから一つ選べ。

①　メタノール　　②　エタノール　　③　ジエチルエーテル　　④　アセトン
⑤　アセトアルデヒド

問3　次の記述ア～ウに当てはまる化合物Aと化合物Bの組合せとして最も適当なものを，下の①～⑥のうちから一つ選べ。

ア　AとBに室温でナトリウムを作用させると，いずれも水素を発生する。
イ　Aを酸化すると，銀鏡反応を示す生成物が得られる。
ウ　Bを酸化しても，銀鏡反応を示す生成物は得られない。

	A	B
①	ジエチルエーテル	1-プロパノール
②	ジエチルエーテル	2-プロパノール
③	1-プロパノール	ジエチルエーテル
④	1-プロパノール	2-プロパノール
⑤	2-プロパノール	ジエチルエーテル
⑥	2-プロパノール	1-プロパノール

問4 次の記述 a ～ c に当てはまる化合物ア～ウの組合せとして最も適当なものを，下の①～⑥のうちから一つ選べ。

a ア～ウは，いずれも分子式 $C_4H_{10}O$ で表されるアルコールである。
b 二クロム酸カリウムの硫酸酸性溶液によって，アとイは酸化されるが，ウは酸化されない。
c イには一対の光学異性体がある。

	ア	イ	ウ
①	1-ブタノール	2-メチル-2-プロパノール	2-ブタノール
②	1-ブタノール	2-ブタノール	2-メチル-2-プロパノール
③	2-ブタノール	1-ブタノール	2-メチル-2-プロパノール
④	2-ブタノール	2-メチル-2-プロパノール	1-ブタノール
⑤	2-メチル-2-プロパノール	2-ブタノール	1-ブタノール
⑥	2-メチル-2-プロパノール	1-ブタノール	2-ブタノール

問5 次の記述 a・b の中の [1] ～ [3] に入れるのに最も適当な数値を，下の①～⓪のうちから一つずつ選べ。ただし，同じものをくり返し選んでもよい。

a ある鎖式飽和1価アルコールを完全燃焼させたとき，生成した二酸化炭素の質量は，同時に生成した水の質量の1.83倍であった。したがって，このアルコールの分子式を C_pH_qO で表すと，p は [1]，q は [2] になる。

b 炭素原子数4の鎖式飽和1価アルコールのうち，酸化したとき炭素原子数4のアルデヒドを生成するものは，[3] 種類存在する。

① 1 ② 2 ③ 3 ④ 4 ⑤ 5 ⑥ 6 ⑦ 7
⑧ 8 ⑨ 9 ⓪ 10

59 アルデヒド・ケトンなどの反応 【17分・18点】

問1 カルボニル基をもつ化合物に関する記述として正しいものを, 次の①~⑤のうちから一つ選べ。
① アセトアルデヒドを酸化すると, ギ酸が得られる。
② ギ酸はアルデヒド基をもつ。
③ ギ酸は, 炭酸水より弱い酸性を示す。
④ アセトアルデヒドの工業的製法の一つに, 触媒を用いてプロペン(プロピレン)を酸化する方法がある。
⑤ アンモニア性硝酸銀水溶液にアセトンを加えると, 銀鏡反応を示す。

問2 次の記述 a・b に当てはまる化合物の組合せとして最も適当なものを, 下の①~⑥のうちから一つ選べ。
a 無色・刺激臭の気体で, その水溶液はフェーリング液を還元する。
b 銀鏡反応を示す。また, アルカリと反応して塩を生じる。

	a	b
①	ホルムアルデヒド	メタノール
②	ホルムアルデヒド	ギ酸
③	メタノール	ホルムアルデヒド
④	メタノール	ギ酸
⑤	ギ酸	ホルムアルデヒド
⑥	ギ酸	メタノール

問3 次の化合物 a~c に当てはまるものを, 下の構造式で示した化合物群の①~⑧のうちからそれぞれ一つずつ選べ。ただし, 同じものをくり返し選んでもよい。
a そのカルボニル基を還元すると, 不斉炭素原子をもつ第二級アルコールが生成する化合物
b そのアルデヒド基を酸化して生じるカルボン酸は, 酢酸メチルの異性体である化合物
c フェーリング液を還元し, またヨードホルム反応を起こす化合物

① HCHO
② CH_3-CH_2-OH
③ CH_3-CHO
④ $CH_3-CH-CH_3$
      $|$
      OH
⑤ CH_3-CH_2-CHO
⑥ $CH_3-CO-CH_3$
⑦ $CH_3-CH_2-CO-CH_3$
⑧ $CH_3-CH_2-CH-CHO$
              $|$
              CH_3

問4 元素 C, H, O で構成される化合物 A は，次の条件ア〜ウをすべて満足する。化合物 A の構造として最も適当なものを，下の①〜④のうちから一つ選べ。

ア 1 mol の A を燃焼させると，二酸化炭素 5 mol と水 5 mol が生じた。
イ 1 mol の A を 1 mol の水素で還元すると，生成物 B が得られた。
ウ B の脱水反応によって，2 種類の不飽和炭化水素が生成した。そのうちの一方は，炭素原子がすべて同じ平面にある構造であった。

①
$$H_3C-\underset{H}{\underset{|}{C}}-\underset{\underset{CH_3}{|}}{\overset{OH}{\underset{|}{C}}}-CH_3$$ (with CH at center bearing OH and CH_3)

②
$$H_3C-\underset{H}{\underset{|}{C}}-\underset{\underset{H_2}{|}}{\overset{OH}{\underset{|}{C}}}-\underset{H_2}{C}-CH_3$$

③
$$H_3C-\underset{\underset{CH_3}{|}}{\overset{O}{\underset{\|}{C}}}-\underset{H}{\underset{|}{C}}-CH_3$$ (ketone with iPr)

④
$$H_3C-\overset{O}{\underset{\|}{C}}-\underset{H_2}{C}-\underset{H_2}{C}-CH_3$$

*60 カルボン酸 【10分・14点】

問1 次の化合物A～Cのいずれにも当てはまる記述として正しいものを，下の①～⑤のうちから一つ選べ。

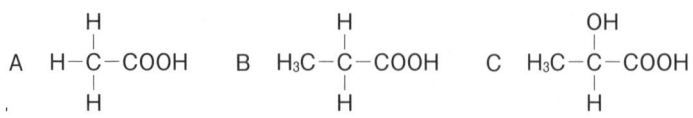

A H-C(H)(H)-COOH   B H₃C-C(H)(H)-COOH   C H₃C-C(H)(OH)-COOH

① ヒドロキシ酸である。　② 芳香族カルボン酸である。
③ 光学異性体がある。　④ 塩酸より強い酸である。
⑤ 二酸化炭素の水溶液より強い酸である。

問2 酢酸とエタノールとに共通する記述として**適当でないもの**を，次の①～⑤のうちから一つ選べ。
① 大気圧下，常温で水と任意の割合で混ざり合う。
② 1分子中に2個の炭素原子を含む。
③ 大気圧下，30℃では液体である。
④ エステルを合成する原料として用いられる。
⑤ 水酸化ナトリウムと反応して塩を生成する。

問3 次の記述 a ～ c に当てはまる化合物を，下の①～⑦のうちから一つずつ選べ。
a シアン酸アンモニウム(NH₄OCN)を加熱したとき生成する化合物
b 加熱すると分子内で脱水が起こる化合物
c 酢酸カルシウムを乾留すると得られる化合物

① シアン化水素　② 尿素　③ マレイン酸　④ テレフタル酸
⑤ プロパン　⑥ アセトン　⑦ アセトアルデヒド

★★★ 61 構造式の決定　　【20分・12点】

必要があれば，原子量は次の値を使うこと。H 1.0　C 12　O 16　Na 23

問 1　炭素，水素，酸素からなる酸性の有機化合物 A がある。A の 0.18 g を水に溶かして，これに十分な量の炭酸水素ナトリウムを加えた。このとき生成した二酸化炭素の体積は標準状態で 89.6 mL であった。A として正しいものを，次の①～⑥のうちから一つ選べ。

① CH_3CH_2OH（分子量 46）　　② $CH_3CH_2CH_2COOH$（分子量 88）
③ $(COOH)_2$（分子量 90）　　　④ $CH_3CHCOOH$（分子量 90）
　　　　　　　　　　　　　　　　　　　$|$
　　　　　　　　　　　　　　　　　　OH

⑤ CH_2OH（分子量 92）　　⑥ ⟨benzene⟩–OH（分子量 94）
　$|$
　$CHOH$
　$|$
　CH_2OH

問 2　飽和脂肪酸 RCOOH のナトリウム塩に，水酸化ナトリウムを加えて加熱すると，次の反応式により，炭化水素 RH が生成する。

$$RCOONa + NaOH \longrightarrow RH + Na_2CO_3$$

ある飽和脂肪酸のナトリウム塩 11 g を用いて上の反応を完全に行わせたところ，炭化水素 4.4 g が生成した。この飽和脂肪酸を，次の①～④のうちから一つ選べ。

① CH_3COOH　　② CH_3CH_2COOH　　③ $CH_3CH_2CH_2COOH$
④ $CH_3CH_2CH_2CH_2COOH$

問 3　ある不飽和カルボン酸 56.0 g に，臭素 Br_2（分子量 160）を完全に付加させたところ，152 g の生成物が得られた。また，この不飽和カルボン酸 56.0 g に触媒を用いて水素を完全に付加させ，飽和カルボン酸を得た。得られた飽和カルボン酸の質量〔g〕と，消費された水素の標準状態での体積〔L〕との組合せとして最も適当なものを，次の①～④のうちから一つ選べ。

	飽和カルボン酸の質量〔g〕	水素の体積〔L〕
①	56.6	6.72
②	56.6	13.4
③	57.2	6.72
④	57.2	13.4

★★62 エステル 【16分・16点】

必要があれば、原子量は次の値を使うこと。H 1.0 C 12 O 16

問1 図1は、炭素、水素、酸素からなり、一般式 $C_nH_{2n+2}O$ または $C_nH_{2n}O_2$ で表される有機化合物の分子量と沸点の関係を示したものである。ここで、破線で結ばれているものは、同族体であることを示している。ただし、ある分子量の同族体の中に、さらにいくつかの構造異性体がある場合には、その中の一つの異性体の沸点が示してある。なお、化合物 C は、化合物 A と化合物 B の脱水縮合反応によって生成し、また、化合物 D は、化合物 B を濃硫酸と加熱することにより生成する。図中の●で示す化合物 A ～ D に関する次の問い (**a**・**b**) に答えよ。

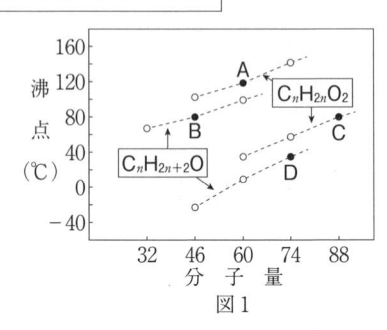

図1

a 化合物 A および B の組合せとして正しいものを、次の①～⑥のうちから一つ選べ。

	A	B
①	ギ酸	エタノール
②	酢酸	メタノール
③	酢酸	エタノール
④	アセトン	ジメチルエーテル
⑤	1-プロパノール	ジメチルエーテル
⑥	ギ酸メチル	アセトアルデヒド

b 化合物 C および D の示性式の組合せとして正しいものを、次の①～⑥のうちから一つ選べ。

	C	D
①	$CH_3CH_2COOCH_3$	CH_3CHO
②	$HCOOCH_2CH_3$	CH_3COCH_3
③	$CH_3CH_2CH_2COOH$	$CH_3CH_2OCH_2CH_3$
④	CH_3COOCH_3	$CH_3CH_2CH_2OH$
⑤	$CH_3COOCH_2CH_3$	$CH_3CH_2OCH_2CH_3$
⑥	$HCOOCH_2CH_2CH_3$	$CH_3CH_2CH_2OCH_3$

問2　エタノール 46g を用いて，ある反応を行ったところ，エステルが 88g 得られた。その反応として最も適当なものを，次の①～④のうちから一つ選べ。ただし，エタノールはすべてエステルになったものとする。
① 希硫酸中で二クロム酸カリウムを作用させた。
② 濃硫酸を触媒として酢酸を作用させた。
③ 濃硫酸を加えて約 130℃ に加熱した。
④ 濃硫酸を触媒として安息香酸を作用させた。

問3　次の記述に関連して，下の問い (**a**・**b**) に答えよ。

炭素，水素，酸素からなる化合物 A がある。これに酢酸を作用させるとエステル B が生成した。エステル B の 3.48mg を完全に燃焼させたとき，二酸化炭素が 7.92mg，水が 3.24mg 得られた。エステル B の分子量は 110 と 118 の間にある。

a エステル B の分子式として最も適当なものを，次の①～⑤のうちから一つ選べ。
① $C_6H_6O_2$　② $C_6H_8O_2$　③ $C_6H_{10}O_2$　④ $C_6H_{12}O_2$
⑤ $C_6H_{14}O_2$

b エステル B の分子式から化合物 A の分子式を求めたい。化合物 A の分子式として正しいものを，次の①～④のうちから一つ選べ。
① エステル B の分子式から，酢酸に相当する $C_2H_4O_2$ を差し引いた式
② エステル B の分子式から，アセチル基に相当する C_2H_3O を差し引き，H を加えた式
③ エステル B の分子式から，CH_3COO に相当する $C_2H_3O_2$ を差し引き，H_2O を加えた式
④ エステル B の分子式から，CH_3COO に相当する $C_2H_3O_2$ を差し引き，H を加えた式

★★63 油脂とそのけん化　【20分・22点】

必要があれば，原子量は次の値を使うこと。H 1.0　C 12　O 16　Na 23

問1 次の文章中の　1　～　3　に入れるのに最も適当なものを，それぞれの下の解答群のうちから一つずつ選べ。ただし，同じものをくり返し選んでもよい。

　　油脂は　1　とグリセリンとのエステルである。これに水酸化ナトリウム水溶液を作用させると　2　が起こり，セッケンとグリセリンになる。セッケンの水溶液は　3　を示す。

　1　の解答群
① 炭化水素　② アルコール　③ アルデヒド　④ 脂肪酸
⑤ アミノ酸　⑥ アミン　⑦ ケトン　⑧ 糖

　2　の解答群
① 酸化反応　② 還元反応　③ 置換反応　④ 付加反応　⑤ けん化

　3　の解答群
① 強酸性　② 弱酸性　③ 強塩基性　④ 弱塩基性
⑤ 中性　⑥ 酸化性　⑦ 還元性

問2 油脂に関する次の問い(**a**・**b**)に答えよ。

a ある油脂をけん化して，得られた脂肪酸の混合物から，飽和脂肪酸Aを分離した。この脂肪酸Aは，質量パーセントで75.0％の炭素，12.5％の水素，および12.5％の酸素からなっている。脂肪酸Aの分子式として適当なものを，次の①～⑤のうちから一つ選べ。

① $C_{12}H_{24}O_2$　② $C_{16}H_{32}O_2$　③ $C_{18}H_{32}O_2$　④ $C_{18}H_{34}O_2$
⑤ $C_{20}H_{40}O_2$

b 油脂の分子に含まれ，けん化によって変化を受けるのは，どのような構造の部分か。次の①～⑤のうちから一つ選べ。

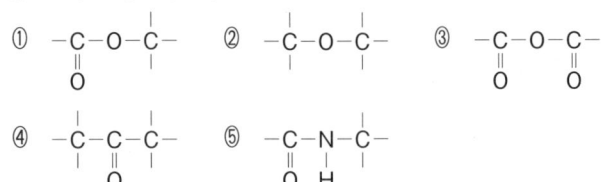

①　$-\overset{|}{C}-O-\overset{|}{\underset{\|}{C}}-$　　②　$-\overset{|}{\underset{\|}{C}}-O-\overset{|}{C}-$　　③　$-\overset{|}{\underset{\|}{C}}-O-\overset{|}{\underset{\|}{C}}-$
　　　　O　　　　　　　　O　　　　　　　　　O　　O

④　$-\overset{|}{C}-\overset{|}{\underset{\|}{C}}-\overset{|}{C}-$　　⑤　$-\overset{|}{\underset{\|}{C}}-N-\overset{|}{C}-$
　　　　O　　　　　　　　O　H

問3 グリセリンとリノール酸($C_{17}H_{31}COOH$)からできている油脂Aと，グリセリンとリノレン酸($C_{17}H_{29}COOH$)からできている油脂Bがある。それぞれの油脂1 molに，触媒を加えて水素と反応させ，構成脂肪酸をすべてステアリン酸にするとき，反応によって消費される水素の同温・同圧での体積の比(A：B)はどうなるか。最も適当なものを，次の①～⑥のうちから選べ。
① 1：1　② 1：2　③ 1：3　④ 2：3　⑤ 3：4　⑥ 3：5

問4 脂肪酸のエチルエステルのけん化は，次式のように進む。
$R-COOC_2H_5 + NaOH \longrightarrow R-COONa + C_2H_5OH$
ある脂肪酸のエチルエステル 153 g を完全にけん化するには，水酸化ナトリウム 20 g を必要とする。この脂肪酸の炭素数は 18 である。この脂肪酸 1 分子中に存在する炭素-炭素二重結合は何個か。当てはまる数を，次の①～⑤のうちから一つ選べ。ただし，R–は三重結合も環状構造も含まない炭化水素基である。
① 1　② 2　③ 3　④ 4　⑤ 0

問5 油脂は高級脂肪酸のグリセリンエステルである。ある油脂 22.5 g をけん化するために水酸化ナトリウム 3.00 g を必要とした。これに関する次の問い(a・b)に答えよ。

a この油脂の分子量はいくらか。最も適当な数値を，次の①～⑥のうちから一つ選べ。
① 300　② 450　③ 630　④ 900　⑤ 945　⑥ 1260

b この油脂を単一の直鎖状飽和脂肪酸のエステルと仮定すると，その脂肪酸の炭素数はいくらか。最も適当な数値を，次の①～⑥のうちから一つ選べ。
① 12　② 14　③ 16　④ 18　⑤ 20　⑥ 22

第4章　芳香族化合物

**64 ベンゼン，トルエンとその反応　【15分・18点】

問1 ベンゼンに関する記述として**誤り**を含むものを，次の①～⑤のうちから一つ選べ。
① 炭素原子間の結合の長さは，すべて等しい。
② すべての原子は，同一平面上にある。
③ 揮発性があり，引火しやすい。
④ 付加反応よりも置換反応を起こしやすい。
⑤ 過マンガン酸カリウムの硫酸酸性溶液によって，容易に酸化される。

問2 主として起こる反応が**置換反応でないもの**を，次の①～⑤のうちから一つ選べ。
① メタンと塩素を混合し，日光や紫外線を当てて反応させる。
② メタノールを金属ナトリウムと反応させる。
③ ベンゼンに塩素を通じながら，日光や紫外線を当てて反応させる。
④ ベンゼンを，濃硝酸と濃硫酸の混合物と反応させる。
⑤ ベンゼンと塩素を，鉄を触媒として反応させる。

問3 次の芳香族化合物①～⑥のうちから，塩基性物質を一つ選べ。

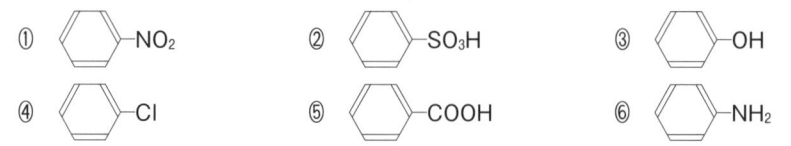

① C₆H₅-NO₂　② C₆H₅-SO₃H　③ C₆H₅-OH
④ C₆H₅-Cl　⑤ C₆H₅-COOH　⑥ C₆H₅-NH₂

問4 トルエンの水素原子の一つを臭素原子で置換した化合物には，いくつの異性体があるか。当てはまる数を，次の①～⑥のうちから一つ選べ。
① 1　② 2　③ 3　④ 4　⑤ 5　⑥ 6

問5 トルエンについての次の記述の中で，下線部ア～カに**誤り**を含むものはどれか。下の①～⑥のうちから一つ選べ。

　トルエンは，ア$C_6H_5CH_3$で表される炭化水素で，イ芳香族化合物の一つである。トルエンを構成しているウ7個の炭素原子はすべて同一平面内にある。トルエンは室温では水に不溶性の無色の液体で，エ空気中で燃やすと多量のすすを出す。トルエンを過マンガン酸カリウムの酸性水溶液で酸化すると，オフェノールが得られる。トルエンを濃硝酸と濃硫酸の混合物と反応させると，比較的温和な条件下では，オルト (o-) およびパラ (p-) カニトロトルエンが生成する。さらに高温で反応させると，爆薬として用いられるトリニトロトルエンが生じる。

① ア　② イ　③ ウ　④ エ　⑤ オ　⑥ カ

★★65 フェノール，サリチル酸とその反応　【16分・16点】

問1　フェノールは，ベンゼンから図1に示す二つの方法でつくられる。図中の $\boxed{1}$ と $\boxed{2}$ に当てはまる化合物を，下の①～⑤のうちから一つずつ選べ。ただし，同じものをくり返し選んでもよい。

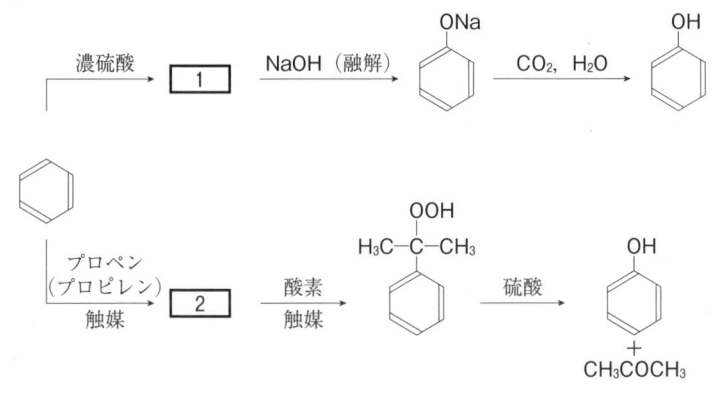

図1

① ベンゼンスルホン酸　② ニトロベンゼン　③ クメン　④ 安息香酸
⑤ m-キシレン

問2　ベンゼンまたはフェノールを原料とする反応として正しいものを，次の①～⑥のうちから一つ選べ。

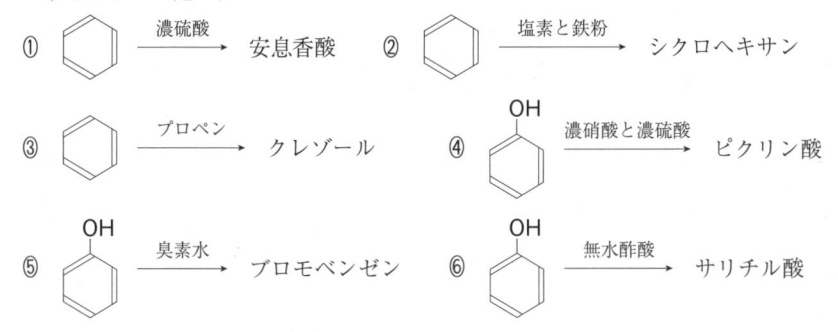

① ベンゼン →(濃硫酸) 安息香酸
② ベンゼン →(塩素と鉄粉) シクロヘキサン
③ ベンゼン →(プロペン) クレゾール
④ フェノール →(濃硝酸と濃硫酸) ピクリン酸
⑤ フェノール →(臭素水) ブロモベンゼン
⑥ フェノール →(無水酢酸) サリチル酸

問3 次の反応ア～ウでは，どのような化合物が生成するか。その正しい組合せを，下の①～⑥のうちから一つ選べ。

ア サリチル酸に，メタノールと濃硫酸を作用させた。
イ ナトリウムフェノキシドに高温・高圧下で二酸化炭素を作用させた後，希硫酸を加えた。
ウ フタル酸（融点 234 ℃）を融点近くで加熱した。

問4 有機化合物の合成と性質に関する次の文章中の ア に入れる化合物名と，イ に入れる記述との組合せとして最も適当なものを，下の①〜⑧のうちから一つ選べ。

試験管にサリチル酸をとり，メタノールを加えて溶かす。これに少量の濃硫酸を加えてよく振り混ぜながら，おだやかに加熱する。冷却後，反応液を，使用したサリチル酸と濃硫酸に対し過剰な物質量の ア を含む水溶液に注ぎ，油状の化合物 A を遊離させる。

この化合物 A に無水酢酸と少量の濃硫酸を加え，おだやかに加熱する。冷却後，氷冷した炭酸ナトリウム水溶液を加え，固体の化合物 B を得る。これらの化合物 A・B をそれぞれメタノールに溶かし，塩化鉄(Ⅲ)水溶液を加える。このとき，イ 。

	ア	イ
①	炭酸水素ナトリウム	A・B とも呈色する
②	炭酸水素ナトリウム	A・B とも呈色しない
③	炭酸水素ナトリウム	A のみ呈色する
④	炭酸水素ナトリウム	B のみ呈色する
⑤	水酸化ナトリウム	A・B とも呈色する
⑥	水酸化ナトリウム	A・B とも呈色しない
⑦	水酸化ナトリウム	A のみ呈色する
⑧	水酸化ナトリウム	B のみ呈色する

66 アニリンとその反応 【10分・12点】

問1 アニリン，フェノール，ニトロベンゼン，サリチル酸の性質に関する次の記述①～④のうちから，正しいものを一つ選べ。
① アニリンに塩化鉄(Ⅲ)水溶液を数滴加えると紫色を呈する。
② フェノール水溶液に塩化鉄(Ⅲ)水溶液を数滴加えると紫色を呈する。
③ ニトロベンゼンは水には溶けないが，希塩酸に溶ける。
④ サリチル酸にさらし粉水溶液を加えると紫色を呈する。

問2 次の記述①～⑤のうちから，**誤りを含むもの**を一つ選べ。
① 酢酸とアニリンからアセトアニリドが生じる反応も，酢酸とエタノールから酢酸エチルが生じる反応も，ともに縮合反応である。
② ナトリウムエトキシドに水を加えると，水酸化ナトリウムが生じる。
③ フェノールに水酸化ナトリウム水溶液を加えると，ナトリウムフェノキシドが生じる。
④ アニリンは水に溶けにくいが，塩酸には塩をつくって容易に溶ける。
⑤ 塩化ベンゼンジアゾニウムに，水を加えて加熱するとベンゼンが生じる。

問3 アニリンとフェノールから，次の**ア～エ**の順序でアゾ化合物を合成した。ジアゾ化とカップリング(ジアゾカップリング)は，**イ～エ**のどの段階で起こっているか。その組合せとして最も適当なものを，下の①～⑥のうちから一つ選べ。
ア 三角フラスコにアニリンを入れ，希塩酸を加えて溶かし，氷水で冷却した。
イ この溶液に，亜硝酸ナトリウム水溶液を，温度が上がらないように少量ずつ加えて溶液Aをつくった。
ウ ビーカーにフェノールを入れ，水酸化ナトリウム水溶液を加えて溶かし，冷却して溶液Bをつくった。
エ 溶液Aに溶液Bを加えると，橙赤色の沈殿が生じたので，この沈殿を吸引ろ過で集めた。

	ジアゾ化	カップリング
①	イ	ウ
②	イ	エ
③	ウ	エ
④	ウ	イ
⑤	エ	イ
⑥	エ	ウ

★★★ 67 合成反応などの計算　　　【20分・12点】

必要があれば、原子量は次の値を使うこと。H1.0　C12　N14　O16　Cl35.5

問1 78.0gのアセチレンからベンゼンをつくった。得られたベンゼン全部に、十分な量の塩素を混ぜて紫外線を照射したところ、化合物Aが生じた。化合物Aの分子式と、得られた量の正しい組合せを、次の①～⑥のうちから一つ選べ。ただし、ベンゼンを生じる反応も化合物Aを生じる反応も、完全に進んだものとする。

	分子式	得られた量 〔g〕
①	C_6Cl_6	95.0
②	C_6Cl_6	285
③	C_6Cl_6	855
④	$C_6H_6Cl_6$	97.0
⑤	$C_6H_6Cl_6$	291
⑥	$C_6H_6Cl_6$	873

問2 ベンゼン環にアルキル基が直接結合した化合物を酸化すると、芳香族カルボン酸が得られる。この反応を、未知化合物の構造決定に利用することができる。

　　ベンゼン環を含む構造未知の化合物Aを酸化したところ、カルボン酸Bが得られた。カルボン酸Bの1.00gを中和するのに、1.00mol/Lの水酸化ナトリウム水溶液が12.0mL必要であった。化合物Aの構造式として最も適当なものを、次の①～⑤のうちから一つ選べ。

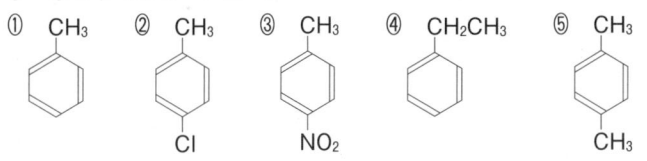

① CH_3—(ベンゼン環)　② CH_3—(ベンゼン環)—Cl　③ CH_3—(ベンゼン環)—NO_2　④ CH_2CH_3—(ベンゼン環)　⑤ CH_3—(ベンゼン環)—CH_3

問3 ベンゼン(分子量78)を濃硫酸と濃硝酸でニトロ化し、ニトロベンゼン(分子量123)を得た。さらに、亜鉛と塩酸で還元してアニリン(分子量93)を得た。ニトロ化反応と還元反応の収率は、それぞれ80％と70％であった。ベンゼン39gから得られるアニリンは何gか。最も適当な数値を、下の①～⑥のうちから一つ選べ。ただし、収率とは、反応式から計算した生成物の量に対する、実験で得られた生成物の量の割合をいう。

ベンゼン　─ニトロ化(80％)→　ニトロベンゼン($-NO_2$)　─還元(70％)→　アニリン($-NH_2$)

① 26　② 33　③ 37　④ 47　⑤ 68　⑥ 86

68 有機化合物の分離(1) 【12分・14点】

問1 次の記述 a～c 中の□□に当てはまるものを，下の①～⑧のうちから一つずつ選べ。

a □□ は，希塩酸には溶けるが，うすい水酸化ナトリウム水溶液にはほとんど溶けない。

b □□ は，うすい水酸化ナトリウム水溶液には溶けるが，希塩酸にはほとんど溶けない。また，その少量を水に加えて振り混ぜ，さらに塩化鉄(Ⅲ)水溶液を加えても，紫～赤紫の呈色は見られない。

c □□ は，希塩酸にもうすい水酸化ナトリウム水溶液にもほとんど溶けない。また，その四塩化炭素溶液に，臭素の四塩化炭素溶液の少量を加えて振り混ぜると，直ちに臭素の色が消える。

① アニリン　　② アラニン　　③ 安息香酸　　④ 安息香酸メチル
⑤ クロロベンゼン　⑥ スチレン　⑦ ニトロベンゼン
⑧ フェノール

問2 数種類の有機化合物が溶けているジエチルエーテル溶液がある。これにうすい塩酸を加えて振り混ぜた後，ジエチルエーテル溶液の層を分け取る。この分け取った溶液に水酸化ナトリウムのうすい水溶液を加えて再び振り混ぜた後，ジエチルエーテル溶液の層を分け取る。このようにして最後に得られたジエチルエーテル溶液の中に含まれている可能性のある化合物を，次の①～⑦のうちから二つ選べ。ただし，解答の順序は問わない。

① アセチルサリチル酸　② アニリン　③ 酢酸　④ サリチル酸
⑤ トルエン　　⑥ ニトロベンゼン　⑦ フェノール

問3 ベンゼン,フェノール,アニリンを含むジエチルエーテル溶液がある。これらの物質を分離する目的で次の**操作1**から**操作4**を行った。

操作1　希塩酸と振りまぜて,エーテル層と水層とに分けた。

操作2　操作1で分けた水層にうすい水酸化ナトリウム水溶液を加えたあと,ジエチルエーテルを加えて振りまぜて,エーテル層(Ⅰ)と水層とに分けた。

操作3　操作1で分けたエーテル層にうすい水酸化ナトリウム水溶液を加えて振りまぜて,エーテル層(Ⅱ)と水層とに分けた。

操作4　操作3で分けた水層に二酸化炭素を十分に通じたあと,ジエチルエーテルを加えて振りまぜて,エーテル層(Ⅲ)と水層とに分けた。

　以上の操作により,ベンゼン,フェノール,アニリンは,それぞれどのエーテル層に分離されたか。最も適当な組合せを,次の①～⑥のうちから一つ選べ。

	エーテル層(Ⅰ)	エーテル層(Ⅱ)	エーテル層(Ⅲ)
①	ベンゼン	アニリン	フェノール
②	ベンゼン	フェノール	アニリン
③	フェノール	アニリン	ベンゼン
④	フェノール	ベンゼン	アニリン
⑤	アニリン	フェノール	ベンゼン
⑥	アニリン	ベンゼン	フェノール

★★ 69 有機化合物の分離(2)　　　　　　　　　　　　　【14分・12点】

問1 サリチル酸メチルを合成するために，サリチル酸1gをメタノール3mLに溶かし，濃硫酸0.5mLを加えて約10分間おだやかに加熱したのち，反応液を30mLの水を入れたビーカー中へそそいだ。この混合物から未反応のサリチル酸などを除いてサリチル酸メチルを分離する操作として，最も適当なものを，次の①～④のうちから一つ選べ。

① 混合物を酸性のままジエチルエーテルと共に三角フラスコに入れて振り混ぜる。スポイトでエーテル層を取り出し，エーテルを蒸発させる。

② 混合物に炭酸水素ナトリウム水溶液を気体が発生しなくなるまで加え，ジエチルエーテルと共に三角フラスコに入れて振り混ぜる。スポイトでエーテル層を取り出し，エーテルを蒸発させる。

③ 混合物に水酸化ナトリウム水溶液を十分にアルカリ性になるまで加え，ジエチルエーテルと共に三角フラスコに入れて振り混ぜる。スポイトでエーテル層を取り出し，エーテルを蒸発させる。

④ ③の操作で三角フラスコ中に残った水層を塩酸で酸性にした後，再びエーテルを加え振り混ぜる。スポイトでエーテル層を取り出し，エーテルを蒸発させる。

問2 安息香酸のエチルエステル(安息香酸エチル)を含むニトロベンゼンがある。これからニトロベンゼンのみをとり出したい。下の操作で，ニトロベンゼンは①～④のどの部分に最も多く含まれているか。適当なものを一つ選べ。

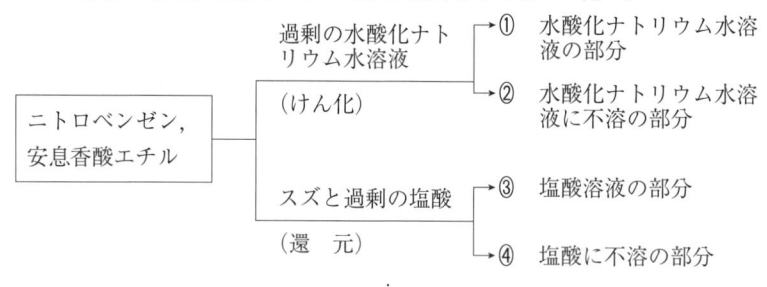

```
                    過剰の水酸化ナト  → ① 水酸化ナトリウム水溶
                    リウム水溶液         液の部分
ニトロベンゼン，    （けん化）        → ② 水酸化ナトリウム水溶
安息香酸エチル                           液に不溶の部分

                    スズと過剰の塩酸  → ③ 塩酸溶液の部分
                    （還　元）        → ④ 塩酸に不溶の部分
```

問3 次の化合物 a～c の混合物のジエチルエーテル溶液について，操作ア～ウの順序で分離実験を行った。この実験の結果または考察として適当な記述を，下の①～⑤のうちから二つ選べ。ただし，解答の順序は問わない。

a: m-キシレン（CH$_3$ 基2つ）　b: C$_6$H$_5$-N=N-C$_6$H$_4$-OH　c: アニリン（NH$_2$）

操作ア　ジエチルエーテル溶液に希塩酸を加え，分液漏斗で上層と下層を分離した。下層を水酸化ナトリウム水溶液で中和すると，油状物質が遊離した。

操作イ　操作アで得られた上層に水酸化ナトリウム水溶液を加え，分液漏斗で上層と下層を分離した。上層を濃縮すると，油状物質が得られた。

操作ウ　操作イで得られた下層を希塩酸で中和し放置すると，橙赤色の固体が析出した。

① 化合物 a～c の分子量の違いにより，混合物からそれぞれの化合物を分離した。
② 化合物 a～c は，塩をつくると水に溶けにくくなるので，分離できた。
③ 操作アで，弱塩基のアニリンが分離された。
④ 操作イで，m-キシレンが水酸化ナトリウムと塩をつくり，分離された。
⑤ 操作ウで，塩をつくって溶けていた p-ヒドロキシアゾベンゼンが，固体として分離された。

第5章　生活と有機化合物

★★70 セッケン，食品，染料　　　　　　　　　　　【6分・12点】

問1　試験管に濃いセッケン水をとり，次の実験ア〜ウを行った。実験の結果として最も適当な組合せを，下の①〜⑧のうちから一つ選べ。

ア　塩化カルシウム水溶液を数滴加え，振りまぜた後，セッケン水の状態を観察した。

イ　フェノールフタレイン溶液を数滴加え，振りまぜた後，セッケン水の色を観察した。

ウ　食用油を数滴加え，激しくかきまぜた後，静置してセッケン水中の油の状態を観察した。

	ア	イ	ウ
①	白く濁った	変化なし	水の表面に浮いた
②	白く濁った	変化なし	水の中に分散した
③	白く濁った	赤く変色した	水の表面に浮いた
④	白く濁った	赤く変色した	水の中に分散した
⑤	変化なし	変化なし	水の表面に浮いた
⑥	変化なし	変化なし	水の中に分散した
⑦	変化なし	赤く変色した	水の表面に浮いた
⑧	変化なし	赤く変色した	水の中に分散した

問2　食品に関する記述として誤りを含むものを，次の①〜⑤のうちから一つ選べ。

① 油脂は，グリコーゲンとなって体内に蓄積され，エネルギー源となる。
② タンパク質は，からだの組織をつくるのに必要であり，一部はエネルギー源となる。
③ 消化酵素は，タンパク質であり，特定の栄養素に作用して分解反応の速さを変化させる。
④ 食品に含まれる繊維(セルロースなど)は，栄養素ではないが，健康保持に役立っている。
⑤ デンプンは，主として穀物に含まれていてエネルギー源となる。

問3　染料および染色に関する次の記述a〜cのうちで，正しいものはどれか。すべてを選んだものを，下の①〜⑦のうちから一つ選べ。

a　染料の多くは，可視光線をよく吸収する。
b　木綿は，酸性染料や塩基性染料と反応する官能基をもたない。
c　絹や羊毛は，天然染料では染色されない。

①　a　　②　b　　③　c　　④　a, b　　⑤　a, c　　⑥　b, c
⑦　a, b, c

★★71 医薬品 【5分・8点】

問1 次の文章中の化合物ア～ウの構造式として最も適当な組合せを，下の①～⑥のうちから一つ選べ。

古くから，ヤナギの樹皮には解熱鎮痛作用をもつ物質が含まれていることが知られていた。この物質から得られる ア が薬理作用を示すと考えられ，1860年にはその合成法が開発されて，医薬品として盛んに使われるようになった。しかし，ア は副作用が大きいことがわかり，その代用として イ が開発され，解熱剤などとして現在でも広く使われている。一方，ア にメタノールを反応させて得られる ウ も消炎外用薬として使われている。

	ア	イ	ウ
①	o-OH, COOH	o-OCOCH₃, COOH	o-OH, COOCH₃
②	o-OH, COOH	o-OH, COOCH₃	o-OCOCH₃, COOH
③	m-OH, COOH	o-OCOCH₃, COOH	o-OH, COOCH₃
④	m-OH, COOH	o-OH, COOCH₃	o-OCOCH₃, COOH
⑤	p-OH, COOH	o-OCOCH₃, COOH	o-OH, COOCH₃
⑥	p-OH, COOH	o-OH, COOCH₃	o-OCOCH₃, COOH

問2 次の文章中の化合物 1 ・ 2 に当てはまる構造式を，下の①〜⑥のうちからそれぞれ一つずつ選べ。

　1935年，ドイツのドーマクは，アゾ染料の 1 が抗菌作用をもつことを発見した。その後， 1 が体内で分解されてできる 2 が有効成分であることが解明された。一般に 2 やその部分構造をもつ抗菌剤は，サルファ剤とよばれている。

① C$_6$H$_5$-NH-CO-CH$_3$

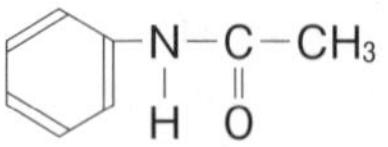

② C$_6$H$_5$-N=N-C$_6$H$_4$-OH

③ HO-C$_6$H$_4$-NH-CO-CH$_3$

④ H$_2$N-C$_6$H$_4$-SO$_2$NH$_2$

⑤ (H$_2$N)(NH$_2$)C$_6$H$_3$-N=N-C$_6$H$_4$-SO$_2$NH$_2$

⑥ (CH$_3$)$_2$CH-CH$_2$-C$_6$H$_4$-CH(CH$_3$)-COOH

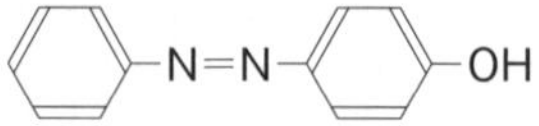

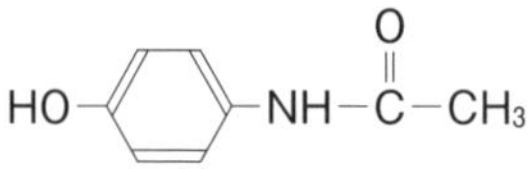

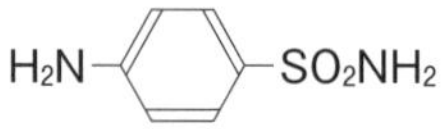

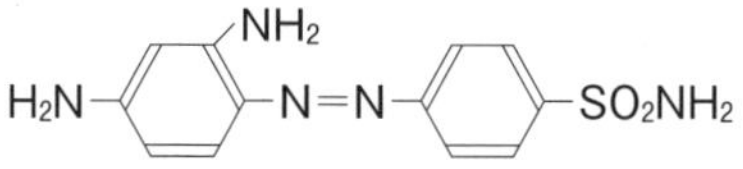

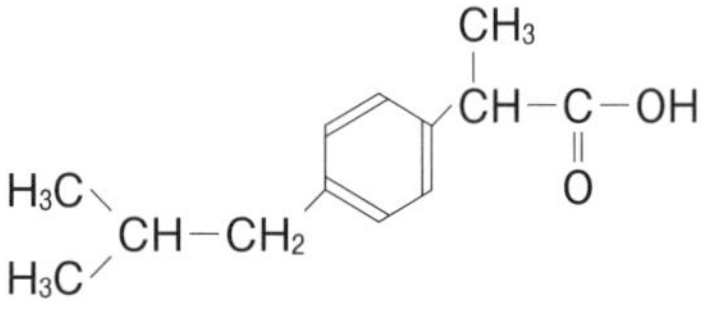

第6章 総合問題

★★72 脂肪族・芳香族，反応の種類 【11分・17点】

問1 エステルでない化合物を，次の①〜⑥のうちから一つ選べ。
① 酢酸エチル　　② 酢酸ビニル　　③ アセトアニリド
④ アセチルサリチル酸　　⑤ 油脂
⑥ ポリエチレンテレフタラート（ポリエチレンテレフタレート）

問2 次の記述①〜⑥のうちから，正しいものを一つ選べ。
① メタン，エタン，プロパンは，いずれも常温で空気より軽い気体である。
② ヘキサン，ベンゼン，ジエチルエーテルは，いずれも常温で水より軽い液体である。
③ 酢酸，エタノール，酢酸エチルは，いずれも常温でどんな割合ででも水に溶ける。
④ シクロペンタンは C_5H_{10} の分子式で表され，アルケンと同様に付加反応を行う。
⑤ メタノールは水酸化ナトリウムと反応して水素を発生する。
⑥ 触媒を用いてアセチレンに酢酸を付加させると，主として酢酸エチルを生じる。

問3 次の a〜e にはそれぞれ，A欄の化合物を原料の一つとし，B欄の生成物が得られるときの反応の種類名が C欄に記されている。 1 〜 5 に入れるのに最も適当な化学式または反応の種類名を，下の解答群のうちから一つずつ選べ。ただし，同じものをくり返し選んでもよい。

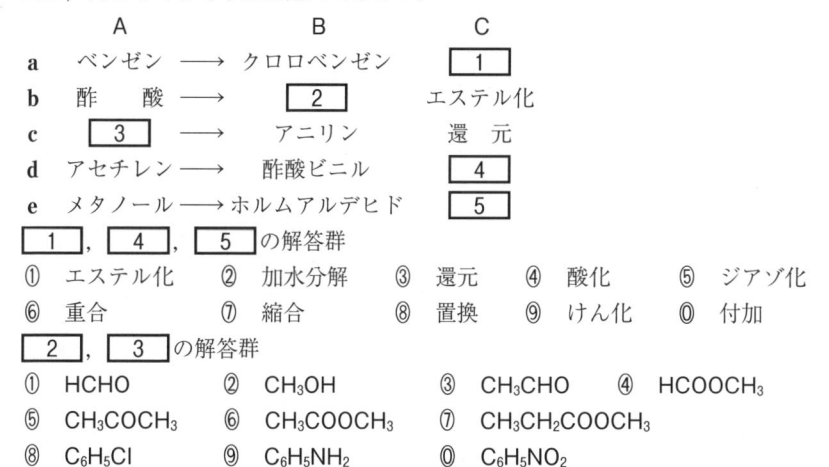

	A	B	C
a	ベンゼン →	クロロベンゼン	1
b	酢酸 →	2	エステル化
c	3 →	アニリン	還元
d	アセチレン →	酢酸ビニル	4
e	メタノール →	ホルムアルデヒド	5

1 , 4 , 5 の解答群
① エステル化　② 加水分解　③ 還元　④ 酸化　⑤ ジアゾ化
⑥ 重合　⑦ 縮合　⑧ 置換　⑨ けん化　⓪ 付加

2 , 3 の解答群
① HCHO　　② CH_3OH　　③ CH_3CHO　　④ $HCOOCH_3$
⑤ CH_3COCH_3　⑥ CH_3COOCH_3　⑦ $CH_3CH_2COOCH_3$
⑧ C_6H_5Cl　⑨ $C_6H_5NH_2$　⓪ $C_6H_5NO_2$

73 有機化合物の性質・反応，実験と装置　　【14分・20点】

問1 次のA欄に示す化合物に，B欄に示す溶液を加えたとき，化学変化しない組合せはどれか。次の①〜④のうちから一つ選べ。

	A	B
①	アニリン	さらし粉水溶液
②	ギ酸	アンモニア性硝酸銀水溶液
③	デンプン	ヨウ素ヨウ化カリウム水溶液
④	アセトン	フェーリング液

問2 次の反応a〜cによって得られた有機化合物について，それぞれに最もよく当てはまる記述を，下の①〜⑥のうちから一つずつ選べ。

a　赤熱した銅触媒上に，メタノール蒸気を空気とともに通す。
b　ニトロベンゼンを，スズと塩酸で還元する。
c　サリチル酸に，メタノールと濃硫酸を作用させる。

① 加水分解によって酢酸を生じる。
② ジアゾ化して，アゾ化合物の合成に用いられる。
③ 臭素水を脱色する炭化水素である。
④ ヨウ素ヨウ化カリウム溶液(ヨウ素溶液)を加えると青紫色を示す。
⑤ 銀鏡反応を示す。
⑥ 塩化鉄(Ⅲ)水溶液を加えると赤紫色を示す。

問3 次の文a〜d中の□□□に当てはまる物質を，下の①〜⑧のうちから一つずつ選べ。ただし，同じものをくり返し選んでもよい。

a　□□□は弱い塩基であり，塩酸と反応して塩をつくる。
b　□□□は臭素水を容易に脱色する炭化水素である。
c　□□□に塩酸酸性で亜硝酸ナトリウムを作用させると，ジアゾニウム塩が生じる。
d　□□□を過マンガン酸カリウムで酸化すると，ケトン C_4H_8O が生じる。

① $CH_3CH(CH_3)_2$　　② $CH_3CH=CHCH_3$　　③ CH₂−CH₂ / CH₂ CH₂ / CH₂−CH₂

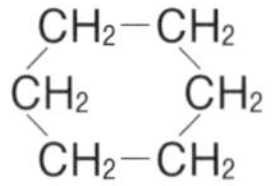

④ $CH_3CHCH_2CH_3$
　　　OH
⑤ $CH_3CH_2CH_2CH_2OH$

⑥ ⟨benzene⟩−NO_2　　⑦ CH_3−⟨benzene⟩−NH_2　　⑧ ⟨benzene⟩−$NHCOCH_3$

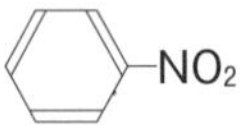

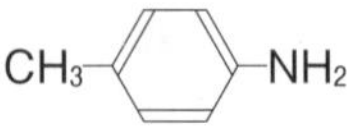

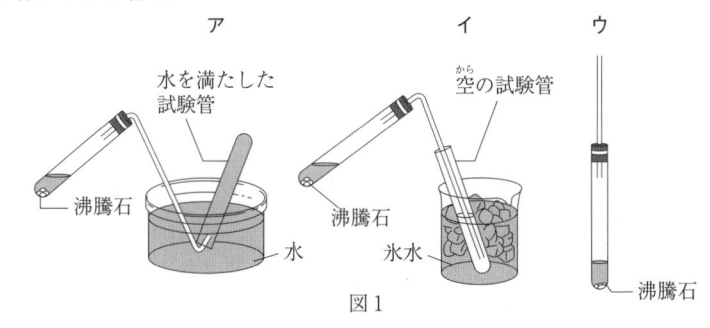

③

第5編　高分子化合物

第1章　高分子化合物の分類と特徴

★★74 高分子化合物の重合形式と構造　【8分・17点】

問1　次の記述 a・b 中の 1 ～ 5 に当てはまるものを，下のそれぞれの解答群のうちから一つずつ選べ。ただし，同じものをくり返し選んでもよい。

a　 1 の酸化によって得られるテレフタル酸は， 2 アルコールであるエチレングリコールと 3 してポリエステルを与える。

b　アジピン酸とヘキサメチレンジアミンとを加熱して反応させると 4 が起こり，ナイロン66とよばれる直鎖状の高分子化合物が得られる。この高分子化合物には多数の 5 がある。

1 , 2 の解答群
① フェノール　② トルエン　③ o-キシレン　④ m-キシレン
⑤ p-キシレン　⑥ 第二級　⑦ 第三級　⑧ 2価　⑨ 3価

3 , 4 の解答群
① 酸化反応　② 還元反応　③ 中和反応　④ 置換反応
⑤ 付加反応　⑥ 付加重合　⑦ 縮合重合

5 の解答群
① アミノ基　② アルキル基　③ アルデヒド基　④ ヒドロキシ基
⑤ カルボキシ基　⑥ エステル結合　⑦ エーテル結合
⑧ 三重結合　⑨ アミド結合

問2　次の a・b に当てはまる高分子化合物を，下の①～⑥のうちから一つずつ選べ。

a　単量体どうしが，C-O 結合でつながっている高分子化合物
b　単量体どうしが，C-N 結合でつながっている高分子化合物

① ナイロン66　② ポリエチレン　③ ポリエチレンテレフタラート
④ ポリ塩化ビニル　⑤ ポリ酢酸ビニル　⑥ ポリプロピレン

問3　多数の分子が互いに脱水縮合してつながった構造の高分子化合物を，次の①～⑤のうちから一つ選べ。

① セルロース　② 天然ゴム　③ ポリアクリロニトリル
④ ポリ酢酸ビニル　⑤ ポリスチレン

*75 高分子化合物の分類・特徴，プラスチック 【6分・12点】

問1 高分子化合物の分類・特徴に関する記述として誤りを含むものを，次の①～⑤のうちから一つ選べ。

① 石英，雲母，ガラスは，無機高分子化合物に分類される。
② 高分子化合物のうち，ゴムは一般に結晶構造をもたない。
③ 高分子化合物は，重合度に幅があるものが多い。
④ 高分子化合物は，一般に溶媒に溶けやすいものが多い。
⑤ 高分子化合物の多くは，はっきりとした融点をもたない。

問2 次の文章中の [1] ～ [4] に入れるのに最も適当なものを，下の①～⑧のうちからそれぞれ一つずつ選べ。ただし，同じものをくり返し選んでもよい。

　プラスチックは，その原料となる単量体(モノマー)を多数つなぎ合わせてつくられる高分子化合物である。これらの高分子化合物のうちポリエチレンや [1] は，二重結合をもつ単量体の [2] でつくられる。また，フェノール樹脂は，フェノールと [3] を [4] させてつくられる。

① ナイロン　　② ポリ塩化ビニル　　③ 尿素樹脂　　④ 付加重合
⑤ 付加縮合　　⑥ 加水分解　　　　　⑦ 酢酸　　　　⑧ ホルムアルデヒド

問3 プラスチックに関する記述として正しいものを，次の①～⑤のうちから一つ選べ。

① メラミン樹脂は，熱可塑性樹脂であり，成形しやすい。
② ポリエチレンは熱硬化性樹脂であり，熱に強く，食器や電気絶縁材料として用いられている。
③ ポリ塩化ビニルは，燃えるときに有毒な気体を発生する。
④ ポリスチレンは，スチレンとホルムアルデヒドを原料としてつくられ，保温カップや包装材料として利用されている。
⑤ ポリスチレンは，水にもベンゼンなどの有機溶媒にも溶けないプラスチックである。

第2章 合成高分子化合物

★★76 代表的な合成高分子化合物 【10分・12点】

> 必要があれば，原子量は次の値を使うこと。H 1.0 C 12 O 16

問1　次の高分子化合物（**a**・**b**）は，それぞれどのような単量体（モノマー）からできているか。正しいものを，下の①～⑥のうちからそれぞれ一つずつ選べ。
　　a　フェノール樹脂　　　　**b**　ポリ酢酸ビニル
　　① ともに中性物質である2種類の単量体
　　② 一方は中性，他方は酸性物質である2種類の単量体
　　③ 一方は中性，他方は塩基性物質である2種類の単量体
　　④ 1種類の中性物質である単量体
　　⑤ 1種類の酸性物質である単量体
　　⑥ 1種類の塩基性物質である単量体

問2　プラスチックの性質や用途に関する記述として**誤りを含むもの**を，次の①～⑤のうちから一つ選べ。
　　① ポリエチレンとポリスチレンは，ともに熱可塑性樹脂であり，加熱するとやわらかくなるので，いろいろな形に成形できる。
　　② ポリ塩化ビニルは，電気を通しやすいので，電線の被覆材には用いられない。
　　③ ポリ塩化ビニルの小片を，強熱した銅線につけてバーナーの炎の中に入れると，炎が青緑色になる。
　　④ フェノール樹脂と尿素（ユリア）樹脂は，ともに熱硬化性樹脂である。
　　⑤ ナイロンは，繊維のほかに，機械部品などのエンジニアリングプラスチックとしても用いられる。

問3　ポリエチレンテレフタラートはポリエステルの一種であり，エチレングリコール（HOCH$_2$CH$_2$OH）とテレフタル酸（HOOC−⟨benzene⟩−COOH）との縮合重合によって合成される。

　　あるポリエチレンテレフタラートの分子量を測定したところ2.0×10^5であった。このポリエチレンテレフタラート分子には，およそ何個のエステル結合が含まれるか。最も適当な数値を，次の①～⑥のうちから一つ選べ。
　　① 1×10^3　② 2×10^3　③ 1×10^4　④ 2×10^4　⑤ 1×10^5
　　⑥ 2×10^5

★★ 77 合成高分子化合物の構造　　【12分・15点】

問1 次の記述(**a**・**b**)中の [1] ， [2] に当てはまる数を，下の①～⑥のうちからそれぞれ一つずつ選べ。ただし，同じものをくり返し選んでもよい。また，高分子化合物の両端の構造は考えないものとする。

a ポリプロピレン分子の中で，直鎖状に並んだ5個の炭素原子に結合しているメチル基の最大の数は， [1] である。

b セルロースを無水酢酸によって完全にエステル化するとき，増加する炭素の数はグルコース単位($C_6H_{10}O_5$)1個当たり [2] である。

① 2　② 3　③ 4　④ 6　⑤ 8　⑥ 10

問2 次の記述(**a**・**b**)中の [1] ， [2] に当てはまる数を，下の①～⑥のうちからそれぞれ一つずつ選べ。ただし，同じものをくり返し選んでもよい。また，高分子化合物の両端の構造は考えないものとする。

a イソプレン(C_5H_8)が付加重合してできるポリイソプレンでは，イソプレン単位1個当たりに存在する二重結合の数は， [1] である。

b ヘキサメチレンジアミン($C_6H_{16}N_2$)とアジピン酸($C_6H_{10}O_4$)から生ずるナイロン66において，そのくり返し単位1個に含まれるCH_2基の数は， [2] である。

① 1　② 2　③ 6　④ 8　⑤ 10　⑥ 12

問3 次の記述中の [1] ・ [2] に入れるのに最も適当な化合物名を，下の①～⑥のうちからそれぞれ一つずつ選べ。ただし，解答の順序は問わない。

図1に示す部分構造をもつ合成ゴムは， [1] と [2] との共重合体である。

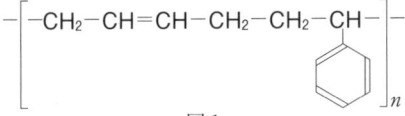

$$-[-CH_2-CH=CH-CH_2-CH_2-CH(C_6H_5)-]_n-$$

図1

① スチレン　② エチレン　③ プロペン　④ 2-ブテン
⑤ 1,3-ブタジエン　⑥ イソプレン

問4 2種類の単量体の付加縮合によって得られる高分子化合物Aと1種類の単量体の開環重合によって得られる高分子化合物Bの組合せとして最も適当なものを，次の①～⑥のうちから一つ選べ。

	①	②	③	④	⑤	⑥
A	ポリ酢酸ビニル	尿素樹脂	ポリエチレンテレフタラート	フェノール樹脂	ポリスチレン	ポリ塩化ビニル
B	ナイロン6	ナイロン66	ナイロン6	ナイロン6	ナイロン6	ナイロン66

78 合成高分子化合物の計算 【14分・12点】

必要があれば、原子量は次の値を使うこと。H1.0 C12 N14 O16

問1 次の文章中の ☐1 と ☐3 と ☐4 には、最も適当な反応名を、下の反応名群①〜⑥のうちからそれぞれ一つずつ選べ。また、☐2 には、最も適当な化合物を、下の示性式群①〜⑤のうちから一つ選べ。

触媒を用いて、アセチレンと酢酸を反応させると、☐1 反応が起こって、☐2 が生成する。☐2 を付加重合させて得られる重合体を ☐3 とすると、ポリビニルアルコールが得られる。繊維状にしたポリビニルアルコールを、部分的に ☐4 したものが、ビニロンである。

〔反応名群〕 ① 還元 ② けん化 ③ アセタール化 ④ 脱水 ⑤ 中和 ⑥ 付加

〔示性式群〕 ① CH_3CHO ② $CH_2=CHCl$ ③ $CH_2=CHOCOCH_3$ ④ $CH_3COOC_2H_5$ ⑤ $CH_3CH_2COOCH_3$

問2 ポリビニルアルコールは、$-[-CH_2-CH(OH)-]_n-$ で表される高分子化合物である。平均分子量 $4.4×10^4$ のポリビニルアルコール $0.440g$ を、ホルムアルデヒドの水溶液で処理したところ、ビニロン $0.461g$ が得られた。この実験に関する次の問い(**a**・**b**)に答えよ。

a はじめのポリビニルアルコールの重合度 n はいくらか。最も適当な数値を、次の①〜⑥のうちから一つ選べ。
① 100 ② 200 ③ 400 ④ 500 ⑤ 800 ⑥ 1000

b この実験で、ポリビニルアルコールのヒドロキシ基の何%がホルムアルデヒドと反応したか。最も適当な数値を、次の①〜⑥のうちから一つ選べ。
① 25 ② 30 ③ 35 ④ 40 ⑤ 45 ⑥ 50

問3 合成繊維ナイロン66を発明したアメリカの化学者カロザースは、アミノ基を両端にもつジアミン $[H_2N-(CH_2)_m-NH_2]$ の m の数と、カルボキシ基を両端にもつジカルボン酸 $[HOOC-(CH_2)_n-COOH]$ の n の数をいろいろ変えて縮合重合させ、アミド結合を形成させる方法を研究した。そのうちのある実験で、生成した重合物中の窒素の含有率(質量百分率)を測定すると、10.0%であった。この重合物を合成するのに用いたジアミンとジカルボン酸に含まれる CH_2 基の合計 $(m+n)$ はいくらか。最も適当な数値を、次の①〜⑤のうちから一つ選べ。ただし、重合物の両端の構造は考えないものとする。
① 8 ② 10 ③ 12 ④ 14 ⑤ 16

第3章　天然高分子化合物

79 糖類　【10分・15点】

問1 次の糖類のうち，二糖類に分類されるものはいくつあるか。最も適当な数を，下の①～⑥のうちから一つ選べ。

> マルトース，デンプン，デキストリン，フルクトース，グルコース
> グリコーゲン，ガラクトース，ラクトース，セロビオース

① 1　② 2　③ 3　④ 4　⑤ 5　⑥ 6

問2 糖類に関する記述として正しいものを，次の①～⑤のうちから一つ選べ。
① グルコース(ブドウ糖)とフルクトース(果糖)は，ともに還元性を示し，その鎖状構造はアルデヒド基をもつ。
② スクロース(ショ糖)は，グルコースとフルクトースが脱水縮合した構造をもち，還元性を示す。
③ グルコースは，環状構造でも鎖状構造でも，同じ数のヒドロキシ基をもつ。
④ グルコースを完全にアルコール発酵させると，1分子のグルコースから3分子のエタノールが生じる。
⑤ セルロースを加水分解すると，マルトース(麦芽糖)を経て，グルコースを生じる。

問3 次の文章中の ┃ 1 ┃・┃ 2 ┃ に当てはまるものを，それぞれの解答群のうちから一つずつ選べ。

　デンプンの水溶液にヨウ素溶液を加えると，青色になった。しかし，デンプンの水溶液に唾液を加えて室温で放置したものは，ヨウ素溶液を加えても青色にはならなかった。これは，唾液中に含まれている ┃ 1 ┃ により，デンプンが加水分解されたためである。加水分解後の溶液に ┃ 2 ┃ を加えて加熱すると，赤色の沈殿が生じた。

┃ 1 ┃ の解答群
① 希塩酸　② 二酸化炭素　③ 炭酸水素カルシウム　④ アミラーゼ
⑤ インベルターゼ　⑥ マルターゼ

┃ 2 ┃ の解答群
① 濃硝酸　② ヘキサシアニド鉄(Ⅱ)酸カリウム　③ フェーリング液
④ アンモニア性硝酸銀水溶液　⑤ 塩化鉄(Ⅲ)水溶液

問4 セルロースには当てはまるが，デンプンには当てはまらない記述を，次の①～⑤のうちから一つ選べ。
① 酸を触媒として完全に加水分解すると，単糖類になる。
② アミラーゼによって加水分解される。
③ 多数のβ-グルコースが縮合した構造をもつ。
④ 一般式 $C_m(H_2O)_n$ で表される。
⑤ フェーリング液を還元する。

80 アミノ酸とタンパク質　【15分・19点】

問1 α-アミノ酸に関する記述として正しいものを、次の①～⑥のうちから一つ選べ。

① α-アミノ酸はすべて不斉炭素原子をもつ。
② タンパク質を構成する天然のα-アミノ酸に含まれる元素は、水素、炭素、窒素、酸素の4種類だけである。
③ α-アミノ酸は分子内に、塩基性のアミノ基と酸性のカルボキシ基をもつので、α-アミノ酸の水溶液は、すべて中性である。
④ α-アミノ酸は、結晶中では電離していない分子の状態で存在しており、酸にも塩基にも溶けにくい。
⑤ アミド結合をもつナイロン66を希塩酸で加水分解すると、α-アミノ酸が生成する。
⑥ α-アミノ酸に薄いニンヒドリン溶液を加えて温めると、呈色する。

問2 タンパク質に関する記述として下線をつけた部分に誤りを含むものを、次の①～⑤のうちから一つ選べ。

① タンパク質水溶液に、水酸化ナトリウム水溶液と硫酸銅(Ⅱ)水溶液を加えたところ、赤紫色になった。これはタンパク質中に多数のペプチド結合が存在することを示す。
② タンパク質水溶液に、少量の濃硝酸を加えて加熱すると黄色になり、さらに水酸化ナトリウム水溶液を加えたところ、橙黄色になった。これは、このタンパク質中にベンゼン環が存在することを示す。
③ 酵素はタンパク質の一種であり、生体内の反応を速やかに進めるための触媒作用を行う。その触媒作用は温度やpHの影響を受けやすい。
④ タンパク質に重金属イオンやアルコールを作用させると変性する。これは一部のペプチド結合が切れるためである。
⑤ α-アミノ酸だけから構成されているタンパク質と、アミノ酸以外に色素や糖などが結合しているタンパク質を、それぞれ単純タンパク質、複合タンパク質という。

問3 グリシン2分子とアラニン1分子が縮合して生じる鎖状トリペプチドは、光学異性体も含めると何種類あるか。最も適当な数を、次の①～⑥のうちから一つ選べ。

① 1　② 2　③ 3　④ 4　⑤ 5　⑥ 6

問4 卵白水溶液に水酸化ナトリウム水溶液を加えて煮沸し、酢酸で中和後、酢酸鉛(Ⅱ)水溶液を加えると黒色の沈殿が生じた。この実験から存在がわかる元素は何か。最も適当なものを、次の①～⑥のうちから一つ選べ。

① C　② H　③ O　④ N　⑤ P　⑥ S

問5　3種類のアミノ酸A, B, Cがある。これらの等電点は, Aが3.22, Bが6.00, Cが9.72である。A, B, CをpHが8の緩衝液に溶かした。この溶液を電気泳動装置に入れて電圧を加えたとき, 陽極側に移動するアミノ酸はどれか。すべてを正しく選んだものを, 次の①～⑥のうちから一つ選べ。
① A　② B　③ C　④ AとB　⑤ AとC　⑥ BとC

81 天然高分子化合物の計算, 核酸　　【16分・16点】

必要があれば, 原子量は次の値を使うこと。H 1.0　C 12　N 14　O 16

問1　分子量 6.0×10^6 のセルロース分子がある。セルロース分子中のくり返し単位 $C_6H_{10}O_5$ の長さを 0.40 nm とすると, このセルロース分子の長さは何 nm になるか。最も適当な数値を, 次の①～⑤のうちから一つ選べ。
① 1.5×10^4　② 3.0×10^4　③ 4.5×10^4　④ 6.0×10^4　⑤ 7.5×10^4

問2　マルトース $C_{12}H_{22}O_{11}$ 500 g を完全に加水分解した後, アルコール発酵させると, エタノールは最大何 g 得られるか。最も適当な数値を, 次の①～⑤のうちから一つ選べ。
① 269　② 325　③ 420　④ 538　⑤ 650

問3　タンパク質の溶液に固体の水酸化ナトリウムを加えて熱すると, タンパク質中の窒素原子はアンモニアに変化する。あるタンパク質 875 mg に対してこの変化をさせたところ, 標準状態で 224 mL のアンモニアが発生した。このタンパク質には質量で何%の窒素が含まれていたか。最も適当な数値を, 次の①～⑤のうちから一つ選べ。
① 14　② 15　③ 16　④ 17　⑤ 18

問4　核酸に関する次の問い (a・b) に答えよ。

a　次の文章中の ア ～ ウ に当てはまる語の正しい組合せを, 右の①～④のうちから一つ選べ。

	ア	イ	ウ
①	ヌクレオシド	リン酸	五炭糖
②	ヌクレオシド	五炭糖	リン酸
③	ヌクレオチド	リン酸	五炭糖
④	ヌクレオチド	五炭糖	リン酸

核酸は, 生物の遺伝に中心的な役割を果たす高分子化合物である。その単量体に相当する構造は ア とよばれ, イ と ウ と有機塩基からなる。核酸は, この ア どうしが イ の-OH と ウ の-OH との間で鎖状に縮合重合したものである。核酸には, DNA と RNA の2種類が存在し, DNA と RNA では イ に含まれる酸素原子の数が異なる。

b　DNA は, 分子内にアデニン(A), グアニン(G), シトシン(C), チミン(T) の4種類の有機塩基を含む。DNA はらせん状になった2本の分子間の塩基の部分で水素結合をつくり, 二重らせん構造を形成している。水素結合をつくる塩基の組合せとして正しいものを, 次の①～⑥のうちから2つ選べ。ただし, 解答の順序は問わない。
① AとC　② GとT　③ AとT　④ AとG　⑤ TとC
⑥ GとC

第4章　生活と高分子化合物

★★82 繊維・プラスチック，機能性高分子化合物　　【9分・14点】

問1　繊維に関する記述として正しいものを，次の①～⑤のうちから一つ選べ。
① ナイロンの主成分は，木綿の主成分とよく似た化学構造をしている。
② アクリル繊維の主成分は，羊毛の主成分とよく似た化学構造をしている。
③ レーヨンは，セルロースを再生した繊維である。
④ ポリエステルは，火をつけると，煙を出さずに燃える。
⑤ ナイロンは，天然繊維と比べて吸湿性が高い。

問2　プラスチックに関する記述として正しいものを，次の①～⑤のうちから一つ選べ。
① ポリエチレンは，加熱すると融解せずにこげる。
② フェノール樹脂は，熱湯中に浸すとやわらかくなる。
③ ポリ塩化ビニルは，硫化水素を発生しながら燃える。
④ ポリスチレンは，発泡させて，梱包材として使用されている。
⑤ ポリプロピレンは，耐熱性があるので，フライパンの表面加工に用いられる。

問3　次の文章を読んで，下の問い(**a**・**b**)に答えよ。

海水を淡水化するモデル実験として，塩化ナトリウムと塩化マグネシウムのうすい濃度の試料溶液(溶液L)をつくり，図1のA，Bのような装置を組み立てた。図中のアは，溶液を滴下させるためのコック付きの容器，イは粒状の物質をつめたコック付きのガラス管，ウは三角フラスコである。Aで得られた溶液Mは，Bのアの容器に移される。図中，支持器具は省略してある。

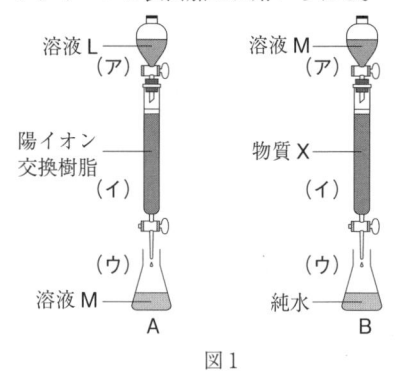

図1

a Aのガラス管につめた陽イオン交換樹脂により，溶液Lから除去できるイオンの組合せとして正しいものを，次の①～⑥のうちから一つ選べ。
① Na^+とCl^-　② Mg^{2+}とCl^-　③ Cl^-とOH^-　④ Mg^{2+}とH^+
⑤ Na^+とMg^{2+}　⑥ Na^+とH^+

b 純水を得るために，Bのガラス管につめるのに最も適当な物質Xを，次の①～⑦のうちから一つ選べ。
① 活性炭　② 砂　③ シリカゲル　④ フェノール樹脂
⑤ 陽イオン交換樹脂　⑥ 陰イオン交換樹脂　⑦ メタクリル樹脂

問4 機能性高分子化合物に関する記述として誤りを含むものを，次の①～⑤のうちから一つ選べ。
① ポリ乳酸でつくられた手術糸は，体内で一定期間が経過すると，分解・吸収される。
② ポリアセチレンにヨウ素を加えると，金属に近い電気伝導性を示す。
③ 架橋化されたポリアクリル酸ナトリウムは，高い吸水性を示す。
④ ポリメタクリル酸メチルは，成形後にその形を変形しても，ある温度以上に熱すると元の形にもどる。
⑤ 酢酸セルロースは，人工透析用の透析膜や，海水の淡水化装置の逆浸透膜に用いられる。

短期攻略 センター化学	
著　者	三門　恒雄
発行者	山﨑　良子
印刷所	株式会社日本制作センター
製本所	株式会社日本制作センター
発行所	駿台文庫株式会社

〒101-0062 東京都千代田区神田駿河台1-7-4
小畑ビル内
TEL. 編集 03(5259)3302
販売 03(5259)3301
《⑦−320pp.》

©Tsuneo Mikado 2015
落丁・乱丁がございましたら，送料小社負担にてお取り替えいたします。
ISBN978-4-7961-2294-8　　Printed in Japan

駿台文庫 Web サイト
https://www.sundaibunko.jp

短期攻略 センター化学

解答・解説編

目次

第1編 物質の状態と平衡

第1章 物質の状態とその変化
1 物質の三態とその変化 ……………… 3
2 状態変化，分子間力 ………………… 4

第2章 気体の性質
3 理想気体の法則 ……………………… 8
4 理想気体の状態方程式，実在気体 10
5 理想気体の法則の応用(1) ………… 12
6 理想気体の法則の応用(2) ………… 14
7 蒸気圧の性質 ………………………… 16

第3章 固体の構造
8 金属の結晶構造 ……………………… 19
9 結晶と化学結合，アモルファス … 21
10 イオン結晶，共有結合の結晶 …… 24

第4章 溶液の性質
11 溶解性と固体の溶解度 …………… 27
12 溶液の濃度，気体の溶解度(ヘンリーの法則) …… 29
13 蒸気圧降下と沸点上昇 …………… 32
14 凝固点降下 ………………………… 33
15 浸透圧 ……………………………… 35
16 コロイド …………………………… 37

第2編 物質の変化と平衡

第1章 化学反応と熱・光エネルギー
17 熱化学方程式 ……………………… 40
18 燃焼熱，エネルギー図 …………… 41
19 ヘスの法則と反応熱(1) ………… 43
20 ヘスの法則と反応熱(2) ………… 44
21 中和熱と溶解熱，化学反応と光 … 45
22 結合エネルギー …………………… 48

第2章 化学反応と電気エネルギー
23 酸化還元反応，ダニエル(型)電池 51
24 鉛蓄電池，燃料電池 ……………… 52
25 電気分解とファラデーの法則 …… 55
26 電気分解の応用(1) ……………… 56
27 電気分解の応用(2) ……………… 59

第3章 反応速度と化学平衡
28 反応速度と反応速度式 …………… 62
29 反応速度と化学平衡(1) ………… 64
30 反応速度と化学平衡(2) ………… 66

第4章 化学平衡と平衡移動
31 平衡移動の原理(1) ……………… 68
32 平衡移動の原理(2) ……………… 70
33 酸・塩基と電離平衡 ……………… 73
34 平衡定数 …………………………… 77

第3編 無機物質

第1章 非金属元素とその化合物
35 17族元素(ハロゲン)とその化合物 80
36 16族・15族元素とその化合物 … 81
37 非金属元素の単体・化合物 ……… 83
38 気体の性質・発生 ………………… 84
39 気体の発生装置・捕集・乾燥 …… 86
40 気体の性質と反応 ………………… 88

第2章 金属元素とその化合物
41 1族・2族元素とその化合物 …… 91
42 元素の分類と性質 ………………… 92
43 13族・14族元素とその化合物 … 93
44 遷移元素とその化合物 …………… 94

45 炎色反応, 遷移元素のイオン…… 96
46 金属イオンの反応, 錯イオン…… 97
47 金属イオンの分離・確認………100
48 金属化合物の性質と反応………102

第3章 生活と無機物質
49 生活と無機物質………………104

第4章 総合問題
50 第4周期までの元素の単体や酸化物
　　　　　　　　　　　　……106
51 酸化物の性質, 化合物の識別……107
52 金属・非金属の単体や化合物, 薬品
　の貯蔵　　　　　　　　……108

第4編　有機化合物

第1章 有機化学の基礎
53 組成式・分子式の決定, 官能基…110
54 異性体………………………………112
55 不斉炭素原子, 有機化合物の構造 113

第2章 脂肪族炭化水素
56 アルカン, アルケン, アルキン…116
57 不飽和炭化水素の反応……………118

第3章 酸素を含む脂肪族化合物
58 アルコールの反応…………………121
59 アルデヒド・ケトンなどの反応…123
60 カルボン酸…………………………125
61 構造式の決定………………………126
62 エステル……………………………127
63 油脂とそのけん化…………………129

第4章 芳香族化合物
64 ベンゼン, トルエンとその反応…132

65 フェノール, サリチル酸とその反応
　　　　　　　　　　　　……134
66 アニリンとその反応………………138
67 合成反応などの計算………………139
68 有機化合物の分離(1)………………141
69 有機化合物の分離(2)………………143

第5章 生活と有機化合物
70 セッケン, 食品, 染料……………146
71 医薬品………………………………147

第6章 総合問題
72 脂肪族・芳香族, 反応の種類……149
73 有機化合物の性質・反応, 実験と装置
　　　　　　　　　　　　……150

第5編　高分子化合物

第1章 高分子化合物の分類と特徴
74 高分子化合物の重合形式と構造…153
75 高分子化合物の分類・特徴, プラスチック　　　　　　　　　……155

第2章 合成高分子化合物
76 代表的な合成高分子化合物………158
77 合成高分子化合物の構造…………159
78 合成高分子化合物の計算…………162

第3章 天然高分子化合物
79 糖類…………………………………164
80 アミノ酸とタンパク質……………167
81 天然高分子化合物の計算, 核酸…171

第4章 生活と高分子化合物
82 繊維・プラスチック, 機能性高分子
　化合物　　　　　　　　……174

第1編　物質の状態と平衡

第1章　物質の状態とその変化

1

問1　a－②　　b－③　　問2　①　　問3　a $\boxed{1}$－⑥　　b $\boxed{2}$－②
問4　③

問1 a　物質の状態変化には次のようなものがある。

$$\text{固体} \underset{凝固}{\overset{融解}{\rightleftarrows}} \text{液体} \underset{凝縮}{\overset{蒸発}{\rightleftarrows}} \text{気体}$$

$$\text{固体} \overset{昇華}{\longleftrightarrow} \text{気体}$$

圧力が一定のとき，純物質の状態変化は一定温度で起こる。水の場合，大気圧（1.013×10^5 Pa）下で，氷が0℃で$_\mathcal{P}$融解して水になる（図1のA領域）。また，水が100℃で$_\mathcal{イ}$沸騰して水蒸気になる（図1のB領域）。水が$_\mathcal{ウ}$蒸発して水蒸気になる変化は，常温・常圧でも起こる。沸騰は，液面だけでなく液体の内部からも蒸発が起こる現象である。

（注）大気圧（1.013×10^5 Pa）下における氷の融点は0℃，水の沸点は100℃。

b　H_2O（モル質量18g/mol）9.0gの物質量は，

$$\frac{9.0\,\text{g}}{18\,\text{g/mol}} = 0.50\,\text{mol}$$

0℃の氷9.0gが0℃の水になるのに必要な熱量をq_1〔kJ〕とすると，

　$q_1 = 6.0\,\text{kJ/mol} \times 0.50\,\text{mol} = 3.0\,\text{kJ}$

0℃の水9.0gが100℃の水になるのに必要な熱量をq_2〔kJ〕とすると，

　$q_2 = 4.2 \times 10^{-3}\,\text{kJ/(g·K)} \times 9.0\,\text{g} \times (100-0)\,\text{K} = 3.78\,\text{kJ}$

100℃の水9.0gが100℃の水蒸気になるのに必要な熱量をq_3〔kJ〕とすると，

　$q_3 = 41\,\text{kJ/mol} \times 0.50\,\text{mol} = 20.5\,\text{kJ}$

よって，求める熱量は，

　$q_1 + q_2 + q_3 = 3.0\,\text{kJ} + 3.78\,\text{kJ} + 20.5\,\text{kJ} \fallingdotseq 27\,\text{kJ}$

問2　水の状態は図のように，温度と圧力により固体，液体，気体，超臨界流体の4つの領域に分かれる。よって，図中の点ア → イ → ウの状態変化は，固体 → 液体 → 気体となる。

三重点より低い温度で，固体を加圧すると液体に変化する現象は，水などごく限られた物質にしか見られない。なお，臨界点を超える温度と圧力の下では液体と気体の区別がつかない。このような状態にある物質を，超臨界流体という。

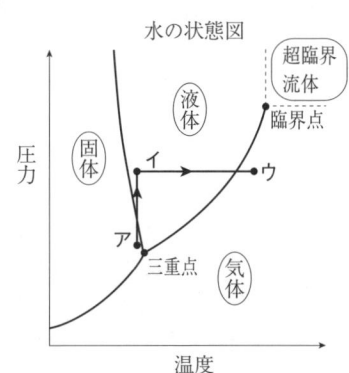

問3 **a** 沸点は，その液体の蒸気圧が大気圧(外圧)と一致するときの温度である。このとき，液体は沸騰する。図より，蒸気圧が大気圧(1.0×10^5 Pa)と一致するときの温度は，A＜B＜Cの順に高くなる。よって，沸点の高いものから低いものへの順序はC－B－A（ **1** ）である。

b 同じ温度で比べた場合，蒸気圧の大きい物質ほど揮発しやすい。図より，25℃における蒸気圧は，B＜C＜Aの順に大きくなる。よって，揮発しやすいものから揮発しにくいものへの順序はA－C－B（ **2** ）である。

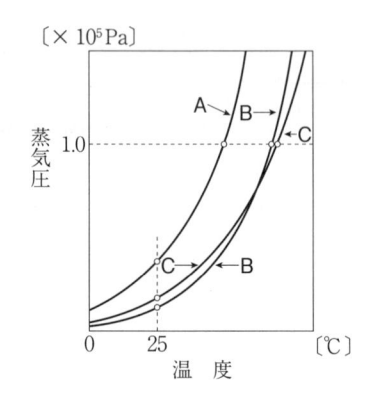

問4 ①（正）例えば，温度一定で気体を圧縮し体積を$\frac{1}{2}$倍にすると，単位体積中の気体分子の数は2倍になる。これにより，単位時間・単位面積あたり容器の壁に衝突する気体分子の数も2倍になり，圧力は2倍になる。これがボイルの法則である。

②（正）高温になるほど気体分子のもつエネルギーは大きくなり，運動が活発になるので，自然に散らばっていく速さも大きくなる。

③（誤）ある温度で液体と蒸気が共存して蒸気圧が一定となっている密閉容器内では，液体の表面から蒸発していく分子の数と液体中にもどってくる分子の数が等しくなっている（気液平衡）。

④（正）大気中に放置したビーカー中の液体から蒸発した気体分子は，空気中に拡散すると液体中にはもどらない。このため蒸発とともに液体の量は減少する。

⑤（正）固体から液体へ状態を変化させるには，分子にエネルギーを与えて熱運動を増大させ，ある程度自由に移動できるようにする必要がある。このとき使われる熱が，融解熱である。

2

問1 ②　問2 a－②　b－①　問3 ④　問4 ③　問5 ⑥

問1 ①（誤），②（正），③（誤）　気体分子の平均の速さは，温度だけで決まる。気体の温度を上昇させると，気体の平均的なエネルギーが大きくなり，速い分子の割合が増し，遅い分子の割合が減る。よって，②の操作により，グラフは曲線Aから曲線Bのように変わる。これに対して，①，③は温度一定なので，気体分子の平均の速さは変わらない。

④（誤）温度一定で気体の平均的なエネルギーが同じであっても，気体の分子量が大きいほど分子の平均の速さは遅くなる。

問2 **a** 一定温度T_0で液体とその蒸気が共存し，平衡状態にあるとき，蒸気圧Pは容器の容積V，液体の量によらず一定(P_0)となる。よってグラフは②である。

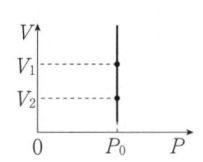

第1章 物質の状態とその変化　5

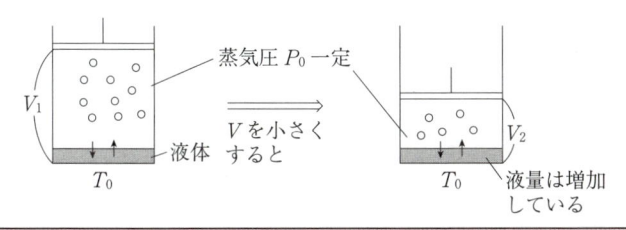

（図：蒸気圧 P_0 一定、V_1、T_0、液体、V を小さくすると、V_2、T_0、液量は増加している）

短期攻略のツボ

蒸気圧の性質
・液体とその蒸気の共存下(気液平衡)で示す蒸気の圧力である。
・液体の種類と温度で決まる。
・その温度における蒸気の最大圧力である。
・液体量，蒸気体積，（気液平衡と無関係の）他の気体の存在に影響されない。

b $1.013 \times 10^5 \mathrm{Pa}(1\mathrm{atm})$ のもとで純水を常温からゆっくり冷却していくと，液体の温度が低下していく。凝固点(水の場合は0℃)に達すると，冷却で奪う熱と発生する凝固熱がつり合うため，全体が凍結するまで温度が一定となる。よって，グラフは①である。

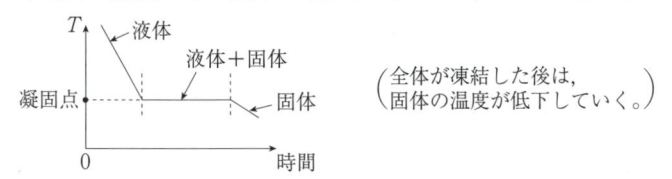

（グラフ：T 軸、液体、液体＋固体、固体、凝固点、時間）
（全体が凍結した後は，固体の温度が低下していく。）

問3　①（正）　液体分子が蒸発するには，分子間の引力に打ち勝つためのエネルギーが必要である。このエネルギーが蒸発熱(吸熱)に相当する。液体の温度を上げると，蒸発熱以上のエネルギーをもつ液体分子の割合が増すので，蒸発が盛んになり蒸気圧が高くなる。

②（正）　沸点では，液体の蒸気圧が外気圧と等しくなり，液面だけでなく液体内部からも蒸発が起こるようになる。これが沸騰現象である。したがって，一定気圧 P_0 のもとで沸騰している液体の蒸気圧は，液体の種類に関係なく P_0 になっている。

③（正）　椀に熱い吸い物を入れてふたをした時点では，椀内の圧力は大気圧に等しい。この椀を室温で放置すると椀の中の水蒸気圧は低下する。このため，椀内の圧力は大気圧より小さくなる。この圧力差によりふたが取れにくくなる。

④（誤）　海水には塩などの不揮発性物質が多く溶けているので，<u>海水のほうが同温の純水よりも水蒸気圧が低い</u>(蒸気圧降下)。その結果，海水は純水よりも沸点が高くなる(沸点上昇)。

⑤（正）　ナフタレンの結晶は分子結晶の一種で，室温で昇華しやすい。これは分子間の結合力が弱いからである。

問4　①（正）　実在気体はすべて分子自身に体積があり，分子同士には分子間力がはたらく。理想気体は，分子自身の体積も分子間力もない仮想上の気体である。

②（正）　1個の水分子は，次図のように隣接する水分子4個と水素結合をつくることが

（氷の結晶中）

③（誤）メタン分子の間には，ファンデルワールス力とよばれる弱い分子間力がはたらく。これに対して水分子の間には，水素結合とよばれる強い分子間力がはたらく。

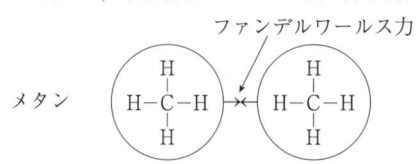

メタン　ファンデルワールス力

（注）メタン CH_4（分子量16）と水 H_2O（分子量18）は，分子量の差が小さいにもかかわらず，沸点の差が著しく大きい。これは水素結合がファンデルワールス力よりかなり強いからである。

	CH_4	H_2O
沸点（℃）	-162	$\ll$ 100

④（正）塩化水素分子は極性分子であり，わずかに正の電荷（$\delta+$）を帯びた部分と，わずかに負の電荷（$\delta-$）を帯びた部分が，分子間で静電気的に引き合う。

⑤（正）直鎖飽和炭化水素の炭素鎖が長くなると，分子量が大きくなり，それにともなってファンデルワールス力が強くなる。このため，沸点が高くなる。

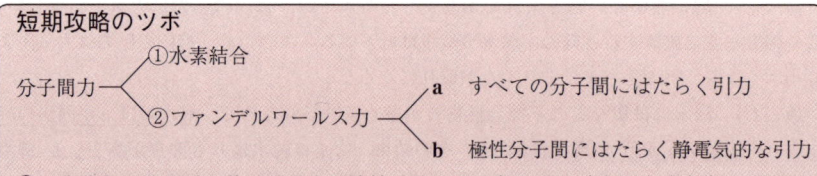

短期攻略のツボ

分子間力 ─┬─①水素結合
　　　　　└─②ファンデルワールス力 ─┬─ a　すべての分子間にはたらく引力
　　　　　　　　　　　　　　　　　　└─ b　極性分子間にはたらく静電気的な引力

① 分子中のH原子が他の分子中の陰性の強い原子（F, O, N）と引き合う力で，ファンデルワールス力よりかなり強い。

②−a　分子量が大きいほど強い。

②−b　分子の極性が大きいほど強い。

問5 周期表の14, 15, 16族元素のうち, 第2, 3周期にある水素化合物は, 以下のようなものである。

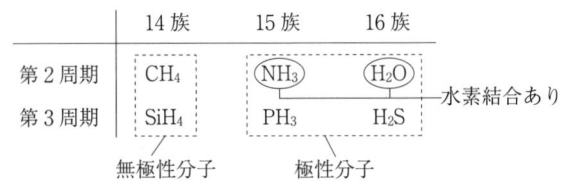

	14族	15族	16族
第2周期	CH_4	NH_3	H_2O
第3周期	SiH_4	PH_3	H_2S

NH_3とH_2O — 水素結合あり
無極性分子（14族） 極性分子

これらのうち, 無極性分子は14族の水素化合物であり, その他は極性分子である。極性分子のうち, NH_3とH_2Oでは分子間に水素結合がはたらく。したがって, 第2周期ではCH_4の分子間力はNH_3やH_2Oと比べてかなり弱く, CH_4の沸点はNH_3やH_2Oの沸点よりかなり低いと考えてよい。よって, 図1のEはCH_4, 同族のFはSiH_4と決まる。SiH_4の沸点がCH_4の沸点より高いのは, 分子量が増加して分子間力が強くなるからである。一方, 常温でNH_3は気体, H_2Oは液体であるから, 明らかにH_2Oの沸点はNH_3の沸点より高い。よって, 図1のCはNH_3, 同族のDはPH_3と決まり, また, AはH_2O, 同族のBはH_2Sと決まる。C→D, A→Bで, 分子量が増加するにもかかわらず沸点が低くなるのは, B, Dは分子間に水素結合がはたらかないからである。

〔参考〕

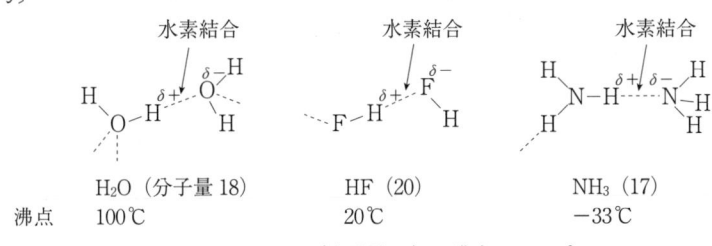

	H_2O（分子量18）	HF（20）	NH_3（17）
沸点	100℃	20℃	−33℃

メタンCH_4（分子量16）の沸点 −161℃

第2章　気体の性質

3

問1　a—②　b—①　c—②　d—⑥　e—①　問2　②
問3　a—④　b—④　問4　③

問1　理想気体の状態方程式 $PV = nRT$ を，各グラフの条件に合わせて変形し，一定値を k とおくと，グラフに表す関係式が得られる。

a　n, P 一定より，$V = \left(\dfrac{nR}{P}\right)T = kT$

（V は T に比例する。）

b　n, P 一定より，$\dfrac{V}{T} = \left(\dfrac{nR}{P}\right) = k$

$\left(\dfrac{V}{T}\text{ は } T \text{ によらず一定である。}\right)$

c　n, V 一定より，$P = \left(\dfrac{nR}{V}\right)T = kT$

（P は T に比例する。）

d　n, T 一定より，$P = \dfrac{\boxed{nRT}}{V} = \dfrac{k}{V}$

（P は V に反比例する。）

e　n, T 一定より，$PV = \boxed{nRT} = k$

（PV は P によらず一定である。）

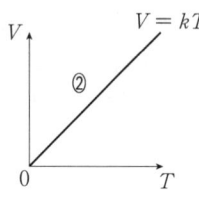

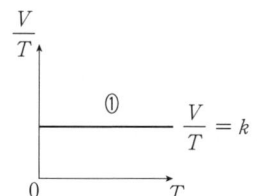

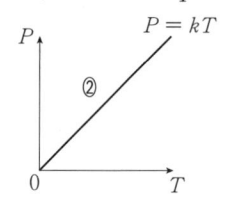

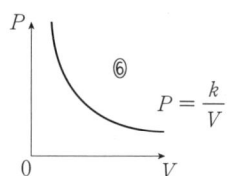

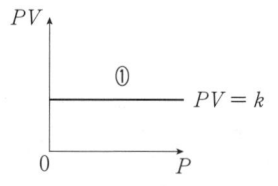

第2章 気体の性質

短期攻略のツボ
理想気体の法則

$$PV = nRT \quad P:圧力,\ V:体積,\ T:絶対温度,\ n:物質量$$
$$R:気体定数\ 8.31 \times 10^3\,\mathrm{Pa\cdot L/(mol\cdot K)}$$

n 一定 $\dfrac{P_1V_1}{T_1} = \dfrac{P_2V_2}{T_2}$

- T 一定 : $P_1V_1 = P_2V_2$ ………… ボイルの法則
- P 一定 : $\dfrac{V_1}{T_1} = \dfrac{V_2}{T_2}$ ………… シャルルの法則

問2 求める水素 H_2(モル質量 2.0 g/mol)の質量を w [g] とおくと,その物質量 n は,

$$n = \dfrac{w}{2.0}\,\mathrm{mol}$$

理想気体の状態方程式 $PV = nRT$ より,

$$3.32 \times 10^5\,\mathrm{Pa} \times 1\,\mathrm{L} = \dfrac{w}{2.0}\,\mathrm{mol} \times 8.3 \times 10^3\,\mathrm{Pa\cdot L/(mol\cdot K)} \times 400\,\mathrm{K}$$

よって,$w = 0.20\,\mathrm{g}$

問3 a この気体の分子量を M とおくと,そのモル質量は M [g/mol] であるから,理想気体の状態方程式 $PV = nRT$ より,次式が成り立つ。

$$1.0 \times 10^5\,\mathrm{Pa} \times 0.20\,\mathrm{L} = \dfrac{0.25\,\mathrm{g}}{M\,[\mathrm{g/mol}]} \times 8.3 \times 10^3\,\mathrm{Pa\cdot L/(mol\cdot K)} \times (273 + 20)\,\mathrm{K}$$

よって,$M \fallingdotseq 30$

b 選択肢の各気体について,分子式と分子量を以下に示す。

① N_2 (28)   ② O_2 (32)   ③ CO_2 (44)   ④ NO (30)   ⑤ C_2H_2 (26)

a より,この気体は NO である。

問4 気体A,Bの分子量を M_A, M_B とし,これらが同じ質量 w [g] ずつあるとする。気体A,Bについて,それぞれ理想気体の状態方程式 $PV = nRT$ を立てると,以下のようになる。

$$PV = \dfrac{w}{M_A}RT, \quad PV = \dfrac{w}{M_B}RT$$

A,Bについて wRT は同じ一定値になるので,これを k とおくと,

$$M_A = \dfrac{k}{PV} \quad \cdots\cdots(1), \quad M_B = \dfrac{k}{PV} \quad \cdots\cdots(2)$$

図1より,Aの PV 値は $1.0 \times 10^5\,\mathrm{Pa} \times 0.65\,\mathrm{L} = 6.5 \times 10^4\,\mathrm{Pa\cdot L}$
Bの PV 値は $1.0 \times 10^5\,\mathrm{Pa} \times 0.90\,\mathrm{L} = 9.0 \times 10^4\,\mathrm{Pa\cdot L}$

(注) ボイルの法則(n, T 一定で,PV 一定)より,A,Bそれぞれの PV 値はグラフ上のどの点をとっても同じである。したがって,読みとり易い点を選んで計算すればよい。

(1)式より,$M_A = \dfrac{k}{6.5 \times 10^4}$ (2)式より,$M_B = \dfrac{k}{9.0 \times 10^4}$

よって,$\dfrac{M_A}{M_B} = \dfrac{9.0 \times 10^4}{6.5 \times 10^4} \fallingdotseq 1.4$

選択肢について，$\dfrac{M_A}{M_B}$ を調べると，

$\dfrac{M_A}{M_B}$ ① $\dfrac{M_{H_2}}{M_{He}} = \dfrac{2.0}{4.0} = 0.50$ ② $\dfrac{M_{He}}{M_{H_2}} = \dfrac{4.0}{2.0} = 2.0$ ③ $\dfrac{M_{N_2}}{M_{Ne}} = \dfrac{28}{20} = 1.4$

$\dfrac{M_A}{M_B}$ ④ $\dfrac{M_{Ne}}{M_{N_2}} = \dfrac{20}{28} ≒ 0.71$ ⑤ $\dfrac{M_{N_2}}{M_{CO}} = \dfrac{28}{28} = 1.0$ ⑥ $\dfrac{M_{CO}}{M_{N_2}} = \dfrac{28}{28} = 1.0$

よって，③があてはまる。

4

| 問1 ⑤ | 問2 ⑤ | 問3 ② | 問4 ③ | 問5 a—⑥ b—② |

問1 理想気体の状態方程式 $PV = nRT$ において，気体の質量を w〔g〕，モル質量を M〔g/mol〕（分子量 M）とおくと，$n = \dfrac{w}{M}$ より，

$$PV = \dfrac{w}{M}RT \quad \left(P = \dfrac{1}{M} \times \dfrac{w}{V}RT\right)$$

ここで，気体の密度を ρ〔g/L〕とおくと，$\rho = \dfrac{w}{V}$ であるから，

$$P = \dfrac{\rho}{M}RT$$

上式より，T と ρ が等しい気体の圧力 P は，分子量 M に反比例することがわかる。
(a) CO_2 ($M = 44$)，(b) Cl_2 ($M = 71$)，(c) H_2S ($M = 34$) より，
　M の大小は　(b) > (a) > (c)
よって，P の大小は　(c) > (a) > (b)

問2 理想気体の状態方程式 $PV = nRT$ より，

$$P = \dfrac{nRT}{V}$$

上式より，V，T が等しい気体の圧力 P は，物質量 n に比例することがわかる。
容器 A，B，C に封入した各気体の物質量 n は，

　容器A：CO　$n = \dfrac{PV}{RT} = \dfrac{2.0 \times 10^5 \times 2.5}{8.3 \times 10^3 \times (273 + 27)} ≒ 0.20\,\mathrm{mol}$

　容器B：CH_4（モル質量 16 g/mol）

$$n = \dfrac{1.6\,\mathrm{g}}{16\,\mathrm{g/mol}} = 0.10\,\mathrm{mol}$$

　容器C：N_2　$n = \dfrac{5.0\,\mathrm{L}}{22.4\,\mathrm{L/mol}} ≒ 0.22\,\mathrm{mol}$

n の大小は　C > A > B
よって，P の大小は C > A > B

問3 はじめ（27℃）のフラスコ内にあった CO_2 を n_1〔mol〕，t〔℃〕に加熱した後に残っている CO_2 を n_2〔mol〕とする。アルミニウム箔のふたには小さな穴があけてあるので，フラスコ内の圧力は常に大気圧 1.0×10^5 Pa と等しくなっている。

大気圧 1.0×10^5 Pa

CO_2　1.0×10^5 Pa　(n_1 [mol])　0.050 mol　加熱　CO_2　1.0×10^5 Pa　(n_2 [mol])

4.1 L　27℃　　　　　　　　　　　　　　　　　　　　t℃

理想気体の状態方程式 $PV = nRT$ より，

$$n_1 = \frac{1.0 \times 10^5 \times 4.1}{R(273 + 27)} \quad n_2 = \frac{1.0 \times 10^5 \times 4.1}{R(273 + t)}$$

加熱により追い出された CO_2 は 0.050 mol なので，

$$n_1 - n_2 = \frac{1.0 \times 10^5 \times 4.1}{8.3 \times 10^3}\left(\frac{1}{273 + 27} - \frac{1}{273 + t}\right) = 0.050$$

よって，$t = 156$℃

問4　海水面(20℃，大気圧 1.0×10^5 Pa)における気球の体積を V_1 [L]，高度 10000 m (-50℃，大気圧 2.6×10^4 Pa)における気球の体積を V_2 [L] とする。気球内の気体の物質量 n [mol] は一定で，気球は自由に膨張できる(気球内の圧力が常に大気圧と等しくなることができる)から，理想気体の状態方程式 $PV = nRT$ より，次式が成り立つ。

$$\left(n = \frac{PV}{RT} = \right) \frac{1.0 \times 10^5 V_1}{R \cdot (273 + 20)} = \frac{2.6 \times 10^4 V_2}{R \cdot (273 - 50)}$$

よって，$\dfrac{V_2}{V_1} = \dfrac{10 \times 223}{2.6 \times 293} \fallingdotseq 2.9$ [倍]

問5　**a**　理想気体の状態方程式 $PV = nRT$ より，

$$\frac{PV}{nT} = R$$

$n = 1$ mol のとき，$\dfrac{PV}{T} = R$（一定）となる。

一方，実在気体は $P \to 0$ で理想気体に限りなく近づく。

したがって，図1で理想気体のグラフは破線(………)で表され，

$q = R \fallingdotseq 8.3 \times 10^3$ Pa・L/(mol・K) となる。

　(注)　標準状態(0℃，1.013×10^5 Pa)で，理想気体 1 mol の体積は 22.4 L を占めるので，

$$R = \frac{PV}{nT} = \frac{1.013 \times 10^5 \times 22.4}{1 \times 273} \fallingdotseq 8.31 \times 10^3 \text{ Pa・L/(mol・K)}$$

b　図1の破線は，理想気体のグラフである。理想気体は，分子間力がはたらかず，分子自身の体積がゼロである，仮想上の気体である。

短期攻略のツボ
理想気体と実在気体

	分子自身の体積	分子間力	$PV = nRT$
理想気体	なし	なし	完全に成立する
実在気体	あり	あり	厳密には成立しない

実在気体を理想気体に近づける条件
① 低圧にする（単位体積あたりの分子数を少なくする）
② 高温にする（熱運動が盛んな分子を増加させる）

5

問1 **a**―① **b**―① 問2 ④ 問3 ③, ⑤（順不同）

問1 **a** 容器内にはじめにあった気体（3×10^5 Pa, 1L, 100K）の物質量を n_1 [mol] とすると, 理想気体の状態方程式 $PV = nRT$ より,

$$n_1 \left(= \frac{PV}{RT} \right) = \frac{3 \times 10^5 \times 1}{R \cdot 100}$$

温度を 400K に上げ, コックを開くと, はじめ容器内の気体の圧力は大気の圧力より大きいので, 大気と同じ圧力 1×10^5 Pa になるまで, 容器内の気体の一部が放出される。容器内に残った気体（1×10^5 Pa, 1L, 400K）の物質量を n_2 [mol] とすると,

$$n_2 = \frac{1 \times 10^5 \times 1}{R \cdot 400}$$

よって, $\dfrac{n_2}{n_1} = \dfrac{1}{12}$ 〔倍〕

b 図2より, 次のことがわかる。

(1) ⟶ (2): $PV = 3 \times 10^5$ Pa・L 一定であり, ボイルの法則が成立している。
したがって, この区間では $T = 100$ K 一定である。

(2) ⟶ (3): $V = 3$ L 一定で, P が 2 倍大きくなるので, T を 2 倍（100K ⟶ 200K）に上げている。
（この区間では $P = kT$ が成立する。）

(3) ⟶ (4): $PV = 6 \times 10^5$ Pa・L 一定であり, ボイルの法則が成立している。
したがって, この区間では $T = 200$ K 一定である。

以上を満たすグラフは, ① である。

問2 混合した O_2（分子量 $M_{O_2} = 32$）と Ar（分子量 $M_{Ar} = 40$）の物質量を, それぞれ n_{O_2} [mol], n_{Ar} [mol] とすると, 理想気体の状態方程式 $PV = nRT$ $\left(n = \dfrac{PV}{RT} \right)$ より,

$$n_{O_2} : n_{Ar} = \frac{1.0 \times 10^5 \times 6.0}{RT} : \frac{2.0 \times 10^5 \times 2.0}{RT} = 3 : 2$$

よって, 平均分子量 $\overline{M}$ は,

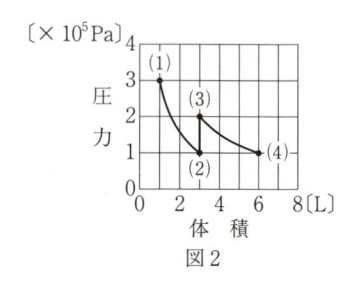

$$\overline{M} = M_{O_2} \times \frac{n_{O_2}}{n_{O_2} + n_{Ar}} + M_{Ar} \times \frac{n_{Ar}}{n_{O_2} + n_{Ar}}$$

$$= 32 \times \frac{3}{3+2} + 40 \times \frac{2}{3+2} \fallingdotseq 35$$

> **短期攻略のツボ**
> 混合気体の平均分子量 $\overline{M}$
> 　　成分気体
> 　　　　分子量　$M_1, M_2, \cdots\cdots$
> 　　　　物質量　$n_1, n_2, \cdots\cdots$
> 　　　　　　　　　　モル分率
> ・$\overline{M} = M_1 \times \boxed{\dfrac{n_1}{n_T}} + M_2 \times \boxed{\dfrac{n_2}{n_T}} + \cdots\cdots$
> 　　($n_T = n_1 + n_2 + \cdots\cdots$)

問3　① (誤)　体積が一定のとき，一定量の気体の圧力は絶対温度に比例する $\left(P = \left(\dfrac{nR}{V}\right)T = kT\right)$。

したがって，温度を100℃から200℃にすると，圧力は

$$\frac{(273+200)\,\mathrm{K}}{(273+100)\,\mathrm{K}} \fallingdotseq \underline{1.27\,倍}　になる。$$

② (誤)　温度を一定に保って気体を圧縮すると，全体のエネルギーは変わらないので平均の運動速度は変わらないが，体積が小さくなるので，器壁への衝突回数が増す。その結果，圧力が増加する。

③ (正)　温度と体積が一定のとき，気体の圧力は気体の物質量に比例する $\left(P = \dfrac{RT}{V}n = kn\right)$。0.10 mol の N_2 の圧力が 0.10×10^5 Pa なので，これに 0.02 mol の O_2 を加えると，全体の圧力は同温・同体積で次のようになる。

$$0.10 \times 10^5\,\mathrm{Pa} \times \frac{0.10\,\mathrm{mol} + 0.02\,\mathrm{mol}}{0.10\,\mathrm{mol}} = 0.12 \times 10^5\,\mathrm{Pa}$$

④ (誤)　定比例の法則は，「化合物の成分元素の質量組成は常に一定である」というもので，化合物を構成する各元素の原子数の比が一定であることに基づく。空気など混合物の組成とは関係がない。

⑤ (正)　この混合気体 1 mol の質量を W [g] とすると，

$$W = \overset{N_2}{28.0\,\mathrm{g/mol}} \times \frac{4}{1+4}\,\mathrm{mol} + \overset{O_2}{32.0\,\mathrm{g/mol}} \times \frac{1}{1+4}\,\mathrm{mol}$$

$$= 28.8\,\mathrm{g}\,(平均分子量は 28.8)$$

標準状態の気体 1 mol は 22.4 L を占めるから，この混合気体の標準状態での密度は，

$$\frac{28.8\,\mathrm{g}}{22.4\,\mathrm{L}} \fallingdotseq 1.29\,\mathrm{g/L}$$

⑥ (誤)　気体分子は空間を自由に運動するので，容器内に長時間放置しておくと，軽く

ても重くても気体分子は容器全体に均一に拡がる。

6

問1 a—⑤　b—①　問2 a—⑤　b—③　問3 a—⑤　b—②
問4 1—③　2—⑥

問1　a　①（正）　左右のフラスコ内にある気体分子は，空間を自由に運動するので，コックを開くとそれを通じてたがいに拡散し，両フラスコ内は同じ均一な混合気体となる。

②（正）　気体分子は，その温度に応じた運動エネルギーをもっているので，温度を上げると，熱運動が激しくなる。

③（正）　H_2 についてボイルの法則（$P_1V_1 = P_2V_2$）を適用すると，

　　$1.0 \times 10^5 \mathrm{Pa} \times 1\mathrm{L} = p_{H_2} \times 2\mathrm{L}$　　よって，$p_{H_2} = 0.50 \times 10^5 \mathrm{Pa}$

④（正）　CO_2 についてボイルの法則を適用すると，

　　$2.0 \times 10^5 \mathrm{Pa} \times 1\mathrm{L} = p_{CO_2} \times 2\mathrm{L}$　　よって，$p_{CO_2} = 1.0 \times 10^5 \mathrm{Pa}$

よって，全圧は $p_{H_2} + p_{CO_2} = 1.5 \times 10^5 \mathrm{Pa}$

⑤（誤）　$-173℃$ に冷却すると，CO_2 は固体（ドライアイス）に変化（昇華）すると考えてよい。したがって，全圧はほとんど H_2 の圧力で決まる。$-173℃$ における H_2 の圧力を p_{H_2}' とすると，ボイル・シャルルの法則より，

$$p_{H_2}' = p_{H_2} \times \frac{T'}{T} = 0.50 \times 10^5 \mathrm{Pa} \times \frac{(273-173)\mathrm{K}}{(273+27)\mathrm{K}}$$

$$= \frac{5}{3} \times 10^4 \mathrm{Pa}$$

（注）　ボイル・シャルルの法則（n 一定）

$$\frac{P_1V_1}{T_1} = \frac{P_2V_2}{T_2} \left(V \text{一定のとき } \frac{P_1}{T_1} = \frac{P_2}{T_2}\right)$$

よって，全圧は約 $\dfrac{\frac{5}{3} \times 10^4}{1.5 \times 10^5} = \dfrac{1}{9}$ に減少する。

（注）　気体の CO_2 は大気圧下，$-78.5℃$ まで冷却すると，昇華して固体になる。

b　理想気体の状態方程式 $PV = nRT$ を変形すると，密度 ρ〔g/L〕について以下の式が得られる。

$$PV = \frac{w}{M}RT \longrightarrow P = \frac{1}{M} \cdot \frac{w}{V} \cdot RT \longrightarrow P = \frac{1}{M} \cdot \rho \cdot RT$$

$$\boxed{\rho = \frac{PM}{RT}}$$

混合気体の平均分子量 $\overline{M}$ は，

$$\overline{M} = M_{H_2} \times \frac{p_{H_2}}{p_{H_2} + p_{CO_2}} + M_{CO_2} \times \frac{p_{CO_2}}{p_{H_2} + p_{CO_2}} = 2.0 \times \frac{0.50}{1.5} + 44 \times \frac{1.0}{1.5}$$

$$= 30$$

混合気体の密度 ρ_1 は，$\rho_1 = \dfrac{1.5 \times 10^5 \times 30}{R \cdot 300}$

一方，27℃，$1.0 \times 10^5\,\mathrm{Pa}$ の $\mathrm{H_2}(M_{\mathrm{H_2}}=2.0)$ の密度 ρ_2 は，$\rho_2 = \dfrac{1.0 \times 10^5 \times 2.0}{R \cdot 300}$

よって，$\dfrac{\rho_1}{\rho_2} = 22.5$〔倍〕

短期攻略のツボ

混合気体の法則（ドルトンの分圧法則）

$\begin{bmatrix} 成分気体 \\ \quad 物質量 \quad n_1,\ n_2,\ \cdots\cdots \\ \quad 分\ \ 圧 \quad p_1,\ p_2,\ \cdots\cdots \end{bmatrix}$ 　分圧：混合気体の各成分が，単独で混合気体と同体積(同温下)を占めたとき示す圧力に等しい。

・全圧 $P = p_1 + p_2 + \cdots\cdots$

・$p_1 = P \times \boxed{\dfrac{n_1}{n_\mathrm{T}}}$，$p_2 = P \times \boxed{\dfrac{n_2}{n_\mathrm{T}}}$，$\cdots\cdots$

　　$(n_\mathrm{T} = n_1 + n_2 + \cdots\cdots)$

・$n_1 : n_2 : \cdots\cdots = p_1 : p_2 : \cdots\cdots$

問2　**a**　$\mathrm{Ca}\ 1\,\mathrm{mol}$ は $40\,\mathrm{g}$，$\mathrm{Al}\ 2\,\mathrm{mol}$ は $27 \times 2 = 54\,\mathrm{g}$ であるから，この合金中に含まれる Ca の質量パーセントは，

$$\dfrac{40}{40+54} \times 100 \fallingdotseq 42.6\,\%$$

b　合金 $0.47\,\mathrm{g}$ に含まれる Ca と Al の物質量は，

$\mathrm{Ca} : 0.47\,\mathrm{g} \times \dfrac{40}{40+54} \times \dfrac{1}{40\,\mathrm{g/mol}} = 5.0 \times 10^{-3}\,\mathrm{mol}$

$\mathrm{Al} : 0.47\,\mathrm{g} \times \dfrac{54}{40+54} \times \dfrac{1}{27\,\mathrm{g/mol}} = 10.0 \times 10^{-3}\,\mathrm{mol}$

Ca と Al が塩酸に溶けるときの反応は，それぞれ次の化学反応式で表される。

$\mathrm{Ca} + 2\,\mathrm{HCl} \longrightarrow \mathrm{CaCl_2} + \mathrm{H_2}\uparrow$　　　　　　　　　　　　　　　……(1)

$2\,\mathrm{Al} + 6\,\mathrm{HCl} \longrightarrow 2\,\mathrm{AlCl_3} + 3\,\mathrm{H_2}\uparrow$　　　　　　　　　　　　……(2)

(1)，(2)式より，$\mathrm{Ca}\ 5.0 \times 10^{-3}\,\mathrm{mol}$ と $\mathrm{Al}\ 10.0 \times 10^{-3}\,\mathrm{mol}$ のすべてが塩酸に溶けたとき発生する $\mathrm{H_2}$ の総物質量は，

$$5.0 \times 10^{-3}\,\mathrm{mol} + 10.0 \times 10^{-3}\,\mathrm{mol} \times \dfrac{3}{2} = 2.0 \times 10^{-2}\,\mathrm{mol}$$

これを標準状態の気体の体積に換算すると，

$$2.0 \times 10^{-2}\,\mathrm{mol} \times 22.4\,\mathrm{L/mol} = 0.448\,\mathrm{L} \fallingdotseq 0.45\,\mathrm{L}$$

問3　**a**　A の部分にあった $\mathrm{NH_3}$ と B の部分にあった HCl は，同温・同圧で体積比が $1:2$ であるから，$\mathrm{NH_3}$ の物質量を n〔mol〕とすると，HCl の物質量は $2n$〔mol〕である。仕切りを取り去ると，次の反応が起こる。

	NH_3	$+$	HCl	$\longrightarrow$	NH_4Cl	
反応前	n		$2n$		0	(単位 mol)
変化量	$-n$		$-n$		$+n$	
反応後	0		n		n	

NH_3(気)はすべて反応してNH_4Cl(固)となり,未反応のHCl(気)が残る。生じたNH_4Cl(固)はイオン結晶の微粒子となるので,白煙として観察される。

b **a**の状態における容器内の圧力は,残ったHCl n[mol]によるものである。密閉容器の全容積を$3V$[L]とすると,はじめ室温,V[L],n[mol]の気体が1×10^5 Pa を示していたので,室温,$3V$[L],n[mol]の気体が示す圧力は,ボイルの法則より,

$$1 \times 10^5 \text{Pa} \times \frac{V[\text{L}]}{3V[\text{L}]} = \frac{1}{3} \times 10^5 \text{Pa}$$

問4 ⟨1⟩ 生成したアセトアルデヒドCH_3CHOの物質量を$2x$[mol]とすると,生成したCO_2の物質量はx[mol]である。このとき二つの反応で消費されたエチレンC_2H_4,O_2,生成したH_2Oの物質量は,反応式の係数関係よりそれぞれ以下のように表される。

$$2C_2H_4 + O_2 \longrightarrow 2CH_3CHO$$
$$\quad 2x \quad\quad x \Longrightarrow \quad 2x$$
$$C_2H_4 + 3O_2 \longrightarrow 2CO_2 + 2H_2O$$
$$\quad \tfrac{1}{2}x \quad \tfrac{3}{2}x \Longrightarrow \quad x \quad\quad x$$

はじめにあったO_2 0.50 mol はすべて消費されたので,次式が成り立つ。

$$x + \frac{3}{2}x = 0.50 \quad\quad \text{よって,} \ x = 0.20$$

したがって消費されたC_2H_4は,

$$2x + \frac{1}{2}x = \frac{5}{2}x = \frac{5}{2} \times 0.20 = 0.50 \, \text{mol}$$

はじめにあったC_2H_4は 1.00 mol なので,C_2H_4 は $1.00 - 0.50 = 0.50$ mol 残っている。以上より,反応後の容器内にある全気体の物質量は,

残 C_2H_4　　CH_3CHO　　CO_2　　H_2O
$0.50 \, \text{mol} + 2 \times 0.20 \, \text{mol} + 0.20 \, \text{mol} + 0.20 \, \text{mol} = 1.30 \, \text{mol}$

理想気体の状態方程式 $PV = nRT$ より,反応容器内(400 K, 12 L)の全圧 P は,

$$P = \frac{nRT}{V} = \frac{1.30 \times 8.3 \times 10^3 \times 400}{12} \fallingdotseq 3.6 \times 10^5 \, \text{Pa}$$

⟨2⟩ 生成したCH_3CHO(モル質量 44 g/mol)は 0.40 mol なので,その質量は,

$0.40 \, \text{mol} \times 44 \, \text{g/mol} \fallingdotseq 18 \, \text{g}$

7

問1 ⑥　問2 ⑤　問3 ⑥　問4 ④

問1 **a**,**d** より,メスシリンダーに導入された気体(分子量 M_x とする)の質量は

$(W_1 - W_2)$〔g〕である。メスシリンダー内部の水面を水槽の水面と一致させると、メスシリンダー内部の圧力は大気圧 P〔Pa〕とつり合う。このときの体積は、**c** より V_2〔L〕である。メスシリンダー内部の圧力は、ドルトンの分圧法則より、導入された気体の分圧(p_x とする)と水の蒸気圧 p の和であるから、次式が成り立つ。

$$p_x + p = P \quad \cdots\cdots(1)$$

導入された気体について、理想気体の状態方程式を立てると、

$$p_x V_2 = \frac{W_1 - W_2}{M_x} RT \quad \cdots\cdots(2)$$

(1), (2)式より、$(P - p) V_2 = \dfrac{W_1 - W_2}{M_x} RT$

よって、$M_x = \dfrac{RT(W_1 - W_2)}{(P - p) V_2}$

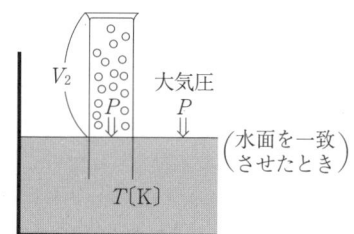

問2 大気圧 1.013×10^5 Pa(1 atm)下における水の沸点は 100℃ である。したがって、100℃ の水の蒸気圧は 1.013×10^5 Pa である。容積1Lの真空容器に入れた水(モル質量18 g/mol) w〔g〕が、100℃ ですべて蒸発してちょうどその圧力が 1.013×10^5 Pa になったとすると、理想気体の状態方程式 $PV = nRT$ より次式が成り立つ。

$$1.013 \times 10^5 \times 1 = \frac{w}{18} \times 8.3 \times 10^3 \times (273 + 100)$$

よって、$w \fallingdotseq 0.59$ g

水の質量 w〔g〕が、$0 \leq w \leq 0.59$ のとき、水はすべて蒸発するので容器内の圧力は w に比例する。また、$0.59 < w \leq 1$ のとき、容器内は飽和した水蒸気と液体の水が共存するので、圧力は 100℃ の水の蒸気圧 1.013×10^5 Pa と一致し、一定となる。

問3 理想気体の状態方程式 $PV = nRT$ より、V, n 一定のとき気体の圧力 P は T に比例する。したがって図2のグラフは、気体であれば直線になる。**a** と **c** のグラフは直線なので、図の温度範囲では気体と考えられる。一方、**b** と **d** のグラフは高温側では直線であるが、低温側では曲線なので、低温側では液体が存在して蒸気圧を示していると考えられる。よって、**a** と **c** はアとイのどちらかであり、**b** と **d** はウとエのどちらかと考えられる。高温側(70℃~100℃)のある温度 T_0 でア~エの圧力 $P = \dfrac{nRT}{V}$ を比べると、

ア $P = \dfrac{0.02RT_0}{1}$　　イ $P = \dfrac{0.04RT_0}{1}$

ウ $P = \dfrac{0.01RT_0}{1}$　　エ $P = \dfrac{0.03RT_0}{1}$

P の大小は、イ>エ>ア>ウ となるので、図2より

　a = イ、**b** = エ、**c** = ア、**d** = ウ　と決まる。

問4 　ア　 この実験では全圧が常に $1.0 \times 10^5 \mathrm{Pa}$ に保たれるので，H_2O 0.020 mol と N_2 0.020 mol がすべて気体となっている温度範囲では，H_2O と N_2 の各分圧 (p_{H_2O}, p_{N_2}) は次のように一定となる。

$$p_{H_2O} = 1.0 \times 10^5 \mathrm{Pa} \times \frac{0.020}{0.020 + 0.020} = 0.50 \times 10^5 \mathrm{Pa}$$

$$p_{N_2} = 1.0 \times 10^5 \mathrm{Pa} - 0.50 \times 10^5 \mathrm{Pa} = 0.50 \times 10^5 \mathrm{Pa}$$

温度を下げていったとき，問題の図3で $p_{H_2O} = 0.50 \times 10^5 \mathrm{Pa}$ の直線と水の蒸気圧曲線が交わる点で，水が凝縮し始める。このときの温度は，下図より 82℃ である。

　イ　 さらに温度を下げていくと，液体の H_2O が共存するので，p_{H_2O} は蒸気圧曲線上を変化する。容器に 0.025 mol の気体が残ったとき，N_2 は 0.020 mol あるので，水蒸気は $0.025 - 0.020 = 0.005$ mol である。これが示す分圧(蒸気圧)は，

$$p_{H_2O} = 1.0 \times 10^5 \mathrm{Pa} \times \frac{0.005}{0.025}$$

$$= 0.2 \times 10^5 \mathrm{Pa}$$

(注) このとき，N_2 の分圧 p_{N_2} は，

$$p_{N_2} = 1.0 \times 10^5 \mathrm{Pa} - 0.2 \times 10^5 \mathrm{Pa}$$

$$= 0.8 \times 10^5 \mathrm{Pa}$$

下図より，水の蒸気圧が $0.2 \times 10^5 \mathrm{Pa}$ になるときの温度は 60℃ である。

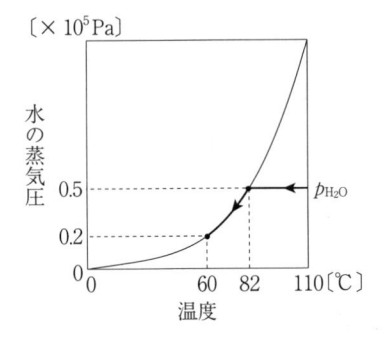

第3章　固体の構造

8

問1　①　問2　④　問3　a — ⑤　b — ③

問1　①（正）単位格子内に含まれる球の数は，

面心立方格子　$\dfrac{1}{8} \times 8 + \dfrac{1}{2} \times 6 = 4$ 個
　　　　　　　頂点　　　面心

体心立方格子　$\dfrac{1}{8} \times 8 + 1 = 2$ 個
　　　　　　　頂点　　内部

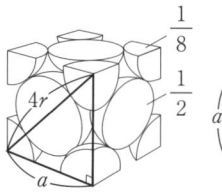

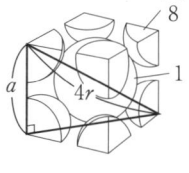

②（誤）半径 r の球からなる単位格子の一辺の長さ a は，

面心立方格子　$4r : a = \sqrt{2} : 1$ より，$a = 2\sqrt{2}\,r\ (\fallingdotseq 2.8r)$

体心立方格子　$4r : a = \sqrt{3} : 1$ より，$a = \dfrac{4}{\sqrt{3}}\,r\ (\fallingdotseq 2.3r)$

③（誤）一つの球に接する球の数（配位数）は，

面心立方格子　12
（○に対して●12個が接する）

体心立方格子　8
（○に対して●8個が接する）

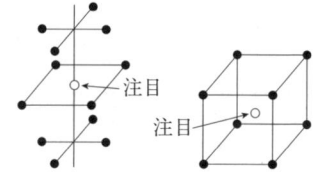

④（誤）単位格子の体積に含まれる球の体積の割合（充塡率）を比べればよい．

面心立方格子　充塡率 $= \dfrac{\text{球4個分の体積}}{\text{単位格子の体積}} = \dfrac{\dfrac{4}{3}\pi r^3 \times 4}{a^3}$

$\qquad\qquad\qquad\quad = \dfrac{\dfrac{4}{3}\pi r^3 \times 4}{(2\sqrt{2}\,r)^3} = \dfrac{\sqrt{2}}{6}\pi \fallingdotseq 0.74\ (74\,\%)$

体心立方格子　充塡率 $= \dfrac{\text{球2個分の体積}}{\text{単位格子の体積}} = \dfrac{\dfrac{4}{3}\pi r^3 \times 2}{a^3}$

$\qquad\qquad\qquad\quad = \dfrac{\dfrac{4}{3}\pi r^3 \times 2}{\left(\dfrac{4}{\sqrt{3}}r\right)^3} = \dfrac{\sqrt{3}}{8}\pi \fallingdotseq 0.68\ (68\,\%)$

（注）面心立方格子と六方最密構造の配位数(12)と充塡率(74 %)は同じで，どちらも最密構造である．

⑤（誤）体心立方格子では，単位格子の中心に隙間がないが，面心立方格子では，単位格子の中心に隙間がある．

問2　体心立方格子の単位格子には，原子2個分が含まれる．アボガドロ定数を N_A

〔/mol〕とすると，AとBの結晶の密度（単位格子の密度）d_A と d_B は，それぞれ次式で表される。

$$d_A \text{〔g/cm}^3\text{〕} = \frac{\text{原子2個分の質量}}{\text{単位格子の体積}} = \frac{\frac{M_A\text{〔g/mol〕}}{N_A\text{〔/mol〕}} \times 2}{V_A\text{〔cm}^3\text{〕}}$$

$$= \frac{2M_A}{V_A N_A}$$

同様に，

$$d_B \text{〔g/cm}^3\text{〕} = \frac{2M_B}{V_B N_A}$$

よって，$\dfrac{d_A}{d_B} = \dfrac{M_A V_B}{M_B V_A}$ $\dfrac{V_A}{V_B} = \dfrac{d_B M_A}{d_A M_B}$

短期攻略のツボ

金属結晶の密度 d〔g/cm^3〕

結晶の密度は単位格子の密度に等しい。

	質量	原子数
単位格子	Vd〔g〕	n
結晶 1 mol	M〔g/mol〕	N_A〔/mol〕

V ：単位格子の体積〔cm^3〕
n ：単位格子中の原子の数
M ：原子のモル質量〔g/mol〕
N_A：アボガドロ定数〔/mol〕

$\Longrightarrow Vd : n = M : N_A \Longrightarrow$ $d = \dfrac{Mn}{VN_A}$

問3 **a** 面心立方格子の単位格子の一辺の長さを a，原子半径を r とすると，次式が成り立つ。

$4r : a = \sqrt{2} : 1$

$a = 2\sqrt{2}\, r$

よって，a は r の $2\sqrt{2}$ 倍になる。

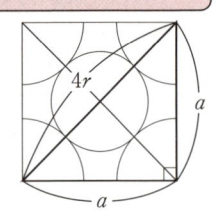

b 結晶の密度は単位格子の密度と同じである。この結晶格子の単位格子には，銀の原子が4個含まれるので，次式が成り立つ。

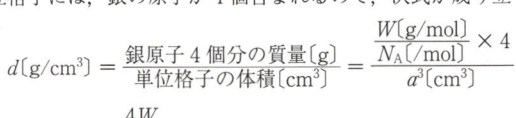

$$d\text{〔g/cm}^3\text{〕} = \frac{\text{銀原子4個分の質量〔g〕}}{\text{単位格子の体積〔cm}^3\text{〕}} = \frac{\frac{W\text{〔g/mol〕}}{N_A\text{〔/mol〕}} \times 4}{a^3\text{〔cm}^3\text{〕}}$$

よって，$N_A = \dfrac{4W}{a^3 d}$

9

問1 ④　　**問2** ③　　**問3** a-③　b-②　　**問4** ⑤　　**問5** ⑤

問1　①（正）　水分子は，次のような折れ線形の構造をもつ。

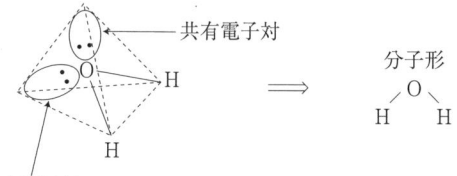

②（正）　酸素 O の方が水素 H より電気陰性度が大きく，水分子中の O-H 結合の共有電子対は O 原子の方に引き寄せられている。その結果，H 原子は正電荷を帯び，O 原子は負電荷を帯びている。

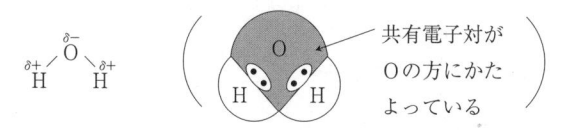

③（正）　水分子中の O 原子は非共有電子対をもつので，H^+ などと配位結合ができる。

オキソニウムイオン

④（誤）　金属イオンは陽イオン（正電荷をもつ）なので，水分子が金属イオンに水和するとき，水分子の酸素原子（負電荷をもつ）が金属イオンと結合する。

例

⑤（正）　水素イオン H^+ を，他から受け取る物質は塩基，他に与える物質は酸である。（ブレンステッド・ローリーの定義）

　酸　　塩基　　　　　　　　　　　塩基　　酸
$HCl + H_2O \longrightarrow Cl^- + H_3O^+$　　$NH_3 + H_2O \rightleftharpoons NH_4^+ + OH^-$
　└─ H^+ ─┘　　　　　　　　　　　　└─ H^+ ─┘

（注）　水分子は，相手物質により酸にも塩基にもなり得る。

問2　a（正）　Naの結晶は体心立方格子からなるので，単位格子中には頂点 $\frac{1}{8}$ 個×8 ＝1個と内部1個の合計2個の原子が含まれる。

b（誤）　Cuの結晶は面心立方格子からなるので，どの原子も12個の他の原子に接している。この数を配位数という。

（注）　体心立方格子では，どの原子も8個の他の原子に接している。

c（誤）　黒鉛の結晶では，各炭素原子が隣接する3個の原子と共有結合しているが，全体としては正六角形を基本単位とする平面層状構造を形成している。この層どうしは，比較的弱いファンデルワールス力(分子間力)で結びついている。

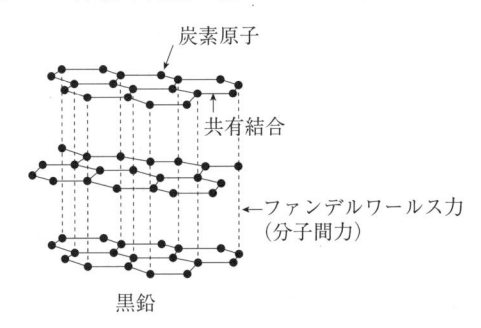

黒鉛

d（正）　銅と黒鉛では，結晶内を動きやすい価電子が存在し，電気をよく導く。

問3　a　Na^+○のまわりには Cl^- 6個が隣接し（Na^+ の配位数6），逆に Cl^- のまわりには Na^+ ○6個が隣接している（Cl^- の配位数6）。

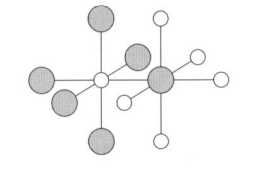

塩化ナトリウムの組成式(NaCl)で Na^+ の個数と Cl^- の個数の比は1：1であるから，Na^+ の配位数と Cl^- の配位数の比も1：1になっている。

b　問題の図1は，NaClの結晶の単位格子を表している。単位格子中の Na^+ ○と Cl^- の個数は，

Na^+ ○：$\frac{1}{4}$ 個×12＋1個＝4個　　Cl^- ：$\frac{1}{8}$ 個×8＋$\frac{1}{2}$ 個×6＝4個
　　　　辺心　　　　内部　　　　　　　　　　　頂点　　　　面心

したがって，単位格子中にはNaCl単位が4個含まれる。

NaClの式量を M（モル質量 M [g/mol]）とすると，結晶の密度(単位格子の密度) d [g/cm³] は次式で表される。

$$d = \frac{\boxed{\dfrac{M(\text{g/mol})}{N_A(/\text{mol})}} \times 4}{a^3 (\text{cm}^3)} = \frac{4M}{a^3 N_A} \ (\text{g/cm}^3)$$

NaCl 単位 1 個の質量

よって，$M = \dfrac{d a^3 N_A}{4}$

問4 ① （正） 右図に示す NaCl の結晶の単位格子は，$Na^+ \bigcirc$ と Cl^- ● をすべて入れ替えても同じものである。したがって Na^+ と Cl^- はそれぞれについて面心立方格子をつくっていることになる。

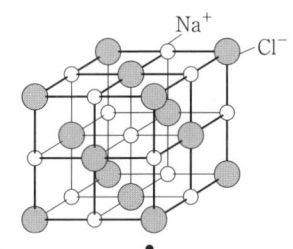

② （正） ダイヤモンドを構成する炭素原子は，右図のようにそれぞれ 4 個の別の炭素原子と正四面体状に共有結合している。

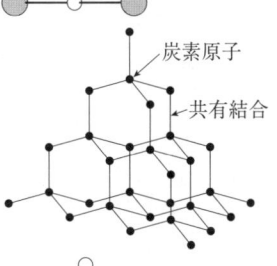

③ （正） ヘキサシアニド鉄（Ⅲ）酸イオン $[Fe(CN)_6]^{3-}$ は，配位数 6 の錯イオンで，右図のような八面体型構造をもつ。

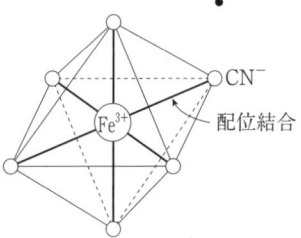

④ （正） 氷の中の H_2O 分子は，右図のように，他の H_2O 分子と水素結合によって三次元的につながっている。

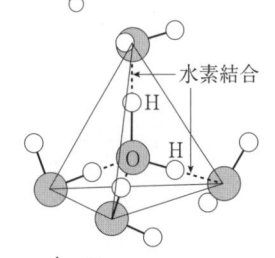

⑤ （誤） 二酸化ケイ素 SiO_2 の結晶は，Si 原子と O 原子が共有結合によって，三次元的につながったものである。

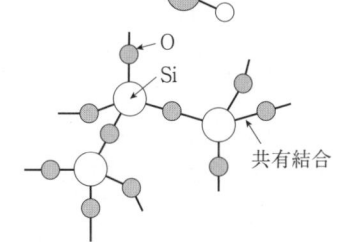

問5 **a**（正） 非晶質（アモルファス）は，原子や分子の配列に空間的な規則性をもたない固体物質である。これに対して結晶は，原子，分子，イオンなどの粒子が規則正しく配列した構造をもつ固体物質であり，特定の外形を示す。

b（誤） 結晶は一定の融点を示すが，非晶質は一定の融点を示さず融解や凝固が徐々に進む。

c（正） アモルファスシリコンは，太陽電池やトランジスタなどの半導体材料として広く利用されている。また，アモルファス金属の単体や合金は，強靱性，耐腐食性などの特徴をもち，いろいろな形状にすることができる。

> **短期攻略のツボ**
> 固体 ─┬─ 結晶…粒子が規則的（格子状）に配列し，周期性がある。
> 　　　└─ 非晶質（アモルファス，無定形固体）…粒子が不規則に配列し，周期性がない。（例：アモルファス金属，アモルファスシリコン）

10

問1 ⑤　問2 ④　問3 **a**−①　**b**−②

問1 単位格子中の原子Aの陽イオン●，原子Bの陰イオン○の個数は，それぞれ次のようになる。

Aの陽イオン●：1個×4＝4個
　　　　　　　内部

Bの陰イオン○：$\frac{1}{8}$個×8＋1個＝2個
　　　　　　　頂点　　　内部

よって，Aの個数：Bの個数＝4：2＝2：1であるから，組成式は A_2B で表される。

問2 ①（誤） 陽イオンと陰イオンとの最短距離（たがいに接する陽イオンと陰イオンの中心間の距離）を x とすると，断面図より

$2x : a = \sqrt{3} : 1$

$x = \frac{\sqrt{3}}{2}a$

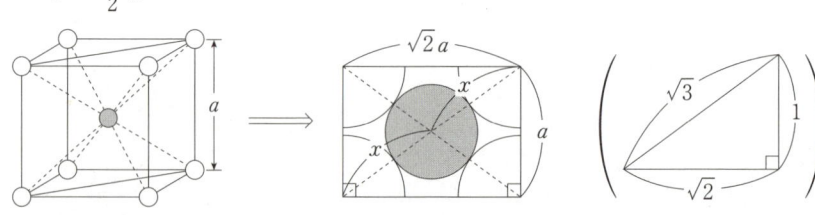

● Aの陽イオン
○ Bの陰イオン

② (誤) 単位格子中には A の陽イオン 1 個と B の陰イオン $\frac{1}{8}$ 個×8＝1 個が含まれる。単位格子の一辺の長さを a〔cm〕，A，B の原子量をそれぞれ M_A（モル質量 M_A〔g/mol〕），M_B（モル質量 M_B〔g/mol〕），アボガドロ定数を N_A〔/mol〕，結晶の密度（単位格子の密度）を d〔g/cm^3〕とすると，これらには次の関係式が成り立つ。

$$\text{単位格子 1 個の質量〔g〕} = \frac{(M_A + M_B)\text{〔g/mol〕}}{N_A\text{〔/mol〕}} = a^3\text{〔cm}^3\text{〕} \times d\text{〔g/cm}^3\text{〕}$$

よって，a を求めるには M_A，M_B，N_A の他に d が必要である。

③ (誤) 単位格子中には A の陽イオンと B の陰イオンが 1 個ずつ含まれるので，組成式は AB である。

④ (正) A の陽イオン●に隣接する B の陰イオン○の数（A の陽イオンの配位数）は，上図より 8 である。この結晶中の A の陽イオンの数と B の陰イオンの数は等しいので，B の陰イオン○に隣接する A の陽イオン●の数（B の陰イオンの配位数）も 8 である。

⑤ (誤) この単位格子は，陽イオンと陰イオンをすべて入れ替えても同じものであり，陽イオンと陰イオンはそれぞれについて単純立方格子とよばれる格子をつくっている。

例 塩化セシウム CsCl の結晶

問 3 **a** この結晶の単位格子中に含まれる原子の数は，

$\frac{1}{8}$ 個×8 ＋ $\frac{1}{2}$ 個×6 ＋ 1 個×4 ＝ 8 個
頂点　　　　面心　　　　内部

元素の原子量を M（モル質量 M〔g/mol〕）とすると，結晶の密度（単位格子の密度）について次式が成り立つ。

$$d\text{〔g/cm}^3\text{〕} = \frac{\frac{M\text{〔g/mol〕}}{N_A\text{〔/mol〕}} \times 8}{a^3\text{〔cm}^3\text{〕}} = \frac{8M}{a^3 N_A}\text{〔g/cm}^3\text{〕}$$

よって，$M = \dfrac{a^3 d N_A}{8}$

b 単位格子の $\frac{1}{8}$ 立方体に着目し，その断面図をつくる。

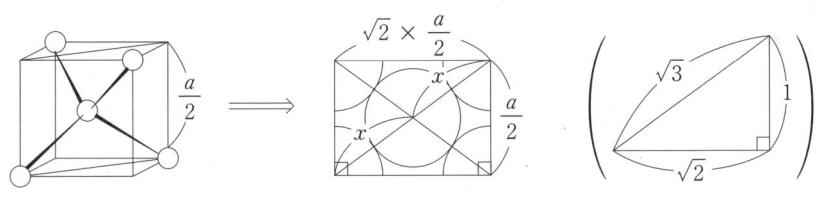

原子間結合の長さ（共有結合する原子の中心間の距離）を x〔cm〕とすると，断面図より，次式が成り立つ。

$2x : \dfrac{a}{2} = \sqrt{3} : 1$

よって，$x = \dfrac{\sqrt{3}a}{4}$

〔参考〕 この単位格子は，ダイヤモンド(C)の結晶やケイ素の単体(Si)の結晶などに見られる。

第4章　溶液の性質

11

問1 ①　問2 ⑤　問3 ②　問4 ④　問5 ④　問6 ②

問1　ヘキサン C_6H_{14}：アルカン C_nH_{2n+2} の一種で，常温で液体である。極性がないので，極性の大きい水にはほとんど溶けないが，極性がないベンゼン C_6H_6 にはよく溶ける。（**b**）

塩化ナトリウム NaCl：イオン結晶で，水にはよく溶けるが，ベンゼンにはほとんど溶けない。（**a**）

塩化銀 AgCl：イオン結晶であるが，水にもベンゼンにもほとんど溶けない。（**d**）

短期攻略のツボ			
物質の一般的な溶解性（例外もある）			
溶媒	溶質		
	イオン結晶	極性分子	無極性分子
極性溶媒 （水など）	よく溶ける	よく溶ける	溶けにくい
無極性溶媒 （ベンゼン， ヘキサンなど）	溶けにくい 例 NaCl, $(NH_4)_2SO_4$	溶けにくい 例 グルコース，スクロース	よく溶ける 例 I_2, ナフタレン

問2　化合物 ①〜⑥ のうちで，水に溶けるものは，② C_2H_5OH，⑤ NO_2，⑥ $C_6H_{12}O_6$ である（① CO，③ CCl_4，④ SiO_2 は水に溶けない）。

水に溶けて，その水溶液が電気を導くものは，電離してイオンを生じる物質（電解質）である。②と⑥は水に溶けても電離しない物質（非電解質）なので，その水溶液は電気を導かない。⑤は水に溶けて強酸の硝酸 HNO_3 を生じ，それがほぼ完全に電離するので，水溶液は電気をよく導く。

$$3NO_2 + H_2O \xrightarrow{温水} 2HNO_3 + NO$$

問3　はじめの水溶液 A（60℃）に溶けていた溶質を x [g] とする。この水溶液（水 100 g + 溶質 x [g]）を 20℃ まで冷却したところ，7.0 g の結晶が析出したので，析出後に残った飽和水溶液（20℃）は水 100 g + 溶質 $(x - 7.0)$ g からなる。20℃ の溶解度はグラフより 50 であるから，$x - 7.0 = 50$ より，$x = 57$ g である。

はじめの水溶液 A（水 100 g + 溶質 57 g）を濃縮して，ちょうど 60℃ の飽和水溶液にするのに，水 y [g] を蒸発させるものとすると，60℃ の溶解度はグラフより 60 であるから，次式が成り立つ。

$$\left(\frac{溶質}{水}\right) \quad \frac{60}{100} = \frac{57}{100 - y} \quad よって，y = 5.0 \text{ g}$$

> **短期攻略のツボ**
> 固体の溶解度 S
> ある温度で，溶媒 $100\,g$ に限界まで溶けている溶質の質量 $S\,[g]$
> $$\frac{溶質\,[g]}{溶媒\,[g]} = \frac{S}{100}, \quad \frac{溶質\,[g]}{飽和溶液\,[g]} = \frac{S}{100+S}$$
> 水和水を含む結晶を水に溶かしたときの S は，無水物を溶質としたときの値で表す。

問4 図中のA点にある溶液は $70\,\text{℃}$ で水 $100\,g$ あたり KNO_3 $110\,g$ が溶けている。よって，この溶液 $(100+110)\,g$ を $40\,\text{℃}$ まで冷却するとき，図より $(110-65)\,g$ の KNO_3 が析出する。

よって，A点にある溶液 $500\,g$ を $40\,\text{℃}$ まで冷却するとき，析出する KNO_3 を $x\,[g]$ とすると，次式が成り立つ。

$$\left(\frac{析出する\,KNO_3}{溶液}\right) \quad \frac{110-65}{100+110} = \frac{x}{500}$$

よって，$x ≒ 107\,g$

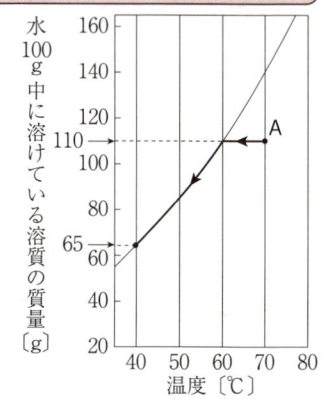

問5 ①（正） KNO_3 の溶解度曲線より，水 $100\,g$ に溶けた KNO_3 $50\,g$ がちょうど飽和する温度はおよそ $32\,\text{℃}$ である。

②（正） $NaNO_3$ の溶解度曲線より，水 $100\,g$ に溶けた $NaNO_3$ $90\,g$ がちょうど飽和する温度はおよそ $23\,\text{℃}$ である。①より KNO_3 の方はおよそ $32\,\text{℃}$ で飽和するので，$22\,\text{℃}$ まで冷却すると，$NaNO_3$ と KNO_3 の両方が析出する。

③（正） 溶解度曲線より $NaNO_3$ と KNO_3 の $20\,\text{℃}$ と $0\,\text{℃}$ における溶解度を読みとると，次のようになる。

	$NaNO_3$	KNO_3
$20\,\text{℃}$	87	32
$0\,\text{℃}$	74	14

よって，$20\,\text{℃}$ から $0\,\text{℃}$ に冷却したときに析出する量は，
　$NaNO_3$ が $87-74=13\,g$，KNO_3 が $32-14=18\,g$
となり，KNO_3 の方が $NaNO_3$ より多い。

④（誤） $10\,\text{℃}$ まで冷却すると，$NaNO_3$ と KNO_3 はどちらも一部が析出しているので，溶液は飽和している。溶解度曲線より $10\,\text{℃}$ における溶解度は，$NaNO_3$ が 80，KNO_3 が 22 であるから，それぞれの溶液に含まれる溶質の質量％濃度は，

　$NaNO_3$ $\dfrac{80}{100+80} \times 100\,\%$，$KNO_3$ $\dfrac{22}{100+22} \times 100\,\%$ で $NaNO_3$ の方が高い。

⑤（正） $60\,\text{℃}$ から冷却していくと，KNO_3 がおよそ $32\,\text{℃}$，$NaNO_3$ がおよそ $23\,\text{℃}$ で析出し始めるので，KNO_3 の方が先に析出してくる。したがって，$NaNO_3$ のみを析出させることはできない。

問6　20℃で $CuSO_4 \cdot 5H_2O$ 25gが析出した後に残った飽和溶液は，

　　$205g - 25g = 180g$

この飽和溶液に含まれる $CuSO_4$ を x〔g〕とすると，20℃の溶解度より次式が成り立つ。

　　$\left(\dfrac{CuSO_4}{飽和溶液}\right)$　$\dfrac{20}{100+20} = \dfrac{x}{180}$

よって，$x = 30g$

一方，析出した結晶に含まれる $CuSO_4$ は，

　　$25g \times \dfrac{160}{250} = 16g$

以上より，もとの水溶液に含まれていた $CuSO_4$ は，

　　$30g + 16g = 46g$

12

問1　1 － ⑧　　2 － ⑥　　問2　④　　問3　3 － ③　　4 － ⑦　　5 － ②　　問4　④　　問5　③　　問6　①

問1　1　1L(1000cm³)あたりで考えると，

溶液全体の質量は，$1000cm^3 \times 1.18g/cm^3 = 1180g$

溶質(HCl)の質量は，$1180g \times \dfrac{35}{100} = 413g$

HClのモル質量は36.5g/molだから，HClの物質量は

$$\dfrac{413g}{36.5g/mol} = 11.3mol$$

これが1L中に溶けているので，水溶液のモル濃度は11.3mol/Lである。

　2　溶質量に着目するとよい。0.05mol/L の希塩酸 500mL に含まれる HCl の物質量は，

　　$0.05mol/L \times \dfrac{500}{1000}L = 0.025mol$

この溶質量を11.3mol/Lの塩酸 V〔mL〕から取り出すと考えると，

　　$11.3mol/L \times \dfrac{V}{1000}$〔L〕$= 0.025mol$　　$V = 2.2mL$

問2　①（誤）気体の溶解度は，一般に温度が低くなるほど，大きくなる。温度が低いと気体分子の熱運動が小さくなり，溶け込んだ気体分子が溶媒の水分子との間の分子間力に打ち勝ちにくくなる。

②（誤）気体の溶解度は，一定温度のもとで，気体の圧力に比例する(ヘンリーの法則)。

③（誤）気体の溶解度は，気体の種類によって異なる。例えば，塩化水素やアンモニアは水に非常によく溶けるが，水素や窒素は水に非常に溶けにくい。

④（正）多くの固体の溶解度は，温度が高くなるほど，大きくなる。ただし，水酸化カルシウムなどのように，温度が高くなると水に溶けにくくなる物質もある。

⑤（誤）イオン結晶は一般に水に溶けやすいものが多い（ただし，AgCl，$BaSO_4$，

CaCO₃ など水に溶けにくいものもある）。分子結晶は，分子の極性が大きい場合は水に溶けやすいが，無極性分子の場合は水に溶けにくい。

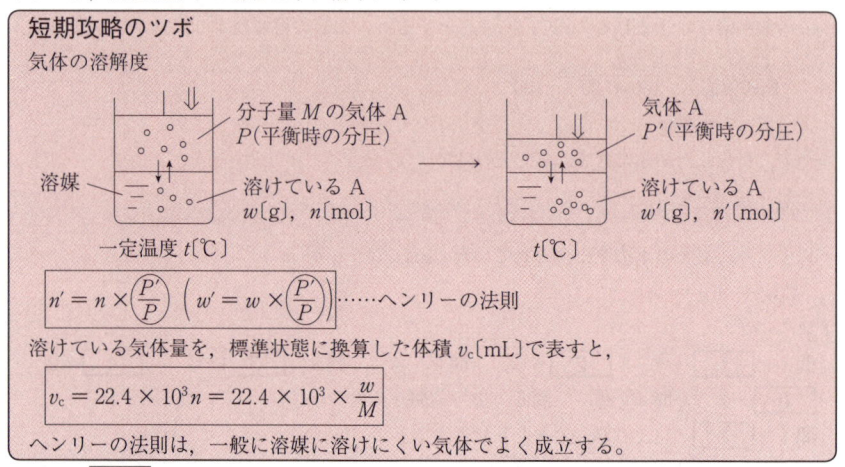

短期攻略のツボ

気体の溶解度

[図：一定温度 t [℃] において，左：分子量 M の気体A，P（平衡時の分圧），溶媒，溶けているA w [g], n [mol] → 右：気体A，P'（平衡時の分圧），溶けているA w' [g], n' [mol]]

$$n' = n \times \left(\frac{P'}{P}\right) \quad \left(w' = w \times \frac{P'}{P}\right) \cdots\cdots \text{ヘンリーの法則}$$

溶けている気体量を，標準状態に換算した体積 v_c [mL] で表すと，

$$v_c = 22.4 \times 10^3 n = 22.4 \times 10^3 \times \frac{w}{M}$$

ヘンリーの法則は，一般に溶媒に溶けにくい気体でよく成立する。

問3 ┃3┃ 27℃，1.0×10^5 Pa，30 mL の O₂（モル質量 32 g/mol）の物質量を n とすると，気体の状態方程式 $PV = nRT$ より，

$$n = \frac{PV}{RT} = \frac{1.0 \times 10^5 \times 0.030}{8.3 \times 10^3 \times (273 + 27)} \fallingdotseq 1.2 \times 10^{-3} \text{ mol}$$

よって求める質量 [mg] は，1.2×10^{-3} mol × 32×10^3 mg/mol ≒ 38 mg

┃4┃ ヘンリーの法則より，一定温度では，一定量の溶媒に溶ける気体の質量（物質量）は，その気体の圧力（分圧）に比例する。よって ┃3┃ より，

$$38 \text{ mg} \times \frac{5.0 \times 10^5 \text{ Pa}}{1.0 \times 10^5 \text{ Pa}} = 190 \text{ mg}$$

┃5┃ 27℃（T [K]），1.0×10^5 Pa（P [Pa]）の下で溶けた気体（n [mol]）の体積を V_1 [L] とし，27℃（T [K]），5.0×10^5 Pa（$5.0P$ [Pa]）の下で溶けた気体（$5.0n$ [mol]）の体積を V_2 [L] とすると，気体の状態方程式より，

$$V_1 = \frac{nRT}{P}, \quad V_2 = \frac{5.0nRT}{5.0P} = \frac{nRT}{P}$$

よって，$V_1 = V_2 = 0.030$ L （30 mL）

このように，一定温度において，一定量の溶媒に溶けた気体の体積は，溶かしたときの圧力の下での体積で表すと，圧力によらず一定である。

問4 圧力 1×10^5 Pa，体積 V [L] の気体 O₂ を温度一定で加圧し，圧力を2倍に保ったとき，気体 O₂ の物質量が変化しないとすれば，ボイルの法則より体積は $\frac{1}{2}V$ [L] になる。実際には圧力を上げたことにより，気体 O₂ の水への溶解量が増加するため，気体 O₂ の物質量は減少する。よって，体積は $\frac{1}{2}V$ [L] より小さくなる。

〔参考〕 圧力 1×10^5 Pa の下で，体積 V [L] の気体 O₂ を n_1 [mol]，水に飽和して溶けてい

る O_2 を n_2〔mol〕とする。圧力を2倍の $2×10^5$ Pa に保つと，ヘンリーの法則により，温度 T 一定で水に飽和して溶けている O_2 も2倍の $2n_2$〔mol〕になる。このときの気体 O_2 の体積を V'〔L〕とする。$1×10^5$ Pa のときと，$2×10^5$ Pa のときの気体 O_2 について理想気体の状態方程式 $PV=nRT$ を立てると，次式のようになる。

$$1×10^5 × V = n_1 RT \quad \cdots\cdots(1)$$

$$2×10^5 × V' = (n_1 - n_2)RT \quad \cdots\cdots(2)$$
↑
さらに溶けた分

$\dfrac{(2)}{(1)}$ より，

$$\dfrac{2V'}{V} = \dfrac{n_1 - n_2}{n_1} \quad \text{よって，} \quad V' = \dfrac{V}{2}\left(\dfrac{n_1 - n_2}{n_1}\right)$$

$0 < \dfrac{n_1 - n_2}{n_1} < 1$ より，$V' < \dfrac{V}{2}$

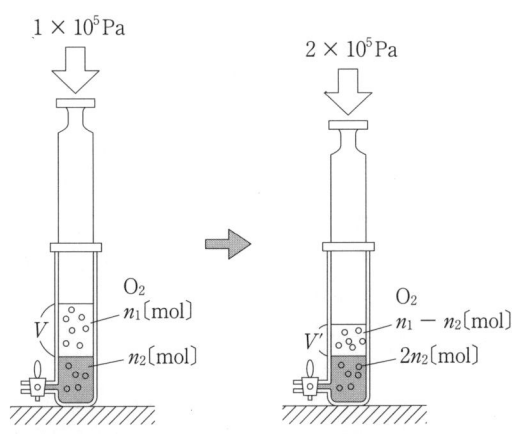

問5 ヘンリーの法則より，一定温度(0℃)で一定量(10L)の水に溶ける気体の質量は，その気体の分圧に比例する。

0℃において，$10×10^5$ Pa の空気と平衡になった水 10L に溶けている気体の総質量 w_1〔g〕

$$w_1 = \left(\underset{N_2}{0.029\,\text{g/L}} × \dfrac{\overset{N_2 \text{分圧}}{\boxed{10×10^5 × \dfrac{4}{5}\text{Pa}}}}{1×10^5\,\text{Pa}} + 0.068\,\text{g/L} × \dfrac{\overset{O_2 \text{分圧}}{\boxed{10×10^5 × \dfrac{1}{5}\text{Pa}}}}{1×10^5\,\text{Pa}}\right) × 10\text{L}$$

0℃において，$1×10^5$ Pa の空気と平衡になった水 10L に溶けている気体の総質量 w_2〔g〕

$$w_2 = \left(\underset{N_2}{0.029\,\text{g/L}} × \dfrac{\overset{N_2 \text{分圧}}{\boxed{1×10^5 × \dfrac{4}{5}\text{Pa}}}}{1×10^5\,\text{Pa}} + 0.068\,\text{g/L} × \dfrac{\overset{O_2 \text{分圧}}{\boxed{1×10^5 × \dfrac{1}{5}\text{Pa}}}}{1×10^5\,\text{Pa}}\right) × 10\text{L}$$

純水 10L の質量を w_0〔g〕とすると，$A - B = (w_0 + w_1) - (w_0 + w_2) = w_1 - w_2$ より，

$$A - B = \left(0.029 × 9 × \dfrac{4}{5} + 0.068 × 9 × \dfrac{1}{5}\right) × 10 ≒ 3.3\,\text{g}$$

問6 溶解度曲線より，1×10^5 Pa で水 1 mL に溶ける O_2 の体積(標準状態換算値)は，0℃ で 0.048 mL，60℃ で 0.020 mL である。したがって，2×10^5 Pa で水 4.0 L に溶ける O_2 の物質量は，0℃ と 60℃ でそれぞれ次式のようになる。

$$0℃ : \frac{0.048 \text{ mL}}{22.4 \times 10^3 \text{ mL/mol}} \times \frac{2 \times 10^5 \text{ Pa}}{1 \times 10^5 \text{ Pa}} \times \frac{4.0 \times 10^3 \text{ mL}}{1 \text{ mL}} \quad \cdots\cdots(1)$$

$$60℃ : \frac{0.020 \text{ mL}}{22.4 \times 10^3 \text{ mL/mol}} \times \frac{2 \times 10^5 \text{ Pa}}{1 \times 10^5 \text{ Pa}} \times \frac{4.0 \times 10^3 \text{ mL}}{1 \text{ mL}} \quad \cdots\cdots(2)$$

0℃，2×10^5 Pa の O_2 と接していた 4.0 L の水を，同じ圧力で 60℃ に温めると，(1)と(2)の差に相当する O_2 が外部へ放出される。よって，放出される O_2 (モル質量 32 g/mol) の質量は，

$$\left(\frac{0.048 - 0.020}{22.4 \times 10^3} \times \frac{2 \times 10^5}{1 \times 10^5} \times \frac{4.0 \times 10^3}{1} \right) \text{mol} \times 32 \text{ g/mol}$$
$$= 0.32 \text{ g}$$

13

問1 ③ **問2** ⑥ **問3** ②

問1 不揮発性のスクロースが溶けている B 側の水溶液の水蒸気圧 p_B は，蒸気圧降下により A 側の純水の蒸気圧 p_A より小さくなっている ($p_A > p_B$)。このため A 側から B 側へしだいに水蒸気が移動していく。これにより，B 側では蒸発する水分子より凝縮する水分子の数が多くなり，A 側では同時に逆の変化が起こる。その結果，A 側の水が B 側へ移り，B 側の水面がさらに高くなる。

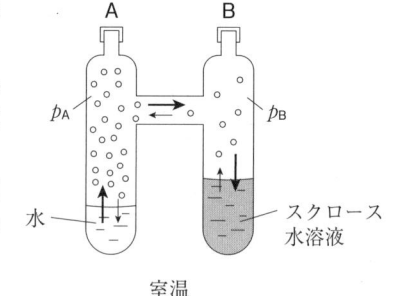

問2 グラフより，純水の沸点は 100℃，スクロース水溶液の沸点は t_1 〔℃〕である。スクロースや NaCl のような不揮発性物質を溶かした水溶液の沸点は，純水の沸点より高くなる(沸点上昇)。その沸点上昇度は，溶質粒子(分子，イオン)の種類によらず，溶質粒子の総質量モル濃度〔mol/kg〕に比例する。

（注） 質量モル濃度〔mol/kg〕 = $\dfrac{\text{溶質の物質量〔mol〕}}{\text{溶媒の質量〔kg〕}}$

グラフより，質量モル濃度 0.1 mol/kg のスクロース(非電解質)水溶液の沸点上昇度は，
　　$t_1 - 100$ 〔℃〕
一方，水 1 kg に NaCl(電解質) 0.1 mol を溶かした水溶液中では，次式のように NaCl が完全に電離するので，溶質粒子(Na^+，Cl^-)の総質量モル濃度は 0.2 mol/kg となる。

　　NaCl ⟶ Na^+ + Cl^-
　　　0.1 ⟹ 0.1 + 0.1 = 0.2 〔mol/kg〕

この水溶液の沸点を t_2〔℃〕とすると，沸点上昇度は
　　$t_2 - 100$ 〔℃〕
よって，$t_1 - 100 : t_2 - 100 = 0.1 : 0.2$

$t_2 = 2(t_1 - 100) + 100$ 〔℃〕

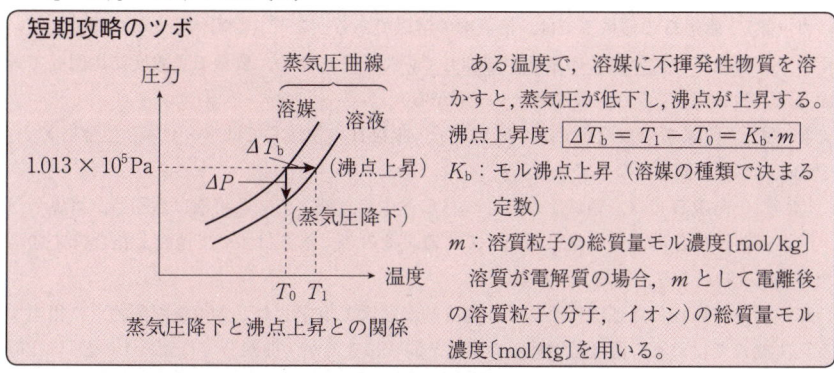

> **短期攻略のツボ**
>
> 蒸気圧降下と沸点上昇との関係
>
> ある温度で，溶媒に不揮発性物質を溶かすと，蒸気圧が低下し，沸点が上昇する。
>
> 沸点上昇度 $\boxed{\Delta T_b = T_1 - T_0 = K_b \cdot m}$
>
> K_b：モル沸点上昇（溶媒の種類で決まる定数）
>
> m：溶質粒子の総質量モル濃度〔mol/kg〕
>
> 溶質が電解質の場合，mとして電離後の溶質粒子（分子，イオン）の総質量モル濃度〔mol/kg〕を用いる。

問3 溶質粒子（分子，イオン）の総質量モル濃度〔mol/kg〕が大きくなると，沸点上昇度が大きくなり，沸点が高くなる。電解質は，電離後の濃度で比較する。

a 電解質　$MgCl_2 \longrightarrow Mg^{2+} + 2Cl^-$
　　　　　　0.10　$\Longrightarrow$　0.10　+　0.10×2 = 0.30〔mol/kg〕

b 非電解質　$(NH_2)_2CO$　0.10 mol/kg

c 電解質　$KCl \longrightarrow K^+ + Cl^-$
　　　　　　0.10　$\Longrightarrow$　0.10　+　0.10 = 0.20〔mol/kg〕

よって，総質量モル濃度の大小は，**a＞c＞b** となるので，沸点の高い順も **a＞c＞b** となる。

14

問1　a－④　b－⑤　問2　①　問3　④

問1　a　①（正），②（正）
曲線Aでは，はじめ液体のままの状態で温度が凝固点の温度より低くなる（過冷却）が，凝固が開始すると温度が上昇し，その後しばらくの間（領域Ⅰ）温度一定となる。領域Ⅰではベンゼンの固体と液体が共存し，液体が固体に変化していく。このときの温度が凝固点であり，ベンゼンの量には無関係である。

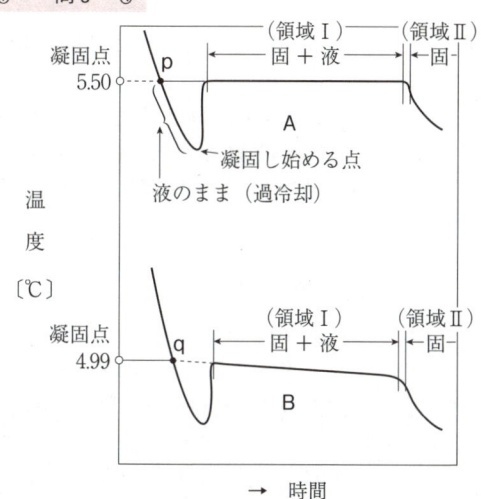

③（正）　曲線Bでは，領域Ⅰの前まで曲線Aと同様の変化が起こるが，凝固してくる物質は溶媒のベンゼンだけである。したがって，領

域Iでは固体のベンゼンと溶液が共存し，溶液中のベンゼンだけが固体に変化していく。

④（誤） 曲線Bの領域Iでは，溶液中の溶媒であるベンゼンが固体となって減少していくので，溶液中の化合物Xの濃度が増加していく。このため，質量モル濃度に比例して凝固点降下度が大きくなり，温度が徐々に下がる。

⑤（正） 曲線Aの領域IIではベンゼンが，曲線Bの領域IIではベンゼンと化合物Xが，それぞれすべて固体になっている。

［参考］ 曲線Bでは，領域IからIIへ移る途中で，残っている溶液は飽和し，溶媒のベンゼンと化合物Xが一緒に凝固してくる。その後，溶液はすべて溶媒と化合物Xの結晶混合物になり，領域IIへ移る。

b 図中の点pと点qは，それぞれ過冷却がないと仮定したときの凝固開始点に相当する。曲線Aでは点pの温度は領域Iの温度と同じになるが，曲線Bでは領域Iの線（ほぼ直線）を延長して点qを推定する。図より，凝固点降下度 ΔT_f は $(5.50-4.99)$ K である。ΔT_f については，次式が成り立つ。

$$\Delta T_f = K_f \cdot m \qquad \cdots\cdots(1)$$

K_f はモル凝固点降下とよばれ，溶媒の種類で決まる定数〔K・kg/mol〕である。また，m は溶質粒子（分子，イオン）の総質量モル濃度〔mol/kg〕である。化合物Xの分子量をM（モル質量M〔g/mol〕）とすると，化合物X 1.22g がベンゼン 50.0g（0.050kg）に溶けた溶液の質量モル濃度は次式で表される。

$$m = \frac{1.22\text{g}}{M\text{[g/mol]}} \times \frac{1}{0.050\text{kg}} \qquad \cdots\cdots(2)$$

(1)，(2)式より，$(5.50-4.99)\text{K} = 5.1\text{K}\cdot\text{kg/mol} \times \left(\dfrac{1.22}{M} \times \dfrac{1}{0.050}\right)\text{mol/kg}$

よって，$M = 244$

問2 凝固点降下度は，溶質粒子（分子，イオン）の種類によらず，溶質粒子の総質量モル濃度に比例する。したがって，溶質が電解質の場合は，電離後の溶質粒子の総質量モル濃度を求める。

① スクロースは非電解質なので，濃度は 0.30mol/kg のままである。

② グルコースは非電解質なので，濃度は 0.50mol/kg のままである。

③ KClは水に溶ける塩なので，電離後の濃度は次のように 0.60mol/kg になる。

$\text{KCl} \longrightarrow \text{K}^+ + \text{Cl}^-$

$0.30 \Longrightarrow 0.30 + 0.30 = 0.60\text{mol/kg}$

④ $\text{AlK(SO}_4\text{)}_2$ は水に溶ける塩なので，電離後の濃度は次のように 1.2mol/kg になる。

$\text{AlK(SO}_4\text{)}_2 \longrightarrow \text{Al}^{3+} + \text{K}^+ + 2\text{SO}_4^{2-}$

$0.30 \quad \Longrightarrow 0.30 + 0.30 + 0.30 \times 2 = 1.20\text{mol/kg}$

⑤ K_2SO_4 は水に溶ける塩なので，電離後の濃度は次のように 0.60mol/kg になる。

$\text{K}_2\text{SO}_4 \longrightarrow 2\text{K}^+ + \text{SO}_4^{2-}$

$0.20 \Longrightarrow 0.20 \times 2 + 0.20 = 0.60\text{mol/kg}$

よって，溶質粒子の総質量モル濃度の大小は，
④＞③＝⑤＞②＞①
凝固点降下度の大小も同じになるので，凝固点降下度が最も小さい水溶液は ① である。

問3 この電解質を AB で表し，水溶液中の電離度を α とする。電離前の質量モル濃度は $0.01\,\mathrm{mol/kg}$ なので，電離後の各成分の濃度は以下のようになる。

	AB	$\rightleftarrows$	A$^+$	+	B$^-$	
電離前	0.01		0		0	(単位 mol/kg)
変化分	-0.01α		$+0.01\alpha$		$+0.01\alpha$	
電離後	$0.01(1-\alpha)$		0.01α		0.01α	

よって，電離後の総質量モル濃度は，
$0.01(1-\alpha)+0.01\alpha+0.01\alpha = 0.01(1+\alpha)\,[\mathrm{mol/kg}]$

$1\,\mathrm{mol/kg}$ の非電解質水溶液の凝固点降下度が ΔT_0 であるから，次式が成り立つ。
$1\,\mathrm{mol/kg} : 0.01(1+\alpha)\,\mathrm{mol/kg} = \Delta T_0 : \Delta T$
よって，$\Delta T = 0.01(1+\alpha)\Delta T_0$

$$\alpha = \frac{100\Delta T - \Delta T_0}{\Delta T_0}$$

15

問1 a — ⑥　　b — ④　　**問2** ④　　**問3** ④　　**問4** ④

問1　a 浸透圧は，次のように理想気体の状態方程式（$PV = nRT$）と同じ形の式で表される。

$\pi V = nRT$ （ファントホッフの式） ……(1)

　π：浸透圧 [Pa]，V：溶液の体積 [L]，n：溶質の物質量 [mol]，T：絶対温度 [K]，
　R：気体定数 $8.3 \times 10^3\,\mathrm{Pa \cdot L/(mol \cdot K)}$

$\dfrac{n}{V}$ はモル濃度 [mol/L] になるので，これを C とおくと，

$\pi = CRT$ ……(2)

（注）　溶質が電解質の場合，n，C として電離後の全溶質粒子（分子，イオンの種類によらない）の物質量 [mol] やモル濃度 [mol/L] を用いる。

一定温度 T_0[K] で，濃度が $1\,\mathrm{g/L}$ の溶液の浸透圧 π[Pa] は，溶質の分子量を M（モル質量 M[g/mol]）とすると，(2)式より次式が導かれる。

$$\pi = CRT = \frac{1\,\mathrm{g/L}}{M[\mathrm{g/mol}]}RT_0 = \frac{RT_0}{M}$$

よって，一定値 RT_0 を k とおくと，$\pi M = k$（一定）となる。π と M は反比例するので，グラフは ⑥ である。

b ①（誤）溶媒分子は半透膜を自由に通過しており，溶質分子が半透膜の細孔をふさぐことはない。

② (誤) 溶質分子は半透膜を通過できないので，浸透するのは溶媒分子だけである。

③ (誤)，④ (正) 溶媒側から溶媒分子が浸透する圧力は，溶液側から溶媒分子が浸透する圧力より大きい。この圧力差が溶液の浸透圧に相当する。

短期攻略のツボ

溶媒と溶液の境界に，溶媒分子は通すが溶質粒子は通さない膜(半透膜)を置くと，溶媒分子は膜を通って溶液中へ移動(浸透)する。このような溶媒の浸透をおさえるために，溶液側に加える圧力をその溶液の浸透圧という。

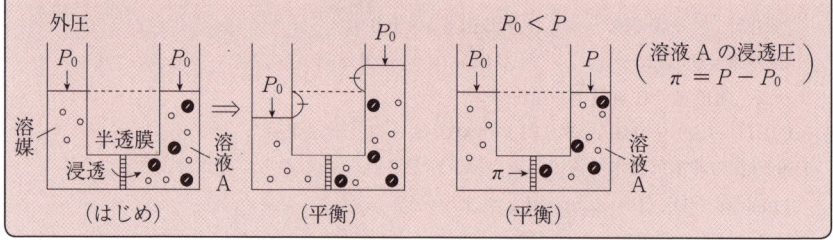

$$\left(\begin{array}{c}\text{溶液 A の浸透圧}\\ \pi = P - P_0\end{array}\right)$$

外圧 P_0 ｜ P_0 ｜ P_0 ｜ P_0 ｜ $P_0 < P$

(はじめ) (平衡) (平衡)

問2 ある非電解質(溶質)の分子量を M(モル質量 M〔g/mol〕)とすると，ファントホッフの式 $\pi V = nRT$ より，次式が成り立つ。

$$1.23 \times 10^4 \text{Pa} \times 0.500\text{L} = \frac{0.84\text{g}}{M\text{〔g/mol〕}} \times 8.3 \times 10^3 \text{Pa·L/(mol·K)} \times (273 + 27)\text{K}$$

よって，$M ≒ 340$

問3 ① (正) 溶液中のある成分は通すが，他の成分は通さない膜を，一般に半透膜という。セロハン膜は，水分子は通すが，デンプンなどの大きな分子は通さないので，半透膜としてよく利用される。

② (正) 純水と薄いタンパク質水溶液を半透膜で仕切り，液面の高さをそろえると，浸透圧が生じて純水側からタンパク質水溶液側に水が移動する。この結果，タンパク質水溶液側の液面が純水の液面より高くなるが，やがて液面の高さの差によって生じた圧力が浸透圧とつり合う。

③ (正)，④ (誤) 薄い水溶液の浸透圧 π は，溶質(非電解質のとき)の種類によらず，溶液のモル濃度 C と絶対温度 T に比例する。

(注) ファントホッフの式 $\pi = CRT$ (R は気体定数)

⑤ (正) 半透膜で純溶媒と溶液を仕切り，溶液側に浸透圧以上の圧力を加えると，溶媒分子を溶液側から純溶媒側に移動させることができる。この方法(逆浸透法)は，海水の淡水化に利用されている。

問4 A 側に水を，B 側にスクロース水溶液を，両方の液面の高さが同じになるように入れると(状態Ⅰ)，A 側の水が半透膜を通って B 側に浸透していくので，しだいに ₇<u>B 側の液面が A 側の液面より高くなる</u>。これを十分な時間放置すると，両液面の高さの差 h が一定となる。この状態では，両液面の高さの差に基づく圧力が溶液の浸透圧とつり合っている。(状態Ⅱ)

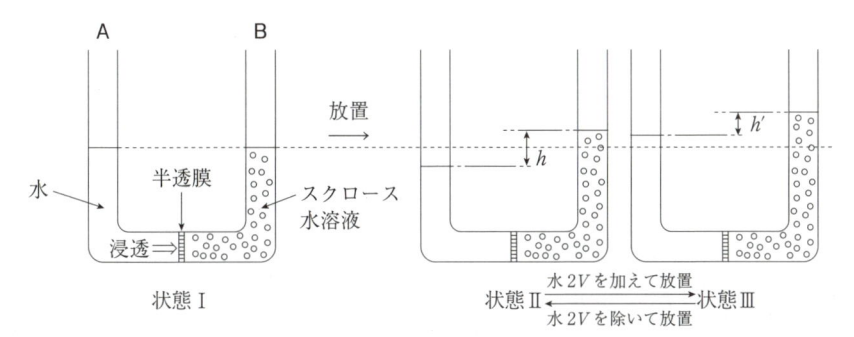

次に状態ⅡのA側とB側の両方に，それぞれ体積Vの水を加え，十分な時間放置すると，スクロース水溶液の濃度が小さくなり，液面の差h'はhより小さくなる。(状態Ⅲ)

状態Ⅱと状態Ⅲは，十分な時間放置して液面の差が一定になった状態(平衡状態)であるから，U字管内の水の総量とB側のスクロース量で決まる。これは半透膜がスクロースを通さないのに対し，水は左右自由に通すからである。

したがって，状態Ⅰから状態Ⅱに至るどの段階で，どのように総体積$2V$の水を加えても，最終的には状態Ⅲになる。逆に，状態Ⅲからどのように総体積$2V$の水をとり除いても，最終的には状態Ⅱになり，液面の差は$_\gamma h$にもどる。

16

問1　1 −①　2 −①　3 −③　4 −②　問2　②
問3　①　問4　a −①　b −③　c −⑤　d −⑨　e −②

問1 水酸化鉄(Ⅲ)のコロイド溶液(赤褐色)に，少量の電解質を加えると，コロイド粒子がもつ電荷が中和され，コロイド粒子どうしが凝集して沈殿する。この現象を凝析(1)という。このようなコロイドを疎水(2)コロイドという。粘土や金のコロイドも疎水コロイドである。一方，デンプン(3)，タンパク質のようなコロイドは，少量の電解質を加えても沈殿しにくい。これはコロイド粒子が水和して安定になっているためである。このようなコロイドを親水(4)コロイドという。親水コロイドに多量の電解質を加えると，水和したコロイド粒子から水分子が失われて沈殿する。この現象を塩析という。

> **短期攻略のツボ**
> コロイド溶液の種類
> 疎水コロイド（水と親和力が小さい）〔例〕$Fe(OH)_3$（正に帯電），粘土（負に帯電）
> 親水コロイド（水と親和力が大きい）〔例〕デンプン，タンパク質，セッケン

問2　①（誤）　金のコロイドは疎水コロイドであり，水和しにくい。記述①は，親水コロイドが沈殿しにくい理由である。

②（正）　疎水コロイドが水中に分散できるのは，コロイド粒子がもつ電荷により粒子間に反発力が作用するからである。

③ (誤) コロイド粒子は水分子よりはるかに大きいが，熱運動する水分子がコロイド粒子に衝突するため，絶えず不規則に動いている(ブラウン運動)。
④ (誤) コロイド粒子が浮力を受けることが，水中に分散して沈殿しない理由ではない。

短期攻略のツボ

コロイド粒子
　直径が 10^{-9} m(1 nm)～10^{-7} m(10^2 nm)ぐらいの粒子で，原子数 10^3～10^9 個からなる粒子。物質により正(＋)または負(－)に帯電している。

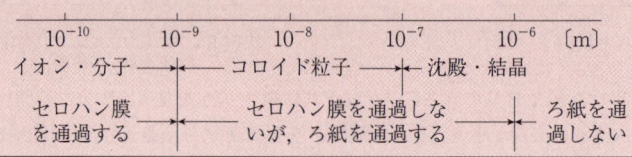

```
   10⁻¹⁰    10⁻⁹      10⁻⁸       10⁻⁷       10⁻⁶  〔m〕
   イオン・分子 ─→├─ コロイド粒子 ─┤├─ 沈殿・結晶
   セロハン膜     セロハン膜を通過しな     ろ紙を通
   を通過する     いが，ろ紙を通過する     過しない
```

問3 このコロイド溶液は，少量の電解質を加えると沈殿を生じるので，疎水コロイド溶液である(③，④は誤り)。この現象を凝析という(②は誤り)。加えた２種の電解質（K_2SO_4，KNO_3）のうち，沈殿の生成に必要な塩の最小モル濃度は，K_2SO_4 の方が小さい。したがって，K_2SO_4 の方が KNO_3 より凝析効果が大きい。２種の塩の陽イオンは同一であるから，凝析効果の差は陰イオンのイオン価の差によるものである(⑤は誤り)。一般に凝析は電解質のイオンによって疎水コロイドがもつ電荷が中和されることにより生じるので，このコロイド溶液は正の電荷をもつコロイド溶液である(①は正しい)。

短期攻略のツボ

　　　　　　電解質(少量)
凝析：疎水コロイド ───────→ 沈殿〔コロイド粒子の電荷が中和される〕

　｜電解質のイオンの凝析能力：コロイド粒子がもつ電荷と反対符号で価数の大きい｜
　｜　　　　　　　　　　　　　イオンほど大きい。　　　　　　　　　　　　　｜

　　　　　　電解質(多量)
塩析：親水コロイド ───────→ 沈殿〔コロイド粒子の水和水が除去される〕

問4　a 河川水に含まれる粘土などのコロイドは，疎水コロイドの一種である。したがって，これに少量の電解質を加えると凝析が生じる。粘土コロイドは負の電荷をもつので，Al^{3+} のようなイオン価の大きい陽イオンを含む電解質は凝析効果が大きい。

b セロハンは，低分子のグルコースを通すが高分子のデンプンを通さない半透膜としてはたらく。混合溶液をセロハンの袋に入れて純水中に浸すと，グルコースのみがセロハンを通り袋の外に出てくる。これにより，デンプンのコロイド溶液を精製することができる。このような操作を透析という。

c コロイド溶液中では，コロイド粒子が絶えず不規則に動いている。これは熱運動をしている溶媒分子がコロイド粒子に不規則に衝突して，コロイド粒子を動かしているためである。このようなコロイド粒子の運動をブラウン運動という。

d 墨汁は炭素のコロイド溶液からなる。炭素のコロイド溶液は疎水コロイドの一種で凝析しやすいが，アラビアゴムなどの親水コロイドを加えると，疎水コロイドのまわりに親水

コロイドが付いて，凝析しにくくなる。このようなはたらきをもつ親水コロイドを保護コロイドという。

　e　タンパク質の水溶液は親水コロイド溶液である。親水コロイド溶液に Na_2SO_4 などの電解質を多量に加えると沈殿が生じる。この現象を塩析という。

　（注）　電気泳動：＋または－の電荷をもつコロイド粒子が，反対符号の電極に引かれて移動する現象。

　　　　チンダル現象：コロイド粒子に光をあてると，光が散乱されて光の進路が見える現象。

第2編　物質の変化と平衡

第1章　化学反応と熱・光エネルギー

17

問1　②　問2　②　問3　④

問1　① (正)　熱化学方程式では，化学式をエネルギーとして移項したり，加減したりすることができる。(2)式を変形すると，$CO_2 = C(黒鉛) + O_2 - 394$ kJ
よって，吸熱反応である。

② (誤)　(1)式 − (2)式より O_2 を消去すると，
　$2CO - C(黒鉛) = CO_2 + (566 - 394)$ kJ
　$2CO = C(黒鉛) + CO_2 + 172$ kJ
よって，発熱反応である。

③ (正)　(1)式は CO 2mol と O_2 1mol がもっているエネルギーの和が，CO_2 2mol がもっているエネルギーより 566kJ 大きいことを表している。

④ (正)　CO の生成熱を Q [kJ/mol] とすると，
　$C(黒鉛) + \dfrac{1}{2}O_2 = CO + Q$ [kJ]

(2)式 −(1)式 × $\dfrac{1}{2}$ より CO_2 を消去すると，上式が得られる。

　$C(黒鉛) + O_2 - CO - \dfrac{1}{2}O_2 = \left(394 - 566 \times \dfrac{1}{2}\right)$ kJ

　$C(黒鉛) + \dfrac{1}{2}O_2 = CO + 111$ kJ

よって，$Q = 111$ [kJ/mol] である。

> **短期攻略のツボ**
> 生成熱：化合物 1mol がその成分元素の単体から生成するときの反応熱

問2　① (正)　(2)式より 1mol(18g) の水を蒸発させるためには 43.9kJ の熱を加えなければならないから，6g の水の場合には，43.9 [kJ] $\times \dfrac{6 [g]}{18 [g]} = 14.6$ [kJ] の熱を加えなければならない。

② (誤)　(3)式 −(2)式より H_2O(気) を消去すると，
　$H_2(気) + \dfrac{1}{2}O_2(気) = H_2O(液) + \{241.6 - (-43.9)\}$ kJ

よって，H_2O(液) の生成熱は 285.5 kJ/mol (発熱) である。

③ （正） (4)式より NaOH(固)の水に対する溶解熱は 44.3 kJ/mol の発熱である。
④ （正） (1)式 − (3)式より O_2 を消去すると，求める反応の熱化学方程式が得られる。
  CO(気) − H_2(気) = CO_2(気) − H_2O(気) + (282.6 − 241.6) kJ
  CO(気) + H_2O(気) = CO_2(気) + H_2(気) + 41.0 kJ
よって，この反応は発熱反応である。

問3 ① （正） (2)式 − (1)式より H_2，O_2 を消去すると，
  H_2O(液) = H_2O(気) − 43.9 kJ
よって，H_2O(液)の蒸発熱は 43.9 kJ/mol である。

> **短期攻略のツボ**
> 蒸発熱：物質 1 mol が蒸発するとき吸収する熱量

② （正） NO(気)の生成熱は，N_2(気)と O_2(気)から NO(気) 1 mol が生成するときの反応熱である。(3)式 $\times \dfrac{1}{2}$ より $\dfrac{1}{2}N_2$(気) + $\dfrac{1}{2}O_2$(気) = NO(気) − $\dfrac{180.6}{2}$ kJ
よって，NO(気)の生成熱は −90.3 kJ/mol である。

③ （正） (4)式より $AgNO_3$(固)の溶解熱は −22.6 kJ/mol であるから，吸熱である。このため，純水に $AgNO_3$(固)を溶かすと，溶液から熱が奪われ，溶液の温度が下がる。
（注） aq は aqua(水)の略で，多量の水を表す。

> **短期攻略のツボ**
> 溶解熱：物質 1 mol を多量の溶媒に溶かしたときに発生または吸収する熱量

④ （誤） (6)式の 100.7 kJ は溶解熱と中和熱が合わさった値である。(6)式 − (5)式より NaOH(固)を消去すると，
  NaOH aq + HCl aq = NaCl aq + H_2O(液) + (100.7 − 44.3) kJ
よって，NaOH aq と HCl aq の中和熱は 56.4 kJ/mol で 100.7 kJ/mol より小さい。

> **短期攻略のツボ**
> 中和熱：酸と塩基が中和して H_2O(液) 1 mol が生成するときの反応熱

18

問1 1 − ② 2 − ⑥   問2 ②   問3 ④   問4 ③

問1 1 グルコース $C_6H_{12}O_6$ の燃焼熱が 2800 kJ/mol なので，完全燃焼を表す熱化学方程式は，
  $C_6H_{12}O_6 + 6O_2 = 6CO_2 + 6H_2O$(液) + 2800 kJ

$C_6H_{12}O_6$ 1 mol は 180 g だから，$C_6H_{12}O_6$ 1 g あたりの発熱量は $\dfrac{2800 \text{(kJ)}}{180} = 15.6 \text{(kJ)}$

  2 上の熱化学方程式より，O_2 6 mol が消費されるときの発熱量は 2800 kJ である。
よって，O_2 1 mol が消費されるときの発熱量は $\dfrac{2800 \text{(kJ)}}{6} = 467 \text{(kJ)}$

短期攻略のツボ

燃焼熱：物質 1 mol が完全燃焼するときに発生する反応熱

問2 標準状態で 44.8 L を占める混合気体の総物質量は，$\dfrac{44.8 \text{［L］}}{22.4 \text{［L/mol］}} = 2.00 \text{［mol］}$

この中のメタンを x［mol］とすると，エタンは $(2.00 - x)$ mol である。
これらが完全燃焼したとき 2785 kJ の熱が発生したので，燃焼熱より次式が成り立つ。

$x \text{［mol］} \times 890 \text{［kJ/mol］} + (2.00 - x) \text{［mol］} \times 1560 \text{［kJ/mol］} = 2785 \text{［kJ］}$

$x = 0.50 \text{［mol］}$

よって，混合気体中のメタンの物質量％は $\dfrac{0.50 \text{［mol］}}{2.00 \text{［mol］}} \times 100 = 25 \text{［％］}$

問3 熱化学方程式(1)〜(3)の反応熱は，それぞれ CO_2（気），H_2O（液），C_2H_5OH（液）の生成熱である。図1の中にこれらの値を書き入れると，

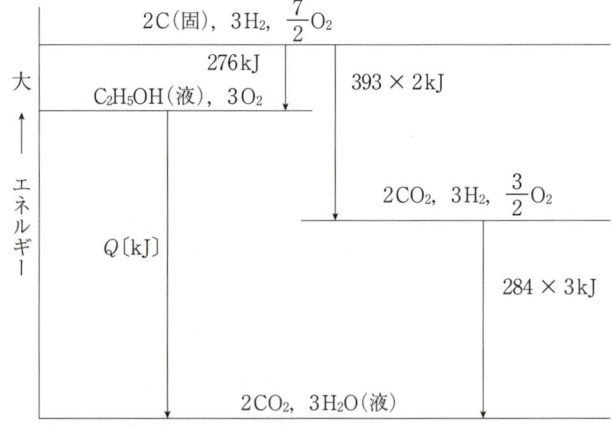

```
                    2C(固)，3H₂，7/2 O₂
                         │
                       276 kJ
                    C₂H₅OH(液)，3O₂     │
 大                                    │ 393×2 kJ
 ↑                                    │
 エ                                    │
 ネ                                    ↓
 ル                              2CO₂，3H₂，3/2 O₂
 ギ                                    │
 ー     Q[kJ]                          │
                                       │ 284×3 kJ
                                       │
                                       ↓
                              2CO₂，3H₂O(液)
```

ヘスの法則により，$276 + Q \text{［kJ］} = 393 \times 2 + 284 \times 3 \text{［kJ］}$

よってエタノールの燃焼熱 Q は，$Q = 393 \times 2 + 284 \times 3 - 276 = 1362 \text{［kJ/mol］}$

（注）ヘスの法則：物質が変化するときに出入りする反応熱の総和は，変化する前と変化した後の状態だけで決まる。

問4 C(黒鉛) 12 g と C(ダイヤモンド) 12 g は，どちらも原子 1 mol である。一方，C_{60}（フラーレン）は，分子 1 mol が 12×60 g なので，C_{60}（フラーレン）12 g の物質量は，

$\dfrac{12 \text{ g}}{12 \times 60 \text{ g/mol}} = \dfrac{1}{60} \text{ mol}$ である。

したがって，各同素体 12 g を完全燃焼させたとき発生する熱量は，与えられた熱化学方程式より，それぞれ次のようになる。

　C(黒鉛)　　$394 \text{ kJ/mol} \times 1 \text{ mol} = 394 \text{ kJ}$

　C(ダイヤモンド)　　$396 \text{ kJ/mol} \times 1 \text{ mol} = 396 \text{ kJ}$

　C_{60}（フラーレン）　　$25930 \text{ kJ/mol} \times \dfrac{1}{60} \text{ mol} \fallingdotseq 432 \text{ kJ}$

これらの大小関係をエネルギー図で表すと、次のようになる。

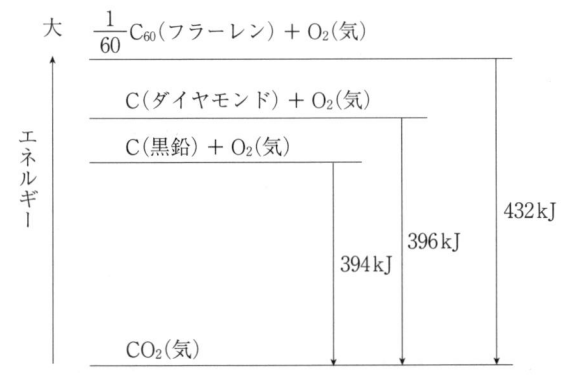

$$\frac{1}{60}C_{60}(フラーレン) + O_2(気)$$
$$C(ダイヤモンド) + O_2(気)$$
$$C(黒鉛) + O_2(気)$$

394 kJ, 396 kJ, 432 kJ

$$CO_2(気)$$

以上より、各同素体 12 g のもつエネルギー（化学エネルギー）の大小関係は、
フラーレン＞ダイヤモンド＞$_ア$黒鉛である。また、フラーレンと黒鉛のエネルギー差は、
432 kJ − 394 kJ ＝$_イ$38 kJ である。

19

問1 ⓪　問2 ⑥　問3 ⓪

問1　(1)～(3)式の反応熱は、それぞれ CO_2, C_2H_5OH(液), $C_6H_{12}O_6$(固)の生成熱とみることができる。求める式はC(黒鉛), H_2, O_2 を含まないので、(1)式 × 2 + (2)式 × 2 − (3)式 によりこれらを消去すると、

$$C_6H_{12}O_6(固) = 2C_2H_5OH(液) + 2CO_2 + (394 \times 2 + 277 \times 2 - 1273)\,kJ$$

よって、$Q = 69$ 〔kJ〕

〔別解〕 ある反応の反応熱を生成熱から求めるとき、

反応熱 ＝ (生成物の生成熱の和) − (反応物の生成熱の和)

の関係を利用することができる。

$$\underbrace{C_6H_{12}O_6(固)}_{反応物} = \underbrace{2C_2H_5OH(液) + 2CO_2}_{生成物} + Q\,〔kJ〕$$

CO_2, C_2H_5OH(液), $C_6H_{12}O_6$(固)の生成熱〔kJ/mol〕はそれぞれ 394, 277, 1273 であるから、上の関係より

$$Q = \underbrace{(394 \times 2 + 277 \times 2)}_{生成物の生成熱の和} - \underbrace{(1273)}_{反応物の生成熱の和} = 69\,〔kJ〕$$

問2　求める反応熱を Q〔kJ〕とすると、

$$\underbrace{C_2H_4}_{エチレン} + H_2 = \underbrace{C_2H_6}_{エタン} + Q\,〔kJ〕$$

反応物　　生成物

C_2H_4, C_2H_6 の生成熱〔kJ/mol〕はそれぞれ −52.2, 84.0 であるから、反応熱 ＝ (生成物の

生成熱の和) − (反応物の生成熱の和) より, $Q = (84.0) − (−52.2) = 136.2$ 〔kJ〕

(注) H_2 は単体なのでその生成熱は 0 である。

問3　$2C_2H_4(気) + Cl_2(気) + \dfrac{1}{2}O_2(気) = 2CH_2{=}CHCl(気) + H_2O(気) + Q$〔kJ〕
　　　　　　　　　　反応物　　　　　　　　　　　　生成物

$C_2H_4(気)$, $CH_2{=}CHCl(気)$, $H_2O(気)$ の生成熱〔kJ/mol〕はそれぞれ, A, B, C であるから, 反応熱 = (生成物の生成熱の和) − (反応物の生成熱の和) より,

$Q = (B \times 2 + C) − (A \times 2) = 2B + C − 2A$〔kJ〕

(注) Cl_2, O_2 は単体なので, それらの生成熱は 0 である。

短期攻略のツボ

$$a\mathsf{A} + b\mathsf{B} = x\mathsf{X} + y\mathsf{Y} + Q\text{〔kJ〕}$$
　　　　　　⋮　　⋮　　⋮　　⋮
生成熱→ Q_A　Q_B　Q_X　Q_Y〔kJ/mol〕　反応熱 $Q = (xQ_X + yQ_Y) − (aQ_A + bQ_B)$

20

問1　a −②　b −③　　問2　④　　問3　②　　問4　④

問1　a　ある反応の反応熱を燃焼熱から求めるとき,

反応熱 = (反応物の燃焼熱の和) − (生成物の燃焼熱の和)

の関係を利用することができる。硫化水素の生成熱を Q とすると,

$S(固) + H_2(気) = H_2S(気) + Q$〔kJ〕
　　反応物　　　　　　　生成物

上の関係より, $Q = (S(固)$ と $H_2(気)$ の燃焼熱の和) − ($H_2S(気)$ の燃焼熱)

よって, $H_2(気)$ の燃焼熱がわかればよい。

b　Q は $SO_2(気)$ 1 mol あたりの熱である。SO_2 のモル質量は 64 g/mol だから,

$$Q = \dfrac{64\,〔g〕}{1.0\,〔g〕} \times 9.7\,〔kJ〕 = 620\,〔kJ〕$$

問2　求める反応熱を Q とすると,

$CO(気) + 2H_2(気) = CH_3OH(気) + Q$〔kJ〕
　　反応物　　　　　　　　　生成物

(1)〜(3)式より, $CO(気)$, $H_2(気)$, $CH_3OH(気)$ の燃焼熱〔kJ/mol〕はそれぞれ 284, 242, 677 であるから, 反応熱 = (反応物の燃焼熱の和) − (生成物の燃焼熱の和) より,

$Q = (284 + 242 \times 2) − (677) = 91$〔kJ〕

(注) 燃焼熱は生成する H_2O が一般に液体の場合の値となるが, (2), (3)式の燃焼熱は H_2O が気体の場合の値である。上の関係を利用するときには, H_2O が液体か気体のどちらかに統一されていなければならない。

短期攻略のツボ

$$a\mathsf{A} + b\mathsf{B} = x\mathsf{X} + y\mathsf{Y} + Q\text{〔kJ〕}$$
　　　　　　⋮　　⋮　　⋮　　⋮
燃焼熱→ Q_A'　Q_B'　Q_X'　Q_Y'〔kJ/mol〕　反応熱 $Q = (aQ_A' + bQ_B') − (xQ_X' + yQ_Y')$

問3 ナフタレンの燃焼熱を Q〔kJ/mol〕とすると,

$$C_{10}H_8(固) + 12O_2(気) = 10CO_2(気) + 4H_2O(液) + Q〔kJ〕$$
　　　　　反応物　　　　　　　　　生成物

Q は与えられた生成熱から求めることができる。

反応熱 ＝（生成物の生成熱の和）－（反応物の生成熱の和） より,

$$Q = (393.3 \times 10 + 285.5 \times 4) - (-77.7) = 5152.7〔kJ/mol〕$$

（注） O_2 は単体なのでその生成熱は 0 である。

上の熱化学方程式より, 生成する H_2O(液) 1 mol あたり $\frac{Q}{4}$〔kJ〕の熱が発生する。このとき生成した H_2O(液)は $\dfrac{1.80〔g〕}{18.0〔g/mol〕} = 0.100$〔mol〕

よって発生した熱は, $\dfrac{5152.7〔kJ/mol〕}{4} \times 0.100〔mol〕 = 128.8〔kJ〕$

問4 与えられた式より C_2H_2 の燃焼熱は 1309 kJ/mol

次式より CO_2 の生成熱は C(黒鉛)の燃焼熱と等しく 394 kJ/mol

$$C(黒鉛) + O_2 = CO_2 + 394 kJ$$

また, H_2O(気)の生成熱, H_2O(液)の蒸発熱より,

$$H_2 + \frac{1}{2}O_2 = H_2O(気) + 242 kJ$$

$$H_2O(液) = H_2O(気) - 44 kJ$$

この二式から H_2O(気)を消去すると,

$$H_2 + \frac{1}{2}O_2 = H_2O(液) + (242 + 44) kJ$$

よって, H_2 の燃焼熱は 286 kJ/mol

求めるアセチレンの生成熱を Q〔kJ/mol〕とすると,

$$2C(黒鉛) + H_2 = C_2H_2 + Q〔kJ〕$$
　　　　反応物　　　生成物

反応熱 ＝（反応物の燃焼熱の和）－（生成物の燃焼熱の和） より,

$$Q = (394 \times 2 + 286) - (1309) = -235〔kJ/mol〕$$

（注） H_2O(気)は H_2O(液)より蒸発熱の分だけエネルギーが大きい。

短期攻略のツボ

C(黒鉛)の燃焼熱 ＝ CO_2 の生成熱

H_2 の燃焼熱 ＝ H_2O(液)の生成熱

21

問1 ⑥　問2 ③　問3 ②　問4 ⑤

問1 この実験の中和反応は,

$$HCl + NaOH \longrightarrow NaCl + H_2O$$

0.500 mol/L NaOH 水溶液 200 mL を完全に中和するのに必要な 0.500 mol/L HCl 水溶液は 200 mL である。20.5℃ の HCl 水溶液を 50.0 mL ずつ加えていくと，中和で発生する熱により溶液の温度が上昇していく。50.0 mL 加えるごとに発生する熱は同じであるが，溶液全体の体積が増加していくので，溶液の温度上昇分はしだいに小さくなる。加えた HCl 水溶液の総量が 200 mL 以上になると，中和反応が終了しているので熱は発生しないが，温度は一定とはならず低下していく。これは加える 20.5℃ の水溶液により溶液全体が冷やされるためである。

問 2 求める反応熱を Q [kJ/mol] とすると，

$NH_3(気) + HCl\,aq = NH_4Cl\,aq + Q$ [kJ]　　　　　　　　　　　　　　……(4)

(1)式より　$NH_4Cl\,aq = NH_4Cl(固) + aq + 14.6$ kJ
(2)式より　$HCl\,aq = HCl(気) + aq - 74.8$ kJ

これらを上の(4)式に代入すると，(3)式と同じ式が得られる。

$NH_3(気) + HCl(気) + aq - 74.8$ [kJ] $= NH_4Cl(固) + aq + (14.6 + Q)$ kJ
$NH_3(気) + HCl(気) = NH_4Cl(固) + (14.6 + 74.8 + Q)$ kJ

よって，$14.6 + 74.8 + Q = 176.0$　　$Q = 86.6$ [kJ/mol]

[参考]　求める反応熱を含む(4)式と与えられた(1)〜(3)式をエネルギー図でまとめると，

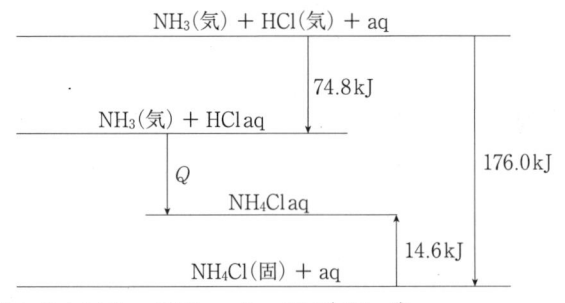

```
            NH₃(気) + HCl(気) + aq
                    │
                    │ 74.8 kJ
        NH₃(気) + HCl aq                        │
                │                               │
                │ Q                             │ 176.0 kJ
                │    NH₄Cl aq                   │
                        │                       │
                        │ 14.6 kJ               │
                    NH₄Cl(固) + aq
```

よって，$74.8 + Q + 14.6 = 176.0$　　$Q = 86.6$ [kJ/mol]

問 3 求める反応熱を Q [kJ/mol] とすると，

$HCl\,aq + NaOH(固) = NaCl\,aq + H_2O + Q$ [kJ]

NaOH(固)の溶解熱を Q_1 [kJ/mol]，NaOH aq と HCl aq の中和熱を Q_2 [kJ/mol] とすると，ヘスの法則により Q はこれらの合わさったものと考えることができる。

$Q = Q_1 + Q_2$

○領域 A のデータより Q_1 を求める

$NaOH(固) + aq = NaOH\,aq + Q_1$ [kJ]

NaOH(固) 1.0 mol が多量の水(500 mL)に溶け，溶液の温度が 15℃から 35℃まで上昇した。このとき発生した熱が Q_1 に相当するから，

$Q_1 = 4.2$ J/(℃·g) $\times$ (500 mL $\times$ 1.0 g/mL) $\times$ (35 − 15)℃
　　$= 42 \times 10^3$ [J] $= 42$ [kJ]

○領域 B のデータより Q_2 を求める

$$\text{NaOHaq} + \text{HClaq} = \text{NaClaq} + \text{H}_2\text{O} + Q_2 \text{[kJ]}$$

加えた HCl は $2.0\text{[mol/L]} \times \dfrac{500}{1000}\text{[L]} = 1.0\text{[mol]}$

なので，NaOH 1.0 mol と過不足なく反応した。

領域 A と同様に図より温度上昇を読み取ると，溶液(500 mL + 500 mL)の温度が 30℃ から 43℃ まで上昇したことがわかる。このとき発生した熱が Q_2 に相当するから，

$$\begin{aligned} Q_2 &= 4.2\,\text{J/(℃·g)} \times (1000\,\text{mL} \times 1.0\,\text{g/mL}) \times (43-30)\,\text{℃} \\ &= 54.6 \times 10^3 \text{[J]} = 54.6 \text{[kJ]} \end{aligned}$$

以上より，$Q = 42 + 54.6 = 96.6 \text{[kJ/mol]}$

短期攻略のツボ
発熱反応による溶液の温度上昇

　　　発熱量　　比熱　　質量　温度上昇分
　　　$q\text{[J]} = c\text{[J/℃·g]} \times W\text{[g]} \times \Delta t\text{[℃]}$

問 4 ①（正）水素 H_2 と塩素 Cl_2 の混合気体は暗所ではほとんど反応しないが，強い光を当てると光エネルギーを吸収して爆発的に反応し，塩化水素 HCl を生じる。

$$H_2 + Cl_2 \xrightarrow{\text{光}} 2HCl$$

このように，光エネルギーの吸収によって引き起こされる化学反応を，光化学反応という。

②（正）化学反応の際に，光としてエネルギーを放出する現象を化学発光または化学ルミネセンスという。ホタルやウミホタルの生物発光，血痕の検出法として利用されるルミノール反応などの例がある。

③（正）臭化銀 AgBr に光を当てると，次の反応が起こって銀 Ag が生成する。

$$2AgBr \longrightarrow 2Ag + Br_2$$

臭化銀のように，光によって化学反応が起こる性質を感光性という。臭化銀は写真フィルムに使われている。

④（正）緑色植物は，光エネルギーを吸収して，CO_2 と H_2O から高い化学エネルギーをもつ糖類(グルコース，デンプンなど)を合成する。植物のこのようなはたらきを光合成という。光合成は複雑な反応過程からなるが，まとめると次式のように表すことができる。

$$m\,CO_2 + n\,H_2O \xrightarrow{\text{光}} C_m(H_2O)_n + m\,O_2$$

⑤（誤）化学発光は，化学反応において物質のもつ化学エネルギーの差が，光となって放出されたときに起こる。
光化学反応は，光が吸収されたときに起こる反応である。

(注)　光触媒：酸化チタン(Ⅳ) TiO_2 のように，光が当たると触媒のはたらきを示す物質

22

問1 ③ 問2 ① 問3 ② 問4 ③

問1 求める F−F の結合エネルギーを x[kJ/mol] とする。H−H と H−F の結合エネルギーは，それぞれ 436 kJ/mol，568 kJ/mol である。これらを熱化学方程式で表すと，

$$F_2(気) = 2F(気) - x[kJ] \quad \cdots\cdots(1)$$
$$H_2(気) = 2H(気) - 436\,kJ \quad \cdots\cdots(2)$$
$$HF(気) = H(気) + F(気) - 568\,kJ \quad \cdots\cdots(3)$$

また，HF の生成熱 271 kJ/mol を熱化学方程式で表すと，

$$\frac{1}{2}F_2(気) + \frac{1}{2}H_2(気) = HF(気) + 271\,kJ \quad \cdots\cdots(4)$$

(4)式 $= \frac{1}{2} \times$ (1)式 $+ \frac{1}{2} \times$ (2)式 $-$ (3)式より，

$$271 = \frac{1}{2} \times (-x) + \frac{1}{2} \times (-436) - (-568)$$

よって，$x = 158\,kJ/mol$

[別解] 次図のようなエネルギー図（↑は吸熱，↓は発熱を表す）をつくり，x を求める。

原子状 H(気) + F(気)

$\frac{1}{2}x + \frac{1}{2} \times 436$

$\frac{1}{2}F_2(気) + \frac{1}{2}H_2(気)$

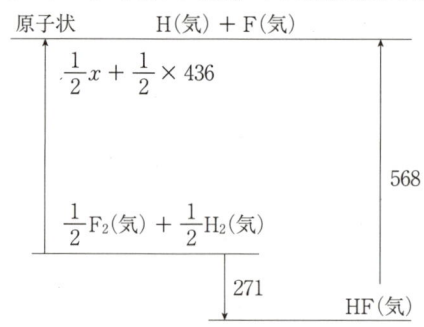

568

271

HF(気)

図より，$\frac{1}{2}x + \frac{1}{2} \times 436 + 271 = 568$

$x = 158\,kJ/mol$

短期攻略のツボ

結合エネルギー[kJ/mol]
　ある結合 1 mol を切断するのに必要なエネルギー[kJ]で，その結合 1 mol が生成するとき放出されるエネルギー[kJ]に等しい。

結合エネルギーから反応熱 Q を求める方法
　$Q =$ 〔生成物(気体)の結合エネルギーの総和〕$-$〔反応物(気体)の結合エネルギーの総和〕

問2 N−H の結合エネルギーを x[kJ/mol] として，熱化学方程式(1)を表すと，

$$NH_3(気) = N(気) + 3H(気) - 3x[kJ]$$

よって，$3x = 1173$　　$x = 391\,kJ/mol$

上で求めた N−H の結合エネルギーを用い，熱

$\begin{pmatrix} H \overset{x}{} H & NH_3\,1\,mol\,中に \\ N & N-H\,結合\,3\,mol \\ | & を含む \\ H & \end{pmatrix}$

化学方程式(2)をエネルギー図で表すと，

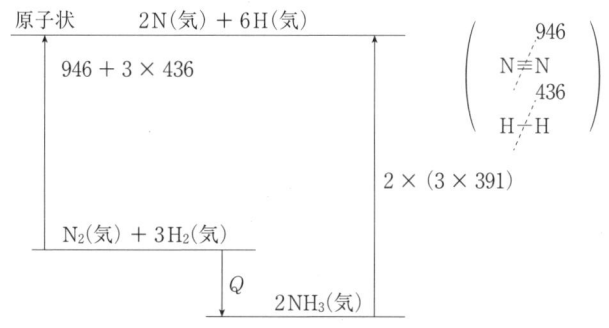

```
原子状    2N(気) + 6H(気)
     946 + 3 × 436                      ⎛    946       ⎞
                                        ⎜ N≡N          ⎟
                                        ⎜       436    ⎟
                              2×(3×391) ⎝ H─H          ⎠
     N₂(気) + 3H₂(気)
              │Q
              ↓  2NH₃(気)
```

よって，$Q = 2 \times (3 \times 391) - (946 + 3 \times 436) = 92\,\text{kJ}$

問3 C─Hの結合エネルギーを x [kJ/mol] として，熱化学方程式(1)を表すと，

$\text{CH}_4(\text{気}) = \text{C}(\text{気}) + 4\text{H}(\text{気}) - 4x\,[\text{kJ}]$

よって，$4x = 1664 \qquad x = 416$

C─Cの結合エネルギーを y [kJ/mol] とし
て，上で求めたC─Hの結合エネルギーを用い，
熱化学方程式(2)を表すと，

$\text{C}_2\text{H}_6(\text{気}) = 2\text{C}(\text{気}) + 6\text{H}(\text{気}) - (6 \times 416 + y)\,\text{kJ}$

よって，$6 \times 416 + y = 2826$
$y = 330\,\text{kJ/mol}$

$$\left(\begin{array}{l} \text{H\quad H}\\ \text{H─C─H}\\ \text{\ \ }|\ \ x\\ \text{\ \ H} \end{array}\quad \begin{array}{l}\text{CH}_4\ 1\,\text{mol 中に}\\ \text{C─H 結合 4 mol を}\\ \text{含む}\end{array}\right)$$

$$\left(\begin{array}{l}\text{H\ \ H}\quad 416\\ \text{H─C─C─H}\\ \text{H}\ y\ \text{H}\end{array}\quad\begin{array}{l}\text{C}_2\text{H}_6\ 1\,\text{mol 中に}\\ \text{C─H 結合 6 mol と}\\ \text{C─C 結合 1 mol を}\\ \text{含む}\end{array}\right)$$

問4 与えられた熱化学方程式(1)，(2)を加え合わせて，H₂O(液)を消去すると，

$\text{H}_2 + \dfrac{1}{2}\text{O}_2 = \cancel{\text{H}_2\text{O}}(\text{液}) + 286\,\text{kJ}$ ……(1)

$\cancel{\text{H}_2\text{O}}(\text{液}) = \text{H}_2\text{O}(\text{気}) - 44\,\text{kJ}$ ……(2)

$\text{H}_2 + \dfrac{1}{2}\text{O}_2 = \text{H}_2\text{O}(\text{気}) + 242\,\text{kJ}$ ……(3)

H₂O(気)中のO─H結合エネルギーを x [kJ/mol] として，H─HとO═Oの結合エネルギーを用い，熱化学方程式(3)をエネルギー図で表すと，

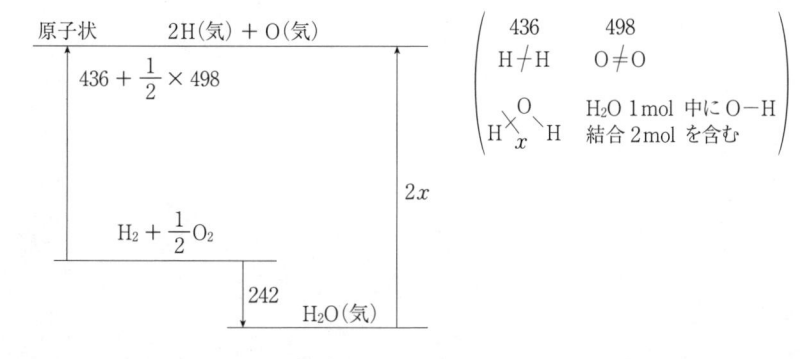

```
原子状    2H(気) + O(気)
                                  ⎛ 436       498        ⎞
     436 + 1/2 × 498               ⎜ H─H       O═O        ⎟
                                  ⎜      O               ⎟
                              2x  ⎜   H╱ ╲H   H₂O 1 mol 中にO─H⎟
                                  ⎝      x    結合 2 mol を含む⎠
     H₂ + 1/2 O₂
              │242
              ↓  H₂O(気)
```

H_2O(気)1mol 中の O−H 結合を，すべて切断するのに必要なエネルギーは $2x$ である。

$$H_2O(気) = 2H(気) + O(気) - 2x [kJ]$$

図より，

$$2x = 436 + \frac{1}{2} \times 498 + 242 = 927 \, kJ$$

第2章　化学反応と電気エネルギー

23

問1　③　　問2　③　　問3　①　　問4　②　　問5　a－⑦　　b－④

問1　〈還元剤の式〉

$$H_2O_2 \longrightarrow O_2 + 2H^+ + 2e^- \qquad \cdots\cdots(1)$$

〈酸化剤の式〉

$$MnO_4^- + 8H^+ + 5e^- \longrightarrow Mn^{2+} + 4H_2O \qquad \cdots\cdots(2)$$

(1)式×5＋(2)式×2より電子e^-を消去して整理すると，

$$5H_2O_2 + 2MnO_4^- + 6H^+ \longrightarrow 5O_2 + 2Mn^{2+} + 8H_2O \qquad \cdots\cdots(3)$$

反応した$KMnO_4$は，　$0.25\,mol/L \times \dfrac{60}{1000}\,L = 0.015\,mol$

このとき発生するO_2は，(3)式の係数関係より　$0.015\,mol \times \dfrac{5}{2} = 0.0375\,mol$

これを標準状態の体積に換算すると，$0.0375\,mol \times 22.4\,L/mol = \underline{0.84\,L}$

問2　一般にXがYに酸化されてX′となるとき(このときYはY′となる)，酸化剤としてはYの方がX′より強いといえる。

$$X + Y \longrightarrow X' + Y' \text{（還元剤としては，Xの方がY′より強いといえる。）}$$
　　↑
　　e^-

ア　Fe^{2+}がH_2O_2に酸化されてFe^{3+}となるので，酸化剤としてはH_2O_2の方がFe^{3+}より強い。

イ　I^-がH_2O_2に酸化されてI_2となるので，酸化剤としてはH_2O_2の方がI_2より強い。

ウ　I^-がFe^{3+}に酸化されてI_2となるので，酸化剤としてはFe^{3+}の方がI_2より強い。

ア～ウより，酸化剤としての強さの順序は$\underline{H_2O_2 > Fe^{3+} > I_2}$である。

問3　a（正）　ダニエル電池を放電させると，負極ではZnが酸化され，正極ではCu^{2+}が還元される反応が起こる。

　　負極：$Zn \longrightarrow Zn^{2+} + 2e^-$　　　正極：$Cu^{2+} + 2e^- \longrightarrow Cu$

b（誤）　放電させると，上式のような変化が起こるので負極では極板のZnが溶け出し，正極では極板にCuが析出する。このとき，負極で溶け出すZnの物質量と正極で析出するCuの物質量は等しい。

しかし，ZnとCuのモル質量〔g/mol〕は異なるから，負極と正極の質量変化は異なる。

c（誤）　負極(Zn板)から出た電子e^-は，導線中を正極(Cu板)に向かって流れる。したがって，電流は導線中を逆にCu板からZn板に流れることになる。

> **短期攻略のツボ**
> 電池の放電
> 導線e⁻中
> ─(−) 負極：電子を放出する（酸化される）…還元剤が変化
> ─(+) 正極：電子を受け入れる（還元される）…酸化剤が変化

問4 ②はダニエル電池，他はダニエル型電池とよばれる。ダニエル(型)電池では，二種の金属極のうちでイオン化傾向の大きい方が負極，小さい方が正極となる。また，両極のイオン化傾向の差が大きいほど起電力は大きくなる。

電池①〜③の金属極をイオン化傾向の順に並べると，

$$Zn \; \underset{\underset{②}{\underbrace{}}}{\overset{①}{\overbrace{}} >} Ni \; \overset{③}{\overbrace{}} > Cu$$

よって，イオン化傾向の差が最も大きい電池②の起電力が最も大きい。

問5 **a** ダニエル型電池である。イオン化傾向が $Zn > Ag$ なので，Zn板が負極，Ag板が正極となる。放電時に起こる変化は，

負極：$Zn \longrightarrow Zn^{2+} + 2e^-$ …(1)   正極：$Ag^+ + e^- \longrightarrow Ag$ …(2)

溶け出したZn板の質量が1.31gなので，(1)式より流れた電子 e^- は

$$\frac{1.31 \, [\text{g}]}{65.4 \, [\text{g/mol}]} \times 2 = 4.00 \times 10^{-2} \, [\text{mol}]$$

(2)式よりAg板に析出したAgの質量は，$4.00 \times 10^{-2} \, [\text{mol}] \times 108 \, [\text{g/mol}] = 4.32 \, [\text{g}]$
よって，Ag板の質量は4.32g増加（<u>+4.32g</u>）する。

b 導線中を流れた電気量は，

$$4.00 \times 10^{-2} \, [\text{mol}] \times 9.65 \times 10^4 \, [\text{C/mol}] = \underline{3.86 \times 10^3} \, [\text{C}]$$

電流は電子と逆に <u>Ag板からZn板</u> に流れる。

(注) ファラデー定数は1molの電子がもつ電気量(C)の絶対値に等しい。

24

問1 ①　問2 ②　問3 a−⑥　b−①　問4 ④

問1 マンガン乾電池が放電するとき，負極ではZnが次のように変化する。

$$Zn \longrightarrow Zn^{2+} + 2e^-$$

放電で流れた電子 e^- は，$\dfrac{0.1 \, [\text{C/s}] \times (2.7 \times 3600) \, [\text{s}]}{9.65 \times 10^4 \, [\text{C/mol}]} = 0.010 \, [\text{mol}]$

上式より，このとき酸化されたZnは，$0.010 \, [\text{mol}] \times \dfrac{1}{2} = \underline{0.005} \, [\text{mol}]$

[参考] マンガン乾電池　$(-) \, Zn \, | \, ZnCl_2 aq, \, NH_4Cl \, aq \, | \, MnO_2, \, C \, (+)$

第2章 化学反応と電気エネルギー　53

> **短期攻略のツボ**
>
> 1A(アンペア) = 1C(クーロン)/s(秒)
>
> i[A]の電流がt[s]間流れたとき,
>
> 流れた電気量 = it [C]
>
> 流れた電子の物質量 = $\dfrac{it}{F}$ [mol]
>
> Fはファラデー定数[C/mol]

問2　①（誤）鉛蓄電池の電解液は，希硫酸である。

②（正）鉛蓄電池が放電すると，両極に難溶性の硫酸鉛(Ⅱ)$PbSO_4$(白色)が生成し，極板上に付着する。このため，両極の表面がともに白色になる。

③（誤）一般に電池が放電するとき，正極では還元(e^-を受けとる変化)が起こり，負極では酸化(e^-を失う変化)が起こる。

④（誤）鉛蓄電池が放電すると，電解液中の硫酸(H_2SO_4)が減少し，水(H_2O)が増加する。このため，電解液の希硫酸の濃度は低くなる(その結果，電解液の密度は小さくなる)。

⑤（誤）鉛蓄電池は二次電池の一種で，充電ができる。充電すると放電の逆向きの反応が起こるので，負極に付着していた$PbSO_4$は鉛Pbにもどり，正極に付着していた$PbSO_4$は酸化鉛(Ⅳ)PbO_2にもどる。

> **短期攻略のツボ**
>
> 鉛蓄電池の反応（→は放電，←は充電を表す）
>
> 負極（−）　$Pb + SO_4^{2-} \rightleftarrows PbSO_4 + 2e^-$ ……(1)
>
> 正極（+）　$PbO_2 + SO_4^{2-} + 4H^+ + 2e^- \rightleftarrows PbSO_4 + 2H_2O$ ……(2)
>
> 全体の反応（(1)式＋(2)式）
>
> 　　　　　負極　　正極　　　　　　各極板上に生成
> 　　　　　$Pb + PbO_2 + \underline{2H_2SO_4} \rightleftarrows 2PbSO_4 + \underline{2H_2O}$
> 　　　　導線中　$2e^-$　　　　　　　　　　電解液中

問3　**a**　鉛蓄電池を放電させると，導線中を負極から正極へ電子e^-が流れ，負極(Pb)と正極(PbO_2)では，それぞれ次式で表される変化が起こる。

　負極（電極A）：$Pb + SO_4^{2-} \longrightarrow PbSO_4 + 2e^-$ ……(i)

　正極（電極B）：$PbO_2 + 4H^+ + SO_4^{2-} + 2e^- \longrightarrow PbSO_4 + 2H_2O$ ……(ii)

(i)式＋(ii)式よりe^-を消去すると，次の全体式が得られる。

　$Pb + PbO_2 + 2H_2SO_4 \longrightarrow 2PbSO_4 + 2H_2O$ ……(iii)

ア　(ii)式より，放電させるとPbO_2は電子を得るので，<u>還元</u>される。このとき(i)式より，Pbは電子を失うので酸化される。

　（負極）$\underset{0}{Pb} \Longrightarrow \underset{+2}{PbSO_4}$　　（正極）$\underset{+4}{PbO_2} \Longrightarrow \underset{+2}{PbSO_4}$
　　　酸化数　　　　　　　　　　酸化数

イ　(iii)式より，放電させると水溶液中のH_2SO_4が減少し，H_2Oが増加するので，硫酸の濃度は<u>減少する</u>。

b 鉛蓄電池を放電させて,導線中を 2 mol の e^- が流れたとする。(i),(ii)式より,このときの各極の質量変化は,以下のようになる。

負極(電極 A):

$$Pb \Longrightarrow PbSO_4 \qquad 変化量$$
1 mol　　　　1 mol　　　　　96 g(増加)
(207) g　　(207 + 96) g

正極(電極 B):

$$PbO_2 \Longrightarrow PbSO_4 \qquad 変化量$$
1 mol　　　　1 mol　　　　　64 g(増加)
(207 + 32) g　(207 + 96) g

(注) 各極で生成する $PbSO_4$ は水に難溶なので,極板上に付着していく。

よって図 2 のグラフでは,これらの関係が,傾き $\frac{96}{64}(=1.5)$ の直線(①)で表されることになる。

問 4 ①(正) 図 3 の水素 − 酸素燃料電池は,水素の燃焼にともなって生じるエネルギーの一部を,電気エネルギーに変換する装置である。

②(正) 電池では,電子が外部に出ていく電極を負極,電子が外部から入ってくる電極を正極とよんでいる。したがって,放電時は電子が導線中を負極から正極へ移動する(電流はこの逆に流れる)。

③(正) H_2 が還元剤として負極で反応し,O_2 が酸化剤として正極で反応する。

負極:$H_2 \longrightarrow 2H^+ + 2e^-$ 　　　　　　　　　　　　……(i)
正極:$O_2 + 4e^- + 4H^+ \longrightarrow 2H_2O$ 　　　　　　　　……(ii)

④(誤) (i)式 × 2 + (ii)式より,電子 e^- を消去すると,H_2 の燃焼の化学反応式が得られる。

$$2H_2 + O_2 \longrightarrow 2H_2O$$
　2　:　1

したがって,反応に使われる H_2 と O_2 の同温・同圧における体積の比(物質量の比と同じ)は,2:1 である。

⑤(正) 水の電気分解で起こる全体としての変化は,H_2 の燃焼反応の逆反応である。

全体としての反応
水素 − 酸素燃料電池　　$2H_2 + O_2 \longrightarrow 2H_2O$
水の電気分解　　　　　$2H_2O \longrightarrow 2H_2 + O_2$

したがって,電池で 1 C の電気量を取り出すのに必要な H_2 の物質量は,電気分解で 1 C の電気量を通じたとき発生する H_2 の物質量に等しい。

短期攻略のツボ
水素－酸素燃料電池
(−) $H_2(Pt) | H_3PO_4aq | O_2(Pt)$ (＋)
負極：$H_2 \longrightarrow 2H^+ + 2e^-$　正極：$O_2 + 4H^+ + 4e^- \longrightarrow 2H_2O$
e^- を消去すると，$2H_2 + O_2 \longrightarrow 2H_2O$ （全体の反応）

25

問1　$\boxed{1}$ −④　$\boxed{2}$ −⑤　$\boxed{3}$ −②　$\boxed{4}$ −③　$\boxed{5}$ −⑦
$\boxed{6}$ −⑤　問2　①　問3　a−①　b−①　問4　a−⑦　b−④

問1　電気分解では，陽極で酸化(e^- を失う変化)が起こり，陰極で還元(e^- を得る変化)が起こる。

ア　希硫酸 $H_2SO_4 \longrightarrow 2H^+ + SO_4^{2-}$
陽極(Pt)では H_2O が酸化され(SO_4^{2-} は変化しない)，陰極(Pt)では H^+ が還元される。

陽極：$2H_2O \longrightarrow O_2 + 4H^+ + 4e^-$
陰極：$2H^+ + 2e^- \longrightarrow H_2$

よって，$\boxed{1}$ は④，$\boxed{2}$ は⑤。

イ　硫酸銅（Ⅱ）水溶液 $CuSO_4 \longrightarrow Cu^{2+} + SO_4^{2-}$
陽極(Cu)では極板の Cu が酸化され(SO_4^{2-} は変化しない)，陰極(Cu)では Cu^{2+} が還元される。

陽極：$Cu \longrightarrow Cu^{2+} + 2e^-$（極板の Cu が溶け出す）
陰極：$Cu^{2+} + 2e^- \longrightarrow Cu$

よって，$\boxed{3}$ は②，$\boxed{4}$ は③。

ウ　塩化ナトリウム水溶液 $NaCl \longrightarrow Na^+ + Cl^-$
陽極(C)では Cl^- が酸化され，陰極(Pt)では H_2O が還元される(Na^+ は変化しない)。

陽極：$2Cl^- \longrightarrow Cl_2 + 2e^-$
陰極：$2H_2O + 2e^- \longrightarrow H_2 + 2OH^-$

よって，$\boxed{5}$ は⑦，$\boxed{6}$ は⑤。

短期攻略のツボ
水溶液の電気分解
〈陽極〉○Ag極，Cu極のとき，極物質が酸化される(一般に溶け出す)。
○Pt極，C極のとき I^- や Cl^- があれば I^- や Cl^- が酸化され，なければ H_2O(中性〜酸性下)または OH^-(アルカリ性下)が酸化される。……SO_4^{2-}，NO_3^- は変化しない。
〈陰極〉○一般に極物質は安定。
○Cu^{2+}，Ag^+ があれば，Cu^{2+}，Ag^+ が還元され，なければ H_2O(中性〜アルカリ性下)または H^+(酸性下)が還元される。……イオン化傾向の大きい K^+，Ca^{2+}，Na^+，Mg^{2+}，Al^{3+} は変化しない。

問2　陰極で金属(X とする)が析出するときの変化は，

$$X^{2+} + 2e^- \longrightarrow X$$

流れた電気量は，$i[\text{C/s}] \times t[\text{s}] = it[\text{C}]$

流れた電子 e^- の物質量は，$\dfrac{it[\text{C}]}{96500[\text{C/mol}]} = \dfrac{it}{96500}[\text{mol}]$

上式より，析出した金属の質量は

$$\dfrac{it}{96500}[\text{mol}] \times \dfrac{1}{2} \times M[\text{g/mol}] = \dfrac{M}{2} \times \dfrac{it}{96500}[\text{g}]$$

問3 a $AgNO_3$ 水溶液を Ag 極を用いて電気分解すると，陽極，陰極ではそれぞれ次のような変化が起こる。

陽極：$Ag \longrightarrow Ag^+ + e^-$ （極板の Ag が溶け出す）

陰極：$Ag^+ + e^- \longrightarrow Ag$ （極板に Ag が析出する）

陰極で析出した Ag（原子量 M）は 1g だから，上式より流れた電子 e^- の物質量は，

$$\dfrac{1[\text{g}]}{M[\text{g/mol}]} = \dfrac{1}{M}[\text{mol}]$$

この電子がもつ電気量は，$\dfrac{1}{M}[\text{mol}] \times F[\text{C/mol}] = \dfrac{F}{M}[\text{C}]$

この電気量を $A[\text{A}]$，t 秒間に流したので，$\dfrac{F}{M} = A \times t$　　$F = \underline{MAt}[\text{C/mol}]$

b 陽極で溶け出した Ag と同じ物質量の Ag が陰極に析出する。したがって，水溶液中の Ag^+ の濃度は変化しない。よって，①が正しい。

問4 a $CuSO_4$ 水溶液を Pt 極を用いて電気分解すると，陽極，陰極ではそれぞれ次のような変化が起こる。

陽極：$2H_2O \longrightarrow O_2 + 4H^+ + 4e^-$ ……(1)

陰極：$Cu^{2+} + 2e^- \longrightarrow Cu$ ……(2)

陰極に $w[\text{g}]$ の Cu（原子量 63.5）が析出したので，(2)式より流れた電子 e^- の物質量は

$$\dfrac{w[\text{g}]}{63.5[\text{g/mol}]} \times 2 = \dfrac{2w}{63.5}[\text{mol}]$$

よって，流れた電気量は $\dfrac{2w}{63.5}[\text{mol}] \times 96500[\text{C/mol}] = \dfrac{2 \times 96500 \times w}{63.5}[\text{C}]$

b (1)式＋(2)式×2 より e^- を消去すると，全体の反応式が得られる。

$$2H_2O + 2Cu^{2+} \longrightarrow O_2 + 2Cu + 4H^+ \quad \cdots\cdots(3)$$

(3)式より，電解液中の H^+ の量は増加し，Cu^{2+} の量は減少することがわかる。また，SO_4^{2-} は(3)式中になく量は変化しないことがわかる。

26

問1　③　問2　1 －⑤　2 －②　問3　3 －⑤　4 －②
問4　a－④　b－②　c－⑦　問5　a－⑤　b－③

問1 $CuSO_4$ 水溶液を Pt 極で電気分解すると，陽極と陰極ではそれぞれ次の変化が起こる。

陽極：$2H_2O \longrightarrow O_2 + 4H^+ + 4e^-$ ……(1)

陰極：$Cu^{2+} + 2e^- \longrightarrow Cu$ ……(2)

流れた電子 e^- の物質量は，$\dfrac{0.50\,[\text{C/s}] \times (96.5 \times 60)\,[\text{s}]}{9.65 \times 10^4\,[\text{C/mol}]} = 0.030\,[\text{mol}]$

(1)式より陽極で発生する O_2 の体積(標準状態)は，

$0.030\,[\text{mol}] \times \dfrac{1}{4} \times 22.4 \times 10^3\,[\text{mL/mol}] = \underline{168}\,[\text{mL}]$

(2)式より陰極で析出する Cu の質量は，

$0.030\,[\text{mol}] \times \dfrac{1}{2} \times 63.5\,[\text{g/mol}] = \underline{0.95}\,[\text{g}]$

問2 希硫酸水溶液を Pt 極で電気分解すると，陽極と陰極ではそれぞれ次の変化が起こる。

陽極：$2H_2O \longrightarrow O_2 + 4H^+ + 4e^-$ ……(1)

陰極：$2H^+ + 2e^- \longrightarrow H_2$ ……(2)

電気分解で流れた電子の物質量は，$\dfrac{965\,[\text{C}]}{96500\,[\text{C/mol}]} = 0.0100\,[\text{mol}]$

(1)式より陽極で生成する O_2 の質量は，$0.0100\,[\text{mol}] \times \dfrac{1}{4} \times 32\,[\text{g/mol}] = \underline{0.08}\,[\text{g}]$

(2)式より陰極で生成する H_2 の質量は，$0.0100\,[\text{mol}] \times \dfrac{1}{2} \times 2\,[\text{g/mol}] = \underline{0.01}\,[\text{g}]$

問3 図の A で NaOH 水溶液の電気分解で起こる変化は，

陽極（＋）：$4OH^- \longrightarrow O_2 + 2H_2O + 4e^-$ ……(1)

陰極（－）：$2H_2O + 2e^- \longrightarrow H_2 + 2OH^-$ ……(2)

(1)式＋(2)式×2 より e^- を消去すると，$2H_2O \longrightarrow 2H_2 + O_2$ となる。したがって，全体としては水の電気分解となり，発生する気体は体積比 2：1 の H_2 と O_2 であることがわかる。一方，図の A で蓄えられた H_2 と O_2 は，図の B では電池の還元剤，酸化剤としてはたらく。このとき起こる変化(電池の放電)は，

正極（＋）：$O_2 + 2H_2O + 4e^- \longrightarrow 4OH^-$ (1)′ ((1)の逆向き)

負極（－）：$H_2 + 2OH^- \longrightarrow 2H_2O + 2e^-$ (2)′ ((2)の逆向き)

全体としては $2H_2 + O_2 \longrightarrow 2H_2O$ となり，H_2 の燃焼反応と同じになる。

［参考］ 図の B の電池はグローブ電池とよばれ，現在の水素－酸素燃料電池の原型といえる。図の A の電気分解は，図の B の電池の充電と見ることもできる。

問4 各電解槽で起こる変化は，次のようになる。

〈硫酸銅(Ⅱ)水溶液〉Cu 極

陽極Ⅱ：$Cu \longrightarrow Cu^{2+} + 2e^-$　　　　陰極Ⅰ：$Cu^{2+} + 2e^- \longrightarrow Cu$

　　　　　　　　　　　　　　　　　　　　　　　2 : 1

〈塩化ナトリウム水溶液〉C 極

陽極Ⅳ：$2Cl^- \longrightarrow Cl_2 + 2e^-$　　　陰極Ⅲ：$2H_2O + 2e^- \longrightarrow H_2 + 2OH^-$

〈硝酸銀水溶液〉Pt 極
陽極Ⅵ：$2H_2O \longrightarrow O_2 + 4H^+ + 4e^-$　陰極Ⅴ：$Ag^+ + e^- \longrightarrow Ag$
　　　　　　　　　　　　　　　　　　　　　　　　1　：　1

a 電極Ⅲにおける変化
$\underline{H_2}$ が発生し，電極付近の溶液中に OH^- が生成したので溶液が$\underline{アルカリ性}$になった。(④)

b 電極Ⅳにおける変化
$\underline{Cl_2}$ が発生した。(②)

c 電極Ⅴにおける変化
Ag が析出した。電極Ⅰで析出した Cu が 0.635g なので流れた電子の物質量は，

$$\frac{0.635 〔g〕}{63.5 〔g/mol〕} \times 2 = 0.0200 〔mol〕$$

よって，析出した Ag の質量は

$0.0200 〔mol〕 \times 108 〔g/mol〕 = \underline{2.16} 〔g〕$　(⑦)

(注) 各電解槽はすべて直列に連結されているので，各電極に流れた電気量は等しい。

問5 a 図4より，析出する金属 M の物質量は時間に比例することがわかる。例えば 30 分で 9.0×10^{-3} mol 析出するので，5.0×10^{-3} mol 析出するまでの時間は，

$$30 分 \times \frac{5.0 \times 10^{-3} mol}{9.0 \times 10^{-3} mol} = \frac{50}{3} 分$$

よって，この時間までに流れた電気量は，

$0.965 C/s \times \left(\frac{50}{3} \times 60\right) s = 965 C ≒ 9.7 \times 10^2 C$

(注) $1A = 1C/s$

b 図3より，電極ウは陰極，電極エは陽極となっているので，NaOH 水溶液の電気分解により，電極ウ・エではそれぞれ次のような変化が起こる。

　　　　　　　　　　　　　　　┌─ 2：1 ─┐
電極(ウ)：$2H_2O + 2e^- \longrightarrow H_2\uparrow + 2OH^-$ ……(i)
電極(エ)：$4OH^- \longrightarrow O_2\uparrow + 2H_2O + 4e^-$ ……(ii)
　　　　　　　　　　　　　　└─── 1：4 ───┘

30 分まで電気分解を行ったとすると，流れた電子 e^- の物質量は，

$$\frac{0.965 C/s \times (30 \times 60) s}{96500 C/mol} = 0.018 mol \quad (30分までに流れた電子)$$

〔電極(ウ)で発生した気体 H_2〕
(i)式の係数比より，発生した H_2 の物質量は，

$0.018 mol \times \frac{1}{2} = 0.0090 mol$

〔電極(エ)で発生した気体 O_2〕
(ii)式の係数比より，発生した O_2 の物質量は，

$$0.018\,\text{mol} \times \frac{1}{4} = 0.0045\,\text{mol}$$

以上の結果を正しく表しているグラフは，③である。

[参考]　金属Mのイオンの価数をnとすると，電極アで起こる変化は，

$$\text{M}^{n+} + n\text{e}^- \longrightarrow \text{M}$$

30分間で電子が0.018mol流れると，Mは0.0090mol析出するので，次式が成り立つ。

$$0.018\,\text{mol} \times \frac{1}{n} = 0.0090\,\text{mol} \quad \therefore\ n = 2$$

27

問1　a　[1]―①　[2]―①　[3]―②　[4]―②　[5]―②　[6]―①　b―③　問2　a―②　b―④　問3　a―⑥　b―⑦

問1　図1の左側はダニエル電池であり，Aが負極でBが正極である。また，右側は鉛蓄電池であり，Eが負極でFが正極である。これらの電池により，中央の電解槽に入った硫酸ナトリウム水溶液が電解される。

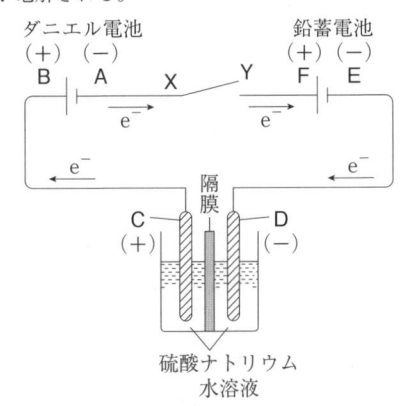

```
      ダニエル電池           鉛蓄電池
      (+) (-)              (+) (-)
       B   A    X     Y     F   E
       ├─┤├────○ ○────├┤├─┤
            →e⁻           →e⁻
       ←─────e⁻           ←─────e⁻
              C     D
             (+)   (-)
              │ 隔 │
              │ 膜 │
           硫酸ナトリウム
             水溶液
```

a　[1]（正）　電子e^-は電池の負極A，Eから送り出され，上図に示した方向に流れる。したがって，電流は電子と逆にF→Y→X→Aの方向に流れる。

[2]（正）　ダニエル電池が放電したときの負極の変化（$\text{Zn} \longrightarrow \text{Zn}^{2+} + 2\text{e}^-$）が起こる。このときZn極は溶け出すので質量が減少する。

[3]（誤），[4]（誤）　中央の電解槽で起こる変化は，

陽極C：$2\text{H}_2\text{O} \longrightarrow \text{O}_2 + 4\text{H}^+ + 4\text{e}^-$　……(1)

陰極D：$2\text{H}_2\text{O} + 2\text{e}^- \longrightarrow \text{H}_2 + 2\text{OH}^-$　……(2)

(1)式より，陽極Cの質量は変化しないことがわかる。

(2)式より，陰極D付近の溶液中にはOH^-が生成するので，溶液はアルカリ性になることがわかる。

（注）　(1)式より，陽極C付近の溶液中にはH^+が生成し，溶液は酸性になる。陽極側と

陰極側は隔膜で隔てられているので，H^+ と OH^- が両極で別々に生成してくる。

　$\boxed{5}$（誤），$\boxed{6}$（正）　鉛蓄電池が放電すると，正極Fと負極Eではともに難溶性の $PbSO_4$ が生成し，これが各極板上に付着する。したがって，E, Fともに質量が増加する。

b　流れた電子の物質量は　$\dfrac{270 [C]}{9.65 \times 10^4 [C/mol]} = 0.00280 [mol]$

ダニエル電池が放電したときの正極Bの変化は，　$Cu^{2+} + 2e^- \longrightarrow Cu$

よって，析出した Cu の質量は，　$0.00280 [mol] \times \dfrac{1}{2} \times 63.5 [g/mol] = 0.089 [g]$ 増

問2　**a**　陽極（C極）と陰極（Pt極）では，それぞれ次の変化が起こる。

　陽極：$2Cl^- \longrightarrow Cl_2 + 2e^-$ ……(1)

　陰極：$2H_2O + 2e^- \longrightarrow H_2 + 2OH^-$ ……(2)

この電解槽は陽イオンだけを通す隔膜（陽イオン交換膜）で仕切られている。したがって，次図に示すように溶液中は陽イオン Na^+ がA室からB室に移動することによって電気が流れる（溶液中の陽イオンと陰イオンが電気的につり合いを保つようにイオンが移動する）。

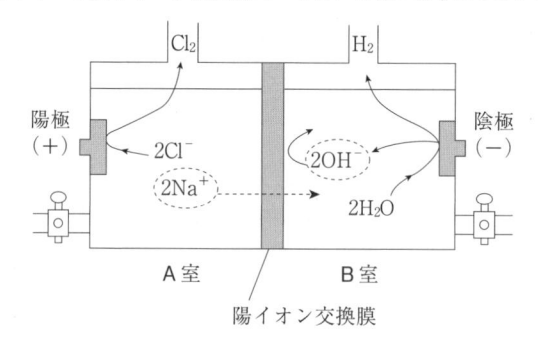

電気分解をしていくと，A室の NaCl 濃度は小さくなり，B室の NaOH 濃度は大きくなる。

電気分解により A 室の NaCl 水溶液の濃度が $1.00 [mol/L]$ から $0.900 [mol/L]$ になったので，隔膜を通って B 室に移動した Na^+ の物質量は

$$(1.00 [mol/L] - 0.900 [mol/L]) \times \dfrac{500}{1000} [L] = 0.0500 [mol]$$

溶液中を Na^+ が運んだ電気量と導線中を電子が運んだ電気量は，その絶対値が等しい。よって，電気分解で流れた電気量は，

　$0.0500 [mol] \times 9.65 \times 10^4 [C/mol] = \underline{4825} [C]$

b　(2)式より，B室の溶液中に生成した OH^- の物質量は，流れた電子と等しく $0.0500 \, mol$ である。溶液は $500 \, mL$ なので，水酸化物イオン濃度は

$$[OH^-] = \dfrac{0.0500 [mol]}{0.500 [L]} = 0.100 [mol/L]$$

これを 100 倍にうすめると，

$$[OH^-] = \dfrac{0.100 [mol/L]}{100} = \underline{1.00 \times 10^{-3}} [mol/L]$$

> **短期攻略のツボ**
> 陽イオン交換膜を用いた NaCl 水溶液の電気分解
> 陽極室から陰極室へ Na^+ が入っていくが，陰極室から陽極室へ OH^- が入らない。

問3　a　陽極(粗銅)と陰極(純銅)では，それぞれ次のような変化が起こる。

陽極：$Cu(粗銅) \longrightarrow Cu^{2+} + 2e^-$　　溶け出す　　　　　　　　　　……(1)

陰極：$Cu^{2+} + 2e^- \longrightarrow Cu(純銅)$　　析出する　　　　　　　　　　……(2)

粗銅中に含まれる他の金属は，イオン化傾向の大小により，次のように分離される。

　Zn, Fe, Ni（＞Cu）：陽イオンとなって溶け出し，溶液中に残る。

　Ag, Au（＜Cu）：単体のまま陽極の下に沈む（陽極泥）。

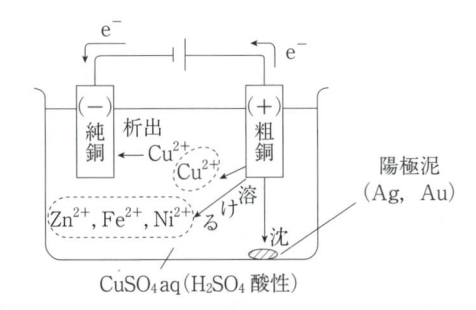

b　粗銅の質量減少については，次の関係が成り立つ。

　（減少した粗銅の質量）
　　＝（溶け出した銅の質量 x）＋（溶け出した不純物の金属の質量 y）＋（陽極泥の質量）

したがって，　$67.14\,g = x\,[g] + y\,[g] + 0.34\,[g]$　　　　　　　　　　　　……(1)

一方，純銅の質量増加については，次の関係が成り立つ。

　（析出した純銅の質量）
　　＝（溶け出した銅の質量 x）＋（溶液から減少した銅イオンの質量）

したがって，

　　$66.50\,[g] = x\,[g] + 0.0400\,[mol/L] \times 1\,[L] \times 63.5\,[g/mol]$　　　　　　……(2)

(1), (2)式より，$x = 63.96\,[g]$，$y = 2.84\,[g]$

よって，溶け出した不純物の金属の質量は **2.84 g** である。

第3章　反応速度と化学平衡

28

問1　②　　問2　③　　問3　a-②　b-③　　問4　⑤

問1　①（正）　温度を上げると，下図に示すように活性化エネルギーを超える分子の数の割合が増加するため，正反応も逆反応も速くなる。

②（誤）　温度を10℃上げると速さが2倍になる反応では，温度を10℃下げると速さが$\frac{1}{2}$倍になる。したがって，温度を20℃下げると，速さは$\frac{1}{2} \times \frac{1}{2} = \frac{1}{4}$倍になる。

③（正）　反応物の濃度が高くなると，熱運動する分子どうしの衝突回数が増すので，反応の速さは増大する。

④（正）　活性化エネルギーが小さくなれば，下図に示すように活性化エネルギーを超える分子の数の割合が増加するので，反応の速さは増大する。

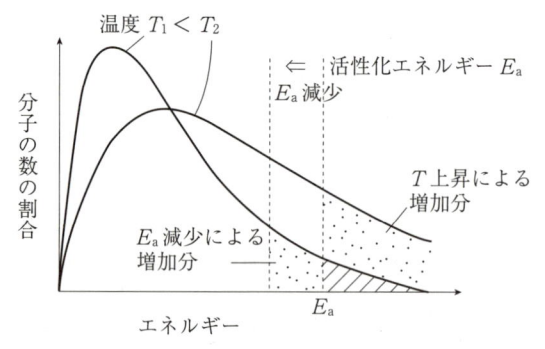

⑤（正）　可逆反応における見かけの反応の速さ（$v - v'$）は，時間とともにvが小さくなりv'が大きくなるので，減少していく。$v = v' \neq 0$になると，見かけの反応の速さは0になる。これが平衡状態である。

問2　①（誤）　触媒は，固体だけでなく酸の水溶液などのように液体のときもある。

②（誤）　触媒が作用しても，反応の初めと終わりの状態は変化しないので，反応熱は変化しない。

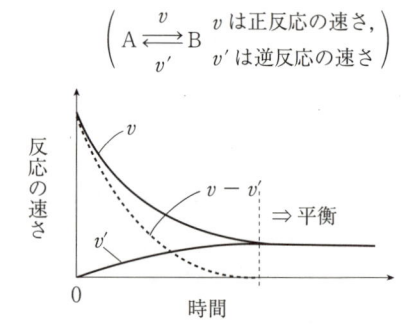

③（正）　触媒の作用により，活性化エネルギーがより小さい別の反応経路に変わる。

④（誤）　触媒の作用により，正反応と逆反応の活性化エネルギーはいずれも同じだけ小さくなるので，正反応と逆反応の速さはともに増大する。

⑤（誤）　触媒を加えると，正反応も逆反応も速くなるが，化学平衡の状態は変わらない。

短期攻略のツボ
活性化エネルギー

　反応が進行するためには，反応物質の粒子同士が衝突し，かつ活性化エネルギーとよばれるエネルギーの障壁を越えなければならない。

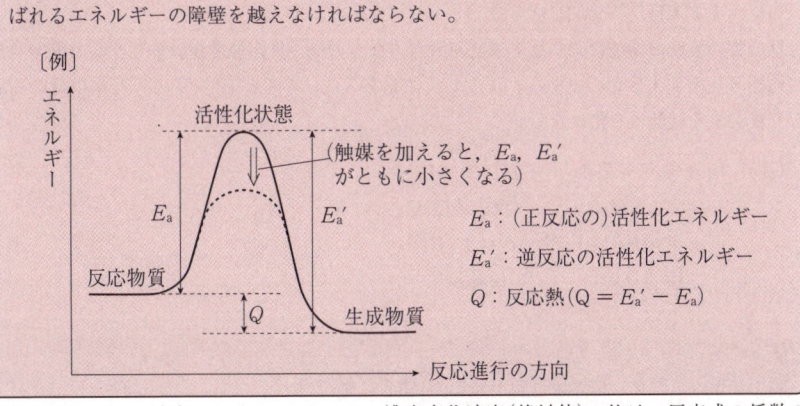

〔例〕

（図：エネルギー図。活性化状態の山があり，左側に反応物質，右側に生成物質。山の高さ E_a（正反応）と E_a'（逆反応）。破線は触媒を加えた場合で，E_a, E_a' がともに小さくなる。反応物質と生成物質のエネルギー差が Q。）

E_a：（正反応の）活性化エネルギー
E_a'：逆反応の活性化エネルギー
Q：反応熱（$Q = E_a' - E_a$）

→ 反応進行の方向

問3　a 同じ時点における A, B, C の濃度変化速度（絶対値）の比は，反応式の係数の比と一致する。

$$2A + B \longrightarrow 2C$$
$$2 \;:\; 1 \;:\; 2$$

ある時点における C の増加速度は $4.0 \times 10^{-3}\,\mathrm{mol/(L \cdot s)}$ であったので，この時点における B の減少速度は，反応式の係数の比より，

$$4.0 \times 10^{-3}\,\mathrm{mol/(L \cdot s)} \times \frac{1}{2} = 2.0 \times 10^{-3}\,\mathrm{mol/(L \cdot s)}$$

b この反応の反応速度式（C の増加速度式）を $v = k[A]^x[B]^y$ とおく。

[A]を2倍にするとCの増加速度は4倍になるので，

$$v' = k(2[A])^x[B]^y = 2^x k[A]^x[B]^y = 2^x v = 4v$$

よって，$2^x = 4$　　$x = 2$

また，[B]を2倍にするとCの増加速度は2倍になるので，

$$v' = k[A]^x(2[B])^y = 2^y k[A]^x[B]^y = 2^y v = 2v$$

よって，$2^y = 2$　　$y = 1$

以上より，この反応の反応速度式は，$v = k[A]^2[B]$ となる。

短期攻略のツボ

　反応速度は，反応物質または生成物質の単位時間あたりの濃度変化（絶対値）で表される。
　一般に反応速度 v は，反応物質の濃度に関して次式のような形（反応速度式）に従う。比例定数 k は，（反応）速度定数とよばれる。

$$aA + bB \xrightarrow{v} xX + yY$$
$$v = k[A]^{n_1}[B]^{n_2}$$

n_1, n_2 は一般に実験によって決められる（反応式の係数から単純に決まるものではない）。

問4　反応 $2HI \longrightarrow H_2 + I_2$ の反応速度式は，$v = k[HI]^2$ で表される。
一定容積の容器中に含まれる HI 分子の数を3倍にすると，HI の濃度 $[HI]$ が3倍になる。このとき反応速度は，速度式より9倍になることがわかる。

$$v' = k(3[HI])^2 = 9k[HI]^2 = 9v$$

反応物の濃度の増加により反応速度が大きくなるのは，反応速度が分子どうしの衝突回数に比例して増加するためである。よって，$[HI]$ を3倍にすると HI 分子どうしが単位時間あたり衝突する回数は9倍になる。

(注)　$H_2 + I_2 \xrightarrow{v} 2HI$　　$2HI \xrightarrow{v'} H_2 + I_2$
　　　　反応速度式　　　　　反応速度式
　　　$v = k[H_2][I_2]$　　　$v' = k'[HI]^2$
　　　　（2次反応）　　　　（2次反応）

29

問1　①　　問2　②，③（順不同）　　問3　④

問1　密閉容器に H_2 と I_2 の混合物を入れて一定温度で加熱すると，H_2 や I_2 の物質量(または濃度)はしだいに減少していく。したがって正反応の速さは，反応開始時が最も大きく，時間とともにしだいに小さくなる。一方，逆反応の速さは，反応開始時には HI がないので0であるが，正反応によって HI の物質量(または濃度)がしだいに増加していくので時間とともに大きくなる。やがて正反応の速さと逆反応の速さは等しくなり一定となるので，見かけ上反応が停止したように見えるが，実際は停止していない。このような状態は，化学平衡の状態とよばれる。

短期攻略のツボ

$$aA + bB \underset{v'}{\overset{v}{\rightleftarrows}} xX + yY$$

○可逆反応 …… 右向き(正反応)だけでなく左向き(逆反応)も起こる反応
○平衡状態 …… 可逆反応で正反応の速度(v)と逆反応の速度(v')が等しくなった状態
　　　　　　　　$\boxed{v = v' \neq 0}$
　この状態では，各物質 A, B, X, Y の濃度は一定になっている。

問2　初めに，H_2(モル質量 2.0 g/mol)と CO_2(モル質量 44 g/mol)を，同じ質量 w [g] ずつ混合したとする。w [g] の H_2 と w [g] の CO_2 の物質量を，それぞれ n_{H_2}，n_{CO_2} とすると，$n_{H_2} = \dfrac{w}{2.0}$ [mol]，$n_{CO_2} = \dfrac{w}{44}$ [mol] より，$n_{H_2O} \neq n_{CO_2}$ である。

n_{H_2}，n_{CO_2} のうち，x [mol] ずつが反応して平衡状態に達したとすると，各気体の量的関係は以下のようになる。

第3章　反応速度と化学平衡

	H_2	$+$	CO_2	$\rightleftharpoons$	H_2O	$+$	CO	
初め	n_{H_2}		n_{CO_2}		0		0	〔単位 mol〕
変化量	$-x$		$-x$		$+x$		$+x$	
平衡	$n_{H_2}-x$		$n_{CO_2}-x$		x		x	

① (誤)　$n_{H_2} \neq n_{CO_2}$ より，$n_{H_2}-x \neq n_{CO_2}-x$ である。したがって，H_2 と CO_2 の物質量は常に必ず異なるので，平衡状態における H_2，CO_2，H_2O，CO の分圧がすべて等しくなることはない。

② (正)　平衡状態では，正反応($\longrightarrow$)の速さと逆反応($\longleftarrow$)の速さがつり合い，見かけ上反応が停止したように見えるが，どちらの反応も停止はしていない。

③ (正)　H_2O の物質量 x と CO の物質量 x は常に必ず等しいので，平衡状態における H_2O と CO の分圧は等しい。

④ (誤)　容器内の物質全体について，各元素の原子の総数は一定であるから，各元素の原子数の比も一定である。

⑤ (誤)　平衡状態における H_2 の質量は $w-2.0x$〔g〕，CO_2 の質量は $w-44x$〔g〕となるので，$w-2.0x$〔g〕$\neq w-44x$〔g〕である。

問3　$CH_3COOC_2H_5 + H_2O \underset{逆反応}{\overset{正反応}{\rightleftharpoons}} CH_3COOH + C_2H_5OH$

① (誤)　酢酸エチル $CH_3COOC_2H_5$ は正反応(右向きの反応)の反応物質であるから，濃度を高くすると分子同士の衝突回数が増し，正反応の速さは<u>大きくなる</u>。

② (誤)　溶液の温度を上げると，活性化エネルギーを超えるエネルギーをもつ分子の数の割合が増すので，正反応の速さと逆反応の速さは<u>どちらも大きくなる</u>。

③ (誤)　反応式の係数関係より，酢酸エチル $CH_3COOC_2H_5$ が 1 mol 減少すると，エタノール C_2H_5OH が 1 mol 増加する。したがって，酢酸エチルの濃度が減少する速さと，エタノールの濃度が増加する速さは<u>等しい</u>。

④ (正)　平衡状態では，正反応と逆反応の速さが等しくなっている。ただし，どちらの反応も停止することはない。

⑤ (誤)　エタノール C_2H_5OH は逆反応(左向きの反応)の反応物質であるから，溶液にエタノールを加えてエタノールの濃度を高くすると，逆反応の速さは<u>大きくなる</u>。

> **短期攻略のツボ**
> 反応速度を大きくする条件
> [反応物質の濃度を大きくする]
> 　反応物質の粒子同士の衝突回数が増加する。
> [温度を高くする]
> 　エネルギーに富んだ粒子の数の割合が増加するため，活性化エネルギーを超える粒子の数の割合も増加する。　⇒速度定数　大
> [触媒を加える]
> 　活性化エネルギーが小さくなり，活性化エネルギーを超える粒子の数の割合が増加する。　⇒速度定数　大

30

問1　①　　問2　a－③　　b－①　　問3　③

問1　$H_2(気) + I_2(気) \underset{逆反応（逆反応の速度 v'）}{\overset{正反応（正反応の速度 v）}{\rightleftarrows}} 2HI(気)$

初めの平衡状態における正反応の速度を v_0，逆反応の速度を v_0' とすると，$v_0 = v_0'$ が成り立つ。温度を上げた直後における正反応の速度を v_1，逆反応の速度を v_1' とすると，温度上昇により v_0, v_0' はどちらも増加するので，$v_1 > v_0$，$v_1' > v_0'$ となる。

（注）この反応のように正反応が発熱反応の場合，v_0' の増加率は v_0 の増加率より大きい $\left(増加率 \dfrac{v_1'}{v_0'} > \dfrac{v_1}{v_0} > 1\right)$。よって，$v_0' = v_0$ より $v_1' > v_1$ となるので平衡は左（吸熱方向）へ移動する。

問2　**a**　触媒の量だけを増すと，反応速度が増すので，反応初期の曲線の接線の傾き（絶対値）は大きくなるが，反応終了時の状態は変わらない。したがって，曲線Bのグラフは圧力が一定となるまでの時間が曲線Aより短くなり，最終的には曲線Aと一致する。

b　体積比＝分圧比が成り立つので，反応前の混合気体中のアセチレン $CH \equiv CH$ と水素 H_2 の各分圧は，次のようになる。

アセチレン　$1.0 \times 10^5 Pa \times \dfrac{3.0L}{10.0L} = 0.30 \times 10^5 Pa$

水素　　　　$1.0 \times 10^5 Pa \times \dfrac{7.0L}{10.0L} = 0.70 \times 10^5 Pa$

容積（10.0L）と温度（25℃）が一定で，物質量の比＝分圧の比が成り立つので，反応前後における各気体の分圧は，以下のようになる。

	$CH \equiv CH$	$+$	$2H_2$	$\longrightarrow$	CH_3-CH_3	
反応前	0.30		0.70		0	〔$\times 10^5 Pa$〕
変化分	-0.30		-0.60		$+0.30$	
反応後	0		0.10		0.30	

よって，反応後に残った H_2 の分圧は，$0.10 \times 10^5 \text{Pa} = 1.0 \times 10^4 \text{Pa}$

なお，混合気体の全圧は，反応前は $1.0 \times 10^5 \text{Pa}$，反応後は $0.40 \times 10^5 \text{Pa}$ になることがわかる。

問3 エチレン $CH_2=CH_2$ とヨウ化水素 HI が反応してヨウ化エチル CH_3CH_2I が生成するときの，化学反応式と各物質の量的関係は以下のように表される。

	$CH_2=CH_2$	$+$	HI	$\longrightarrow$	CH_3CH_2I	
時間 0	0.8		1.0		0	〔mol〕
変化分	$-x$		$-x$		$+x$	
時間 t	$0.8-x$		$1.0-x$		x	

① (正)，② (正) $CH_2=CH_2$，HI，CH_3CH_2I について，反応式の係数比は $1:1:1$ であるから，反応時間が同じ時点では，

$$\begin{pmatrix} CH_2=CH_2 \text{ の物質量} \\ \text{が減少する速さ} \end{pmatrix} : \begin{pmatrix} HI \text{ の物質量} \\ \text{が減少する速さ} \end{pmatrix} : \begin{pmatrix} CH_3CH_2I \text{ の物質量} \\ \text{が増加する速さ} \end{pmatrix}$$
$= 1 : 1 : 1$

が成り立つ。よって，反応時間が同じ時点ではこれらの速さはすべて等しい。

（注） 同じ時点が例えば右図の t_1 であったとすると，t_1 における各曲線の接線の傾き（絶対値）が，物質量の変化する速さに相当する。

③ (誤) 生成物である CH_3CH_2I の物質量が増加する速さは，反応物である $CH_2=CH_2$ や HI の物質量が減少するにつれて小さくなる。よって，反応開始時が最も**大きい**。図では，CH_3CH_2I の曲線の接線の傾き（絶対値）が，反応開始時で最も大きいことに対応する。

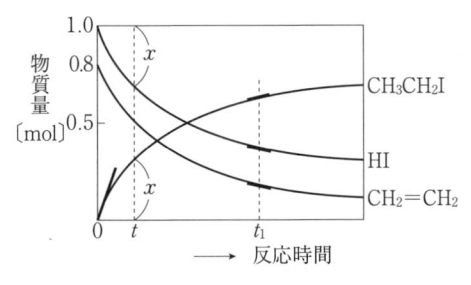

④ (正)，⑤ (正) 反応を始めてからある時間 t までに減少した HI の物質量を x 〔mol〕とすると，反応式の係数比より，同じ時間内に増加した CH_3CH_2I の物質量も x 〔mol〕である（図も参照）。

また，反応を始めてからある時間 t までに残っている HI と $CH_2=CH_2$ の物質量は，それぞれ $1.0-x$ 〔mol〕，$0.8-x$ 〔mol〕である。これらの比は，反応が進むにつれて x が変化するので変化する。

第4章　化学平衡と平衡移動

31

問1　[1]－②　[2]－①　[3]－①　[4]－③　問2　③
問3　⑥　問4　②, ⑤（順不同）

問1　右辺の物質の量を増加させるには，平衡を右へ移動させればよい。ルシャトリエの原理に基づいて，平衡が右へ移動する温度と圧力の条件変化を考える。

a　　　　　$CO + 2H_2 \rightleftarrows CH_3OH(気)$〔熱化学方程式より右方向は発熱〕

気体分子数
の変化　　　$1 + 2\ >\ 1$

○温度を低くすると，発熱方向(右)に平衡が移動する。
○圧力を高くすると，気体分子の総数が減少する方向(右)に平衡が移動する。

b　　　　　$CO_2 + H_2 \rightleftarrows CO + H_2O(気)$〔熱化学方程式より右方向は吸熱〕

気体分子数
の変化　　　$1 + 1\ =\ 1 + 1$

○温度を高くすると，吸熱方向(右)に平衡が移動する。
○圧力を変えても，気体分子の総数は変化しないので，効果はない。

短期攻略のツボ

ルシャトリエの原理(平衡移動の原理)

ある平衡状態に条件変化(濃度，圧力，温度)を与えると，その変化を緩和する方向に平衡が移動する。

条件変化	平衡移動の方向
①ある物質の濃度を大きくする	その物質の濃度が小さくなる方向
②圧力(全圧)を大きくする	圧力(全圧)が小さくなる方向〔気体分子の総数が減少する方向〕
③温度を高くする	温度が低くなる方向〔吸熱方向〕

(触媒を加えても，平衡は移動しない。)

問2　無色の N_2O_4 が一部解離して褐色の NO_2 を生じる可逆反応は，次式で表される。平衡移動は，ルシャトリエの原理に基づいて考えればよい。

$$N_2O_4(気) \rightleftarrows 2NO_2(気)$$〔問題文より右方向は吸熱〕

気体分子数の変化　　　$1\ <\ 2$

①（誤），②（誤）　体積一定のもとで温度を高くすると，吸熱方向(右)へ平衡が移動するので，NO_2 の濃度が増加して褐色が濃くなる。

③（正）　温度一定のもとで体積を大きくして圧力を急に減らすと，初めは N_2O_4 と NO_2 の濃度がどちらも減少するので，褐色がうすくなる。その後，しだいに気体分子の総数が増

加する方向(右)へ平衡が移動するので，NO_2 の濃度が増加して褐色が濃くなる。

④（誤）温度一定のもとで体積を小さくして圧力を急に加えると，初めは N_2O_4 と NO_2 の濃度がどちらも増加するので，褐色が濃くなる。その後，しだいに気体分子の総数が減少する方向(左)へ平衡が移動するので，NO_2 の濃度が減少して褐色がうすくなる。

⑤（誤）③，④で示したように，温度一定のもとで圧力を減らしても加えても，色の変化がある。

問3　　　$N_2(気) + 3H_2(気) \rightleftharpoons 2NH_3(気)$〔右方向は発熱〕

気体分子数　　1 ＋ 3　＞　2
の変化

圧力一定で温度を高くすると，吸熱方向(左)へ平衡が移動するので，NH_3 の体積パーセントは減少する。また，温度一定で圧力を高くすると，気体分子の総数が減少する方向(右)へ平衡が移動するので，NH_3 の体積パーセントは増加する。

問4　①（正）Aの正反応の反応熱は，10 kJ の吸熱である。

$2HI = H_2 + I_2 - 10 kJ$

この反応熱と正・逆両反応の活性化エネルギーとの関係は，次図のように表される。図より，$E_a > E_a'$ である。

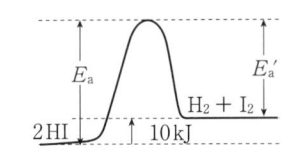

E_a：正反応の活性化エネルギー
E_a'：逆反応の活性化エネルギー

②（誤）

　　A：　$2HI(気) \rightleftharpoons H_2(気) + I_2(気)$

気体分子数　　2　＝　1 ＋ 1
の変化なし

　　B：　$2NO(気) \rightleftharpoons N_2(気) + O_2(気)$

気体分子数　　2　＝　1 ＋ 1
の変化なし

　　C：　$C(黒鉛) + H_2O(気) \rightleftharpoons CO(気) + H_2(気)$

気体分子数　　(固体)　1　＜　1 ＋ 1
の変化

正反応(──→)と逆反応(←──)で気体分子の総数に変化がないとき，温度を一定にして圧力を上げても，平衡は移動しない。したがって，A，Bの反応では，平衡は移動しない。一方，Cの反応において，固体のC(黒鉛)は気体と比べて圧力の影響を無視しうる。したがって，温度を一定にして圧力を上げると，気体分子の総数が減少する方向(左)へ平衡が移動する。

③（正）Bの反応が平衡に達しているとき，NO, N_2, O_2 の各物質について濃度が一定

になっている。これは NO, N_2, O_2 の各物質について，その消滅する速度と生成する速度が等しくなっているからである。

④（正）　$2SO_2$(気) + O_2(気) $\rightleftarrows$ $2SO_3$(気)〔右方向は発熱〕

気体分子数
の変化　　　　2　＋　1　＞　2

D の反応では，温度を低くすると発熱方向の右へ平衡が移動し，圧力を上げると気体分子の総数が減少する方向の右へ平衡が移動する。したがって，温度が低く圧力が高いほど，平衡における SO_3 の生成率は大きい。

⑤（誤）　触媒を加えると，正反応と逆反応の活性化エネルギーが同じだけ減少するが，反応熱は変化しない。

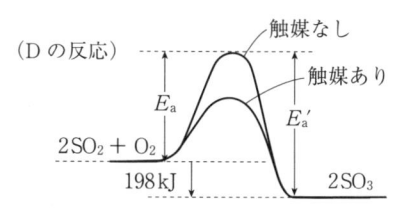

（D の反応）
触媒なし
触媒あり
E_a
E_a'
$2SO_2 + O_2$
198 kJ
$2SO_3$

⑥（正）　$2O_3$(気) $\rightleftarrows$ $3O_2$(気)〔右方向は発熱〕

気体分子数
の変化　　　　2　＜　3

E の反応では，圧力を下げると，気体分子の総数が増加する方向の右へ平衡が移動する。また，温度を低くすると，発熱方向の右へ平衡が移動する。

32

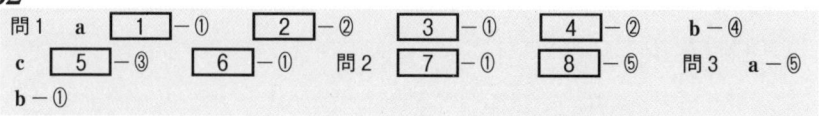

問1　a　[1]－①　[2]－②　[3]－①　[4]－②　b－④
　　c　[5]－③　[6]－①　問2　[7]－①　[8]－⑤　問3　a－⑤
b－①

問1　　　　　$2NO_2$(気) $\rightleftarrows$ N_2O_4(気)〔問題文より右方向は発熱〕

気体分子数
の変化　　　　2　＞　1

a　[1]（正）　平衡状態では，正反応（→）の速さと逆反応（←）の速さがつり合い，NO_2 の濃度と N_2O_4 の濃度は一定になる。したがって，一定体積中の NO_2 分子の数と N_2O_4 分子の数は一定に保たれる。

[2]（誤）　平衡状態は，反応条件によって異なるので，NO_2 の濃度が N_2O_4 の濃度の2倍になるとは限らない。

[3]（正）　n_0〔mol〕の NO_2 のみから出発して，そのすべてが N_2O_4 に変化したと仮定すると，$\frac{1}{2}n_0$〔mol〕の N_2O_4 が生成する。実際に到達する平衡状態はその途中にあるので，同温・

同圧であれば，$\frac{1}{2}n_0$〔mol〕の N_2O_4 のみから出発したとき到達する平衡状態と完全に一致する。

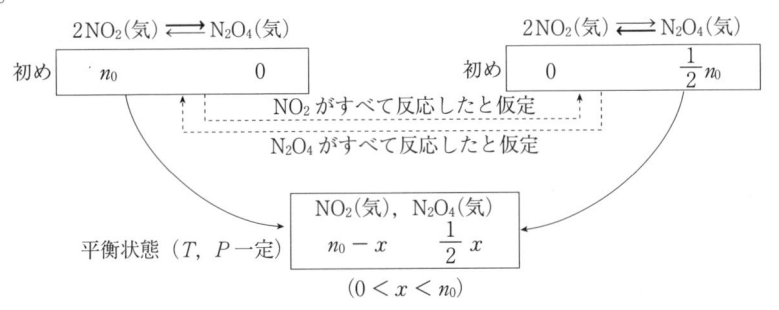

$2NO_2(気) \rightleftarrows N_2O_4(気)$

初め　| n_0 | 0 |

$2NO_2(気) \rightleftarrows N_2O_4(気)$

初め　| 0 | $\frac{1}{2}n_0$ |

NO_2 がすべて反応したと仮定
N_2O_4 がすべて反応したと仮定

平衡状態（T，P 一定）
$NO_2(気)$, $N_2O_4(気)$
$n_0 - x$ 　　$\frac{1}{2}x$
$(0 < x < n_0)$

4　（誤）ルシャトリエの原理により，与えた条件変化を緩和する方向に平衡が移動する。この場合，体積一定で冷却すると，発熱方向の右へ平衡が移動するが，到達した平衡状態の温度が初めの温度より高くなることはない。

b　温度 T が低いときの平衡状態は，発熱方向の右に平衡がかたよっている。すべて N_2O_4 になっていると仮定したときの N_2O_4 の物質量を a〔mol〕とすると，T が低くなるほど，混合気体の物質量は a〔mol〕に近づく。

一方，温度 T が高いときの平衡状態は，吸熱方向の左に平衡がかたよっている。すべて NO_2 になっていると仮定したときの NO_2 の物質量は $2a$〔mol〕で表されるので，T が高くなるほど，混合気体の物質量は $2a$〔mol〕に近づく。したがって，理想気体の状態方程式（$PV = nRT$）より，$\frac{R}{V} = k$（一定）とおくと，グラフは T が低くなるほど $P = akT$ の直線に近づき，T が高くなるほどグラフは $P = 2akT$ の直線に近づく。

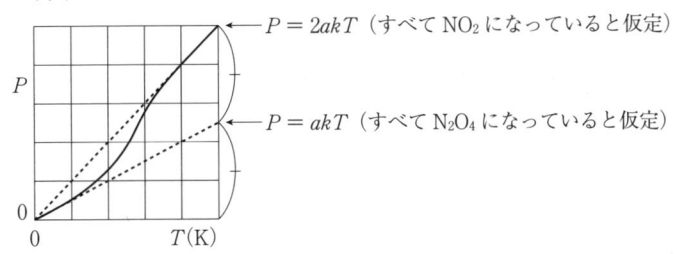

$P = 2akT$（すべて NO_2 になっていると仮定）
$P = akT$（すべて N_2O_4 になっていると仮定）

c　**5**　混合気体の密度を ρ〔g/L〕とすると，ρ は次式で表される。

$$\rho \text{〔g/L〕} = \frac{W\text{〔g〕}}{V\text{〔L〕}} \quad \begin{pmatrix} W: \text{混合気体の総質量〔g〕} \\ V: \text{容器の容積〔L〕} \end{pmatrix}$$

質量保存の法則により，平衡状態にかかわらず，混合気体の全質量 W は一定である。V，W が一定となるので，ρ は変化しない。

6　混合気体の平均モル質量を $\overline{M}$〔g/mol〕(平均分子量 $\overline{M}$) とすると，$\overline{M}$ は次式で表される。

$\overline{M}[\text{g/mol}] = \dfrac{W[\text{g}]}{n_\text{T}[\text{mol}]}$ $\begin{pmatrix} W：混合気体の総質量[\text{g}] \\ n_\text{T}：混合気体の総物質量[\text{mol}] \end{pmatrix}$

この混合気体を冷却すると，発熱方向の右へ平衡が移動するので，気体分子の総数が減少する。すなわち，n_T が減少する。このとき W は一定で，n_T が減少するので $\overline{M}$ は増加する。

問2 ‖7‖ 気体 **a**～**c** は，いずれも温度が同じで，PV 値が等しいので，次式からわかるようにそれらの物質量は等しい。

$\left(n = \dfrac{PV}{RT} = \right) \underset{\textbf{a}}{\dfrac{1 \times 10^5 \times 1}{RT}} = \underset{\textbf{b}}{\dfrac{0.25 \times 10^5 \times 4}{RT}} = \underset{\textbf{c}}{\dfrac{1 \times 10^5 \times 1}{RT}}$

NO_2 と N_2O_4 の平衡混合物である **a** と **b** を比較すると，**a** の方が **b** より圧力が高い。圧力が高いと気体分子の総数が減少する方向(次式の右方向)に平衡がかたよる。**a** と **b** で NO_2 と N_2O_4 の総物質量は等しいので，含まれる N_2O_4 の物質量は **a** の方が **b** より多くなる。

$2NO_2(気) \rightleftarrows N_2O_4(気)$

気体分子数
の変化　　2　＞　1

よって，**a**，**b** に含まれる N 原子の数の大小は，**a** ＞ **b** である。

一方，**c** の物質量も **a** と **b** に等しいが，**c** は NO だけなので，含まれる N 原子の数は **a**，**b** より少ない。以上より，**a**～**c** に含まれる N 原子の数の大小は，**a** ＞ **b** ＞ **c** である。

‖8‖ 気体 **a**：1L から 2L へ膨張させたので，圧力を下げたことになる。このとき平衡移動がないと仮定すると，ボイルの法則より，圧力は $\dfrac{1}{2}$ 倍の $\dfrac{1}{2} \times 1 \times 10^5\,\text{Pa} = 0.50 \times 10^5\,\text{Pa}$ となる。実際には，気体分子の総数が増加する方向に平衡移動するので，圧力 P は $P > 0.50 \times 10^5\,\text{Pa}$ となる。

気体 **b**：4L から 2L へ圧縮したので，圧力を上げたことになる。このとき平衡移動がないと仮定すると，ボイルの法則より，圧力は 2 倍の $2 \times 0.25 \times 10^5\,\text{Pa} = 0.50 \times 10^5\,\text{Pa}$ となる。実際には，気体分子の総数が減少する方向に平衡移動するので，圧力 P は $P < 0.50 \times 10^5\,\text{Pa}$ となる。

気体 **c**：1L から 2L へ膨張させたので，ボイルの法則より，圧力 P は $\dfrac{1}{2}$ 倍の $\dfrac{1}{2} \times 1 \times 10^5\,\text{Pa} = 0.50 \times 10^5\,\text{Pa}$ となる。

以上より，**a**～**c** の圧力の大小は，**a** ＞ **c** ＞ **b** である。

問3　**a**　エチレン C_2H_4 2.0 mol と水素 H_2 4.0 mol からエタン C_2H_6 1.3 mol が生成して平衡に達したので，反応前と平衡状態との量的関係は以下のようになる。

	C_2H_4	＋	H_2	$\rightleftarrows$	C_2H_6	
反応前	2.0		4.0		0	[mol]
変化量	−1.3		−1.3		＋1.3	
平衡	0.7		2.7		1.3	

平衡状態($1.0 \times 10^5\,\text{Pa}$, 1000 K)では，2.7 mol の H_2 が存在し，全気体の物質量は $0.7 + 2.7$

$+ 1.3 = 4.7\,\text{mol}$ である。よって，H_2 の分圧は，分圧 = 全圧 × モル分率より，

$$1.0 \times 10^5\,\text{Pa} \times \frac{2.7\,\text{mol}}{4.7\,\text{mol}} \fallingdotseq 0.57 \times 10^5\,\text{Pa}$$

b 圧力を $1.0 \times 10^5\,\text{Pa}$ に保ったまま温度を上げると，H_2 の分圧が増大したので，H_2 のモル分率が増大したことになる。したがって，圧力一定で温度を上げると平衡が左へ移動することがわかる。ルシャトリエの原理により，温度を上げると吸熱方向に平衡が移動するので，この反応は右が発熱方向，すなわち $Q > 0$ である。

33

問1　a−③　b−②　　問2　③　　問3　③　　問4　①
問5　| 1 |−②　| 2 |−①　| 3 |−②　| 4 |−②

問1　a　一定容積 V [L] の容器の中に HI 1 mol を封入し，一定温度で加熱して平衡状態になったとき，I_2 が a [mol] 生成したとすると，量的関係は以下のようになる。

$$H_2 + I_2 \rightleftharpoons 2HI$$

平衡　a　a　$1 - 2a$ [mol]（総物質量は 1 mol で不変化）

平衡定数 K は，$K = \dfrac{[HI]^2}{[H_2][I_2]} = \dfrac{\left(\dfrac{1-2a}{V}\right)^2}{\dfrac{a}{V} \times \dfrac{a}{V}} = \left(\dfrac{1-2a}{a}\right)^2$

別の同じ容器の中に HI n [mol] を封入し，同じ温度で平衡状態になったとき，I_2 が b [mol] 生成したとすると，量的関係は以下のようになる。

$$H_2 + I_2 \rightleftharpoons 2HI$$

平衡　b　b　$n - 2b$ [mol]（総物質量は n [mol] で不変化）

同様に K は，$K = \dfrac{\left(\dfrac{n-2b}{V}\right)^2}{\dfrac{b}{V} \times \dfrac{b}{V}} = \left(\dfrac{n-2b}{b}\right)^2$

温度一定のとき，K は一定となるので，

$$K = \left(\dfrac{1-2a}{a}\right)^2 = \left(\dfrac{n-2b}{b}\right)^2$$

したがって，$\dfrac{1-2a}{a} = \dfrac{n-2b}{b}$ より，$b = na$ が成り立つ。

体積 % = mol % より，

$$x = \dfrac{a\,[\text{mol}]}{1\,\text{mol}} \times 100 = 100a\,[\%]$$

$$y = \dfrac{b\,[\text{mol}]}{n\,[\text{mol}]} \times 100 = \dfrac{na}{n} \times 100 = 100a\,[\%]$$

よって，初めに入れた HI の物質量 n によらず $\underline{x = y}$ となることがわかる。

> **短期攻略のツボ**
> 平衡定数
> $$aA + bB \rightleftarrows xX + yY \quad \cdots\cdots(1)$$
> 可逆反応(1)が平衡状態にあるとき,各物質の濃度について次の関係式(2)が成立する。(化学平衡の法則)
> $$\frac{[X]^x[Y]^y}{[A]^a[B]^b} = K_c\text{(平衡定数)} \quad \cdots\cdots(2)$$
> ただし,[ ]はその物質のモル濃度〔mol/L〕を表す。
> K_c の値は,一つの反応では,温度が一定ならば,一定の値になる。

b 塩酸に水酸化ナトリウム水溶液を加えると,発熱反応が起こるので,中和熱を Q〔kJ/mol〕とすると,次の熱化学方程式において Q は正の値となる。

$$H^+ + OH^- = H_2O + Q〔kJ〕$$

したがって,次の可逆反応において,正反応(H_2O の電離)は吸熱となる。

$$H_2O \rightleftarrows H^+ + OH^- \text{〔右方向は吸熱〕}$$

温度を上げると,吸熱方向の右へ平衡が移動するため,H^+ と OH^- のモル濃度 $[H^+]$,$[OH^-]$は増加する。よって,水のイオン積 $K_W = [H^+][OH^-]$ の20℃における値 x $(mol/L)^2$ と60℃における値 y $(mol/L)^2$ の大小関係は,$\underline{x < y}$ である。

> **短期攻略のツボ**
> 水のイオン積
> 一定温度では,純水だけでなく,一般の水溶液でも,$[H^+]$と$[OH^-]$の積(水のイオン積 K_W)が一定となる。
> $$H_2O \rightleftarrows H^+ + OH^-$$
> 平衡定数 $K = \dfrac{[H^+][OH^-]}{[H_2O]}$
> $\Rightarrow K[H_2O] = \boxed{K_W = [H^+][OH^-] (mol/L)^2}$
> 25℃で,$K_W = 1.0 \times 10^{-14} (mol/L)^2$
> (水の電離はごくわずかなので,$[H_2O]$は一定としてよい。)

問2 ① (誤) 電離度が1に近い酸は強酸,0に近い酸は弱酸である。

② (誤) 酸・塩基の価数は強弱とは関係しない。

③ (正) $[H^+]$を10^{-n} mol/L で表したとき,n の値がpHの値となるので,$[H^+]$が大きいほどpHは小さくなる。同じモル濃度の強酸と弱酸では強酸の方が$[H^+]$が大きいので,強酸の方がpHの値が小さい。

④ (誤) 酸の水溶液はpHが7より小さい。これを水でうすめていくとpHは増すが,限りなく純水のpH 7に近づくだけである。したがって,pH = 6の酢酸水溶液を水で1000倍にうすめると,pHはほとんど7になるが7以上になることはない。

(注) 同様に塩基の水溶液(pH > 7)を水でうすめていくとpHは減少するが,7に限りなく近づくだけであり,7以下になることはない。

問3 ① (誤) 弱酸 HA は水溶液中で次式のような電離平衡の状態になる。

$$HA \rightleftarrows H^+ + A^-$$

水でうすめると体積が増加して溶質粒子(HA, H^+, A^-)の総濃度が減少する。これにより，溶質粒子の総濃度が増加する方向，つまり電離する方向(右)に平衡が移動する。よって，弱酸 HA の電離度は，濃度が小さくなるにつれて<u>大きくなる</u>。

(注) 弱酸(HA)水溶液の濃度を C [mol/L]，HA の電離度を α とすると，電離定数 K_a は次式で表される。

$$K_a = \frac{[H^+][A^-]}{[HA]} = \frac{C\alpha \times C\alpha}{C(1-\alpha)} = \frac{C\alpha^2}{1-\alpha}$$

α が 1 に比べて小さい場合，$1 - \alpha \fallingdotseq 1$ と近似すると，$K_a \fallingdotseq C\alpha^2$ が得られる。よって，$\alpha = \sqrt{\dfrac{K_a}{C}}$ となる。これより α は，C が小さくなるにつれて<u>大きくなる</u>ことがわかる。(K_a は温度一定であれば一定である。)

② (誤) 純水の電離平衡は次式で表される。

$$H_2O \rightleftarrows H^+ + OH^-$$

純水 1L の物質量は，$\dfrac{1000\,g}{18\,g/mol} = \dfrac{1000}{18}$ mol

水のイオン積 $K_W = [H^+][OH^-]$ は，25℃で 1.0×10^{-14} (mol/L)² であるから，純水(25℃)中の $[H^+]$ と $[OH^-]$ は 1.0×10^{-7} mol/L となる。したがって，純水 $\dfrac{1000}{18}$ mol(1L)のうち，電離している分は 1.0×10^{-7} mol である。よって，純水の電離度 α は，

$$\alpha = \frac{1.0 \times 10^{-7}}{\frac{1000}{18}} = \underline{1.8 \times 10^{-9}}$$

③ (正) 水のイオン積 $K_W = [H^+][OH^-]$ の値は，温度で決まるので，一定温度の水溶液では pH によらず一定となる。25℃における K_W の値は 1.0×10^{-14} (mol/L)² である。

④ (誤) pH 4 の塩酸 1L と pH 12 の水酸化ナトリウム水溶液 1L を混合したとする。また，水のイオン積を 1×10^{-14} (mol/L)² とする。

塩酸からの H^+ : 1×10^{-4} mol/L × 1L = 1×10^{-4} mol

水酸化ナトリウム水溶液からの OH^- : $\dfrac{1 \times 10^{-14}}{1 \times 10^{-12}}$ mol/L × 1L = 1×10^{-2} mol

中和後，OH^- が $(1 \times 10^{-2} - 1 \times 10^{-4})$ mol 残るので，混合後の体積を 2L とすると，

$$[OH^-] = \frac{(1 \times 10^{-2} - 1 \times 10^{-4})\,mol}{2L} \fallingdotseq \frac{1}{2} \times 10^{-2}\,mol$$

$$[H^+] = \frac{1 \times 10^{-14}}{\frac{1}{2} \times 10^{-2}} = 2 \times 10^{-12}\,mol/L$$

よって，1×10^{-12} mol/L < $[H^+]$ < 1×10^{-11} mol/L より，pH は 11 と 12 の間になる。

⑤ (誤) 酢酸水溶液に水酸化ナトリウム水溶液を加えると，次のような平衡移動が起こっ

て酢酸の電離が進み，溶液中の酢酸イオンの濃度が増加する。

$$CH_3COOH \rightleftharpoons CH_3COO^- + \boxed{H^+}$$
$$NaOH \longrightarrow Na^+ + \boxed{OH^-} \xrightarrow{中和} \boxed{H_2O}$$

短期攻略のツボ

弱酸の電離定数

〔C mol/L 酢酸水溶液〕．

$$CH_3COOH \rightleftharpoons CH_3COO^- + H^+$$

平衡　$C(1-\alpha)$　　$C\alpha$　　$C\alpha$　（α：電離度）

酢酸の電離定数
（温度で決まる値）

$$K_a = \frac{[CH_3COO^-][H^+]}{[CH_3COOH]} \,[\text{mol/L}] = \frac{C\alpha \times C\alpha}{C(1-\alpha)} = \frac{C\alpha^2}{1-\alpha}$$

$\alpha \ll 1$ のときは $1 - \alpha \fallingdotseq 1$ となり，次の近似式が得られる。

近似式

$$K_a = C\alpha^2 \text{ または } \alpha = \sqrt{\frac{K_a}{C}}$$

$$[H^+] = C\alpha = C\sqrt{\frac{K_a}{C}} = \sqrt{K_a C}$$

K_a が小さいほど弱い酸であり，$K_a \ll C$ のとき $\alpha \ll 1$ となり，上記の近似式がよく成り立つ。

問4 ルシャトリエの原理に基づいて考える。

a HCl 水溶液(塩酸)を加えると，H^+ と OH^- が中和して，$[OH^-]$ が減少する。その結果，$[OH^-]$ が増加する方向（右）へ平衡が移動する。

$$NH_3 + H_2O \rightleftharpoons NH_4^+ + \boxed{OH^-}$$
$$HCl \longrightarrow Cl^- + \boxed{H^+} \xrightarrow{中和} \boxed{H_2O}$$

b NaOH 水溶液を加えると，$[OH^-]$ が増加する。その結果，$[OH^-]$ が減少する方向（左）へ平衡が移動する。

$$NH_3 + H_2O \rightleftharpoons NH_4^+ + \boxed{OH^-}$$
$$NaOH \longrightarrow Na^+ + \boxed{OH^-}$$

c NH_4Cl 水溶液を加えると，$[NH_4^+]$ が増加する。その結果，$[NH_4^+]$ が減少する方向（左）へ平衡が移動する。

$$NH_3 + H_2O \rightleftharpoons \boxed{NH_4^+} + OH^-$$
$$NH_4Cl \longrightarrow \boxed{NH_4^+} + Cl^-$$

（注）**b**，**c** のように，ある電解質 A の水溶液にその電離平衡に関係するイオンを含んだ電解質 B を加えると，A の電離平衡が移動して A の電離が抑えられる（電離度が小さくなる）。このような現象を「共通イオン効果」という。

問5　$H_2S + H_2O \rightleftarrows H_3O^+ + HS^-$ ……(1)
　　　$HS^- + H_2O \rightleftarrows H_3O^+ + S^{2-}$ ……(2)

a 硫酸などの強酸を加えると，H_3O^+ の濃度が増加する。これにより上の(2)式の平衡は，H_3O^+ の濃度が減少する方向(左)へ移動する(共通イオン効果)。その結果，S^{2-} の濃度は減少する。

(注) 本問では，はじめの硫化水素の飽和水溶液100 mLに対して加えた水溶液の体積は小さいので，**a**〜**c**について溶液全体の体積変化の影響は考えなくてよい。

b 水酸化ナトリウム水溶液などの強塩基を加えると，OH^- と H_3O^+ が中和して H_3O^+ の濃度が減少する。これにより上の(1)式の平衡は，H_3O^+ の濃度が増加する方向(右)へ移動する。その結果，HS^- の濃度は増加する。

c 硫化水素の飽和水溶液(約0.1 mol/L) 100 mL中に含まれる硫化水素は約0.01 molである。**b**の操作で加えたNaOHは $1 \text{mol/L} \times \dfrac{10}{1000} \text{L} = 0.01 \text{mol}$ である。したがって，**b**の操作を行った後，(1)式の平衡はほぼ完全に右へ移動してしまい，HS^- は最大量(約0.01 mol)となる(このとき HS^- の中和はほとんど進行していない)。

$$H_2S \xrightarrow{OH^- \ 0.01\,\text{mol}} HS^- \xrightarrow{OH^-\ 0.005\,\text{mol}} \begin{array}{l} HS^- \\ 0.005\,\text{mol} \\ S^{2-} \\ 0.005\,\text{mol} \end{array}$$

H_2S 0.01 mol　　　　　　HS^- 0.01 mol

bの操作を行った後，さらにNaOHを0.005 mol加えると，HS^- の約半分が中和されて S^{2-} になる。よって，**c**の操作では HS^- の濃度は減少する。

(注) 2価の弱酸の電離平衡では，一般に1段階目の電離定数に比べて2段階目の電離定数は非常に小さい。このため塩基を加えていくと，1段階目の中和が完了するまで，2段階目の中和はほとんど進行しない。

d 溶液を沸騰させると，硫化水素の水への溶解度が減少し，H_2S が気体となって溶液外へ出ていく。これにより，溶液中の H_2S の濃度が減少し，(1)式の平衡は，H_2S の濃度が増加する方向(左)へ移動する。その結果，HS^- の濃度は減少する。

34

問1　⑤　　問2　⑥　　問3　a—③　b—④　　問4　⑥

問1　反応前と平衡状態について，H_2, I_2, HIの量的関係は以下のようになる。なお，448℃の高温に保っているので，H_2, I_2, HIはすべて気体である。

	H_2	+	I_2	$\rightleftarrows$	2HI	〔mol〕
反応前	0.50		0.50		0	
変化量	$-0.78 \times \dfrac{1}{2}$		$-0.78 \times \dfrac{1}{2}$		$+0.78$	
$\begin{pmatrix}448℃\\ V\text{[L]}\end{pmatrix}$ 平衡	0.11		0.11		0.78	

よって，448℃における平衡定数 K の値は，

$$K = \frac{[HI]^2}{[H_2][I_2]} = \frac{\left(\frac{0.78\,\text{mol}}{V(L)}\right)^2}{\frac{0.11\,\text{mol}}{V(L)} \times \frac{0.11\,\text{mol}}{V(L)}} = \left(\frac{0.78}{0.11}\right)^2 \fallingdotseq 50$$

問2 ア $CO_2(気) + H_2(気) \rightleftarrows CO(気) + H_2O(気)$ 〔右方向は吸熱〕

CO_2 0.5 mol, H_2 0.5 mol, CO 1.0 mol, H_2O 1.0 mol を入れた直後（反応前）について，$\frac{[CO][H_2O]}{[CO_2][H_2]}$ の値を計算してみる（容器の容積を $V(L)$ とする）。

$$\frac{[CO][H_2O]}{[CO_2][H_2]} = \frac{\left(\frac{1.0\,\text{mol}}{V(L)}\right) \times \left(\frac{1.0\,\text{mol}}{V(L)}\right)}{\left(\frac{0.5\,\text{mol}}{V(L)}\right) \times \left(\frac{0.5\,\text{mol}}{V(L)}\right)} = 4.0$$

反応が 1120℃の平衡状態に近づくにつれて，この式の値は 1120℃の平衡定数 K の値 2.0 に近づくはずである。

　　　　　　　　反応前　　　　平衡状態
$$\frac{[CO][H_2O]}{[CO_2][H_2]} = 4.0 \implies 2.0 \text{（1120℃での平衡定数 }K\text{ の値）}$$

よって，反応が進行するにつれて，[CO], [H_2O] は小さくなり，[CO_2], [H_2] は大きくなることがわかる。これは反応が<u>左方向</u>へ進むことを示す。

イ この反応の温度を低くすると（1120℃ ⟶ 700℃），ルシャトリエの原理により発熱方向（左）に平衡が移動する。平衡が左へ移動すると，[CO], [H_2O] が小さくなり，[CO_2], [H_2] が大きくなる。その結果，700℃のときの平衡定数 K の値は，1120℃のときの K の値 <u>2.0</u> より小さくなる。

$$\text{（1120℃ ⟶ 700℃）} \quad K = \frac{[CO][H_2O]}{[CO_2][H_2]} \begin{array}{l}\leftarrow \text{小さくなる}\\ \leftarrow \text{大きくなる}\end{array}$$
　　　　　　　　　　　↑
　　　　　　　　　小さくなる

問3 a 濃度 C [mol/L] の酢酸水溶液の電離平衡において，酢酸の電離度を α とすると，分子やイオンの量的関係は以下のように表される。

$$CH_3COOH \rightleftarrows CH_3COO^- + H^+$$

電離前	C	0	0
変化量	$-C\alpha$	$+C\alpha$	$+C\alpha$
電離後	$C(1-\alpha)$	$C\alpha$	$C\alpha$

これらを用いると電離定数 K_a は，次式で表される。

$$K_a = \frac{[CH_3COO^-][H^+]}{[CH_3COOH]} = \frac{C\alpha \times C\alpha}{C(1-\alpha)} = \frac{C\alpha^2}{1-\alpha}$$

K_a の値（2.7×10^{-5} mol/L）に比べて C の値（0.030 mol/L）がかなり大きいとき，α は 1 に比べて小さくなり，$1 - \alpha \fallingdotseq 1$ と近似できる。

これにより $K_a = C\alpha^2$ となり，$\boxed{\alpha = \sqrt{\frac{K_a}{C}}}$ の近似式が得られる。

α の式に C, K_a の数値を入れると,

$$\alpha = \sqrt{\frac{2.7 \times 10^{-5}}{0.030}} = \sqrt{9.0 \times 10^{-4}} = 3.0 \times 10^{-2} = 0.030$$

b 近似が可能な範囲では,近似式を用いて [H^+], α の変化を知ることができる。この酢酸水溶液を水でうすめると C が小さくなるので, $\alpha = \sqrt{\dfrac{K_a}{C}}$ より, α は<u>大きくなる</u>（温度一定ならば, K_a は変化しない）。

また,$[H^+] = C\alpha = C\sqrt{\dfrac{K_a}{C}} = \boxed{\sqrt{K_a C}}$ より,C が小さくなると $[H^+]$ は小さくなるから,pH は<u>大きくなる</u>。

(注) $K_a = C\alpha^2 = (C\alpha) \cdot \alpha = [H^+] \cdot \alpha$ より,近似が可能な範囲では,$[H^+]$ と α は反比例する。

問 4 $HCl \longrightarrow H^+ + Cl^-$

$AgCl(固) \rightleftarrows Ag^+ + Cl^-$

pH が 3.0 の塩酸中の $[H^+]$ は 1.0×10^{-3} mol/L である。AgCl(固) の溶解で生じた Cl^- の濃度は極めて小さいので,$[Cl^-]$ は $[H^+]$ と同じ 1.0×10^{-3} mol/L としてよい。AgCl(固) の溶解度積 K_{sp} は,

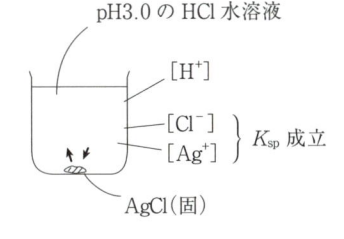

$$K_{sp} = [Ag^+][Cl^-] = 1.8 \times 10^{-10} \text{ (mol/L)}^2$$

$[Cl^-] = 1.0 \times 10^{-3}$ mol/L より,$[Ag^+] = \dfrac{1.8 \times 10^{-10}}{1.0 \times 10^{-3}} = 1.8 \times 10^{-7}$ mol/L

(注) AgCl(固) の溶解で生じた Cl^- の濃度は 1.8×10^{-7} mol/L で,1.0×10^{-3} mol/L と比べて無視できることがわかる。

短期攻略のツボ

溶解度積

難溶性塩 A_mB_n が一定温度の水溶液中で溶解平衡にあるとき,溶解しているイオンの濃度について次の溶解度積 K_{sp} が成り立つ。

$$A_mB_n(固) \rightleftarrows mA^{n+} + nB^{m-}$$

$\boxed{K_{sp} = [A^{n+}]^m[B^{m-}]^n}$（温度一定ならば一定）

第3編　無機物質

第1章　非金属元素とその化合物

35

問1　`1`－①　`2`－④　`3`－③　`4`－②　問2　④
問3　⑤

問1　`1`　ハロゲンの単体の融点や沸点は，分子量が大きくなるにつれて分子間力が強くなるため，高くなる。

$\quad\quad\quad F_2\quad Cl_2\quad Br_2\quad I_2$
融点，沸点─────→高

`2`　ハロゲンの単体の反応性(酸化力 $X_2 + 2e^- \longrightarrow 2X^-$)は，元素の原子番号が小さくなるにつれて陰性が強くなるため，高くなる。

$\quad\quad\quad F_2\quad Cl_2\quad Br_2\quad I_2$
高←─────反応性

`3`　ハロゲンの単体のうち，常温で液体であるものは Br_2 である。

`4`　1価の陰イオンがアルゴン $_{18}Ar$ と同じ電子配置をとるハロゲンは，Ar より原子番号が1小さい $_{17}Cl$ である。

> **短期攻略のツボ**
> ハロゲンの単体の状態(常温・常圧)と色
> F_2：気体（淡黄色），Cl_2：気体（黄緑色），Br_2：液体（赤褐色），I_2：固体（黒紫色）

問2　① (誤)　F_2 と Cl_2 は気体であるが，Br_2 は液体，I_2 は固体である。

② (誤)　ガラス(主成分 SiO_2)を侵すのは，フッ化水素酸(HF 水溶液)である。臭素 Br_2 は，ガラスを侵さない。

③ (誤)　ハロゲン化銀のうち AgF だけが水に溶けやすい。AgCl，AgBr，AgI はいずれも水に難溶である。

④ (正)　ハロゲンの単体の酸化力(電子を奪う力)は，$F_2 > Cl_2 > Br_2 > I_2$ の順に弱くなる。

⑤ (誤)　アルミニウムに塩酸を加えると水素が発生する。
$\quad 2Al + 6HCl \longrightarrow 2AlCl_3 + 3H_2$

問3　① (正)，② (正)　ヨウ素 I_2 は昇華性があり，固体は分子からなる結晶で黒紫色，気体は赤紫色である。

③ (正)　I_2 はモル質量が空気より大きいので，同温・同圧において，気体のヨウ素の密度は，空気より大きい。
$\quad I_2$ のモル質量 254 g/mol　　空気の平均モル質量約 29 g/mol

④ (正)　ヨウ素にデンプン水溶液を加えると，ヨウ素デンプン反応により青〜青紫色に呈色する。

(注) この反応は，ヨウ素やデンプンの検出に利用される。
⑤（誤） ヨウ素は，水に溶けにくい。
(注) ヨウ素はヨウ化カリウム水溶液やエタノールにはよく溶けて褐色の溶液になる。

36

問1 ③　問2 ①, ⑥（順不同）　問3 ⑤　問4 $\boxed{1}$-④　$\boxed{2}$-①
問5 ④　問6 ③

問1 ①（正） O_2 と O_3 は同じ元素でできている単体であるが，性質の異なる物質だから互いに同素体である。

②（正） オゾンは強い酸化作用をもつので，湿ったヨウ化カリウムデンプン紙を青変させる。

　　酸化剤　還元剤
　　　$O_3 + 2KI + H_2O \longrightarrow \underline{I_2} + 2KOH + O_2$
　　　$\underline{I_2} +$ デンプン $\Longrightarrow$ 青紫色（ヨウ素デンプン反応）

③（誤） オゾンは淡青色で特異臭のある気体である。

④（正），⑤（正） O_2 や空気の中で，紫外線を当てたり，放電を行ったりすると，O_3 が生成する。　$3O_2 \rightleftarrows 2O_3$

問2 ①（正） SO_2 が酸化剤，H_2S が還元剤となって反応し，硫黄の単体が生じる。
　　　$SO_2 + 2H_2S \longrightarrow 3S + 2H_2O$

②（誤） SO_2 は，無色・刺激臭の気体である。

③（誤） SO_2 は水に溶けて弱い酸性を示す。　$SO_2 + H_2O \rightleftarrows HSO_3^- + H^+$

④（誤） H_2S は，無色・腐卵臭の有毒な気体である。

⑤（誤） H_2S のモル質量（34 g/mol）は空気の平均モル質量（約 29 g/mol）より大きいので，空気より重い気体である。

⑥（正） FeS は弱酸（H_2S）の塩なので，強酸（H_2SO_4）を加えると，弱酸（H_2S）が遊離する。
　　　$FeS + H_2SO_4 \longrightarrow FeSO_4 + H_2S \uparrow$

⑦（誤） H_2S は水に溶けて弱い酸性を示す。　$H_2S \rightleftarrows H^+ + HS^-$

⑧（誤） $CuSO_4$ 水溶液に H_2S を通じると，CuS の黒色沈殿が生じる。
　　　$Cu^{2+} + S^{2-} \longrightarrow CuS \downarrow$

問3 反応物（原料）から生成物（製品）に至る段階的な反応を，1つの反応式にまとめると量的関係がつかめる。(1)式 ＋ (2)式 × 2 ＋ (3)式 × 4 により SO_2，SO_3 を消去すると，
　　　$4FeS + 9O_2 + 4H_2O \longrightarrow 2Fe_2O_3 + 4H_2SO_4$

質量パーセント濃度 80 % の硫酸 196 g に含まれる H_2SO_4 の物質量は，H_2SO_4 のモル質量が 98 g/mol なので

$$\frac{196\,\text{g} \times \dfrac{80}{100}}{98\,\text{g/mol}} = 1.6\,\text{mol}$$

反応式の係数関係($O_2 : H_2SO_4 = 9 : 4$)より，必要な O_2 の物質量は

$1.6\,\text{mol} \times \dfrac{9}{4} = 3.6\,\text{mol}$

問4 希硫酸を空気中に放置しておくと，溶媒の水が蒸発していくので質量が減っていく(溶質の H_2SO_4 は不揮発性なので蒸発しない)。
④

したがって，グラフは **A** である。

一方，濃硫酸は吸湿性が強いので，空気中に放置しておくと空気中の水蒸気を吸収して質
①
量が増していく。

したがって，グラフは **B** である。

問5 ①(正) 濃硫酸は水分子を引きつける力が強いため，吸湿性が強く，脱水作用がある。

②(正) 濃硫酸を水でうすめるときは，水の中に少しずつ濃硫酸を加えなければならない。

③(正) 熱濃硫酸は酸化力が強く，Cu や Ag を溶かす。

$2\,Ag + 2\,H_2SO_4 \longrightarrow Ag_2SO_4 + SO_2 + 2\,H_2O$

$Cu + 2\,H_2SO_4 \longrightarrow CuSO_4 + SO_2 + 2\,H_2O$

④(誤) 濃硫酸を塩化ナトリウムと混ぜて熱すると，不揮発性の H_2SO_4 により揮発性の塩化水素 HCl がつくられ，気体となって外へ出ていく。この反応で塩素は発生しない。

$NaCl + H_2SO_4 \longrightarrow NaHSO_4 + HCl \uparrow$

⑤(正) 濃硫酸に SO_3 を吸収させると，発煙硫酸が得られる。発煙硫酸は SO_3 の蒸気を発して白煙を出す。

問6 硝酸 HNO_3 は，工業的には ィオストワルト法とよばれる製法により，ァアンモニア NH_3 からつくられる。

$$NH_3 \xrightarrow[\substack{\text{①空気酸化}\\800℃}]{\text{(白金触媒)}} NO \xrightarrow{\text{②空気酸化}} NO_2 \xrightarrow{\text{③水}} HNO_3$$

(NOの回収矢印あり)

$4\,NH_3 + 5\,O_2 \longrightarrow 4\,NO + 6\,H_2O$ ……①

$2\,NO + O_2 \longrightarrow 2\,NO_2$ ……②

$3\,NO_2 + H_2O \longrightarrow 2\,HNO_3 + NO$ ……③

(①式 + 3 × ②式 + 2 × ③式) × $\dfrac{1}{4}$ より，NO，NO_2 を消去すると，全体の反応は次式で表される。

$NH_3 + 2\,O_2 \longrightarrow HNO_3 + H_2O$ ……④

NH_3 1 mol から HNO_3 1 mol が得られるので，1.7 kg の NH_3(モル質量 17 g/mol)から得られる HNO_3(モル質量 63 g/mol)の質量は，

$$1.7 (kg) \times \frac{63}{17} = 6.3 (kg)$$

よって，求める63％硝酸をx〔kg〕とすると，

$$x (kg) \times 0.63 = 6.3 (kg) \quad x = 10 (kg)$$

> **短期攻略のツボ**
> 濃硫酸の性質
> (1) 粘性のある重い液体 (2) 水を加えると多量の熱を発生 (3) 吸湿性が大きく，脱水作用がある (4) 熱せられると強い酸化作用を示す（熱濃硫酸） (5) 沸点が高く(300℃以上)，不揮発性

37

> 問1 **a**－② **b**－⑤ 問2 ① 問3 ⑤ 問4 ①
> 問5 ①，④（順不同）

問1 ①〜⑤の各元素の水素化合物と水に対する性質は，
① CH_4 メタン 水に溶けにくい
② NH_3 アンモニア 水によく溶ける（弱塩基性）
③ HF フッ化水素 水によく溶ける（弱酸性）
④ H_2S 硫化水素 水に少し溶ける（弱酸性）
⑤ HI ヨウ化水素 水によく溶ける（強酸性）
よって，**a**は②，**b**は⑤

> **短期攻略のツボ**
> ハロゲン化水素：無色・刺激臭の気体で，水によく溶けて酸性を示す。
> 酸としての強さ HI ＞ HBr ＞ HCl ≫ HF
> ───強酸─── 弱酸

問2 **a** ヘリウム He は不燃性で，水素 H_2 に次いで軽いので，浮揚ガスとして気球や飛行船に充塡される。ヘリウムは軽くて化合物をつくらないので，地殻中に閉じ込められたもの以外はわずかしか存在しない。

b アルゴン Ar は最初に発見された希ガスで，希ガスの中では大気中に最も多く（約1％）含まれる。白熱電球に封入され，高温のフィラメントの寿命を長く保つ。

c ネオン Ne は希ガスの中では原子量が2番目に小さい（原子量の大小：He 4 ＜ Ne 20 ＜ Ar 40）。広告用のネオンサイン（赤橙色）などに用いられる。

［参考］ 空気中の希ガスの存在量(体積％)
　　Ar 0.93, Ne 1.8×10^{-3}, He 5.2×10^{-4}, Kr 1.1×10^{-4}, Xe 8.7×10^{-6}

問3 オキソ酸は，分子中にO原子を含む無機の酸である。酸化数 +1 の Cl 原子1個を含むオキソ酸は，次亜塩素酸 HClO (Cl−O−H) である。また，酸化数 +5 の N 原子1個を含むオキソ酸は，硝酸 HNO_3 である。HClO は強い酸化作用をもつ1価の弱酸であり，**a**，**b**， c すべてに当てはまる。

一方，HNO_3 は強い酸化作用をもつ1価の強酸であり，a，c に当てはまる。

よって，両方に当てはまるのは，a，c である。

(注) 塩素原子1個を含むオキソ酸

	次亜塩素酸	亜塩素酸	塩素酸	過塩素酸
	$HClO$	$HClO_2$	$HClO_3$	$HClO_4$
酸化数………	+1	+3	+5	+7

酸としての強さ 小 ──────────→ 大

問4 濃硫酸，濃硝酸，濃塩酸について，当てはまる性質には○，当てはまらない性質には×をつけて示す。

	a	b	c	d
濃硫酸	○	×	○	×
濃硝酸	○	×	○	○
濃塩酸	○	×	○	○

よって，いずれにも当てはまる性質は，**a と c** である。

(注) 濃塩酸と濃硝酸の体積比3:1の混合物(王水)は，金や白金を溶かす。

問5 ① (誤) 黄リンは空気中で自然発火しやすいが，赤リンは空気中で安定である。

② (正) HF 水溶液は SiO_2(ガラスの主成分)と反応してこれを溶かす。

$$SiO_2 + 6HF \longrightarrow H_2SiF_6 + 2H_2O$$
　　　　　　　　　　ヘキサフルオロ
　　　　　　　　　　ケイ酸

③ (正) 一般に，非金属酸化物は酸性酸化物であり(CO, NO は除く)，水と結合してオキソ酸になる。

$SO_2 + H_2O \longrightarrow H_2SO_3$ 亜硫酸 ⎱
$SO_3 + H_2O \longrightarrow H_2SO_4$ 硫酸　⎰ オキソ酸の一種

④ (誤) 硫酸 H_2SO_4 は2価の酸であるが，リン酸 H_3PO_4 は3価の酸である。

⑤ (正) 希硝酸，濃硝酸はともに強い酸化作用を示す。

[参考] 濃硝酸が酸化剤としてはたらくとき：$HNO_3 + H^+ + e^- \longrightarrow NO_2 + H_2O$
　　　 希硝酸が酸化剤としてはたらくとき：$HNO_3 + 3H^+ + 3e^- \longrightarrow NO + 2H_2O$

⑥ (正) ケイ素は酸素に次いで地殻中に多く存在する元素である。ケイ素の化合物は，二酸化ケイ素やケイ酸塩として岩石や土壌に含まれる。

(注) ケイ素の単体は，天然には存在しない。

38

問1 ③　問2 ②　問3 ④　問4 a－③　b－④
問5 a－①, ⑥　b－③, ⑦　c－③, ⑥ (順不同)

問1 常温・常圧で単体が気体である元素は，表中の斜線部分の元素である。

族 周期	1	2					13	14	15	16	17	18
1												
2												
3												
4												

固体である元素

気体である元素

液体である元素

> **短期攻略のツボ**
> 常温・常圧で単体が気体である元素は H, N, O, F, Cl および希ガス元素,液体である元素は Hg と Br のみ,その他はすべて固体である元素である。

問2 ①〜⑤の気体のうち,常温・常圧で有色の気体は Cl_2(黄緑色)と NO_2(赤褐色)である。よって,②が当てはまる。

(注) 他の有色気体として,O_3(淡青色),F_2(淡黄色)も覚えておくとよい。

問3 ①〜⑤の物質のうち,刺激臭のあるものは HCl, CH_3COOH, NH_3 である(他は無臭)。よって,④が当てはまる。

(注) 一般に②のような金属結晶,③,⑤のようなイオン結晶は不揮発性なので無臭である。CH_3COOH は揮発性の液体で,その蒸気は刺激臭である。

問4 a 塩酸は強酸なので,弱酸(H_2CO_3)の塩(Na_2CO_3)と反応して弱酸を遊離させる。
$$Na_2CO_3 + 2HCl \longrightarrow 2NaCl + CO_2 + H_2O$$

b 水酸化ナトリウム水溶液は強塩基なので,弱塩基(NH_3)の塩(NH_4Cl)と反応して弱塩基を遊離させる。
$$NH_4Cl + NaOH \longrightarrow NaCl + NH_3 + H_2O$$

問5 ①〜⑦の反応は,以下のようになる。

① 水素 H_2 発生　$2Al + 2NaOH + 6H_2O \longrightarrow 2Na[Al(OH)_4] + 3H_2 \uparrow$

② 塩化水素 HCl 発生　$NaCl + H_2SO_4 \longrightarrow NaHSO_4 + HCl \uparrow$

③ 二酸化窒素 NO_2 発生　$Ag + 2HNO_3 \longrightarrow AgNO_3 + H_2O + NO_2 \uparrow$

④ アンモニア NH_3 発生　$2NH_4Cl + Ca(OH)_2 \longrightarrow CaCl_2 + 2H_2O + 2NH_3 \uparrow$

⑤ アセチレン C_2H_2 発生　$CaC_2 + 2H_2O \longrightarrow Ca(OH)_2 + CH \equiv CH \uparrow$

⑥ 塩素 Cl_2 発生　$MnO_2 + 4HCl \longrightarrow MnCl_2 + 2H_2O + Cl_2 \uparrow$

⑦ 二酸化炭素 CO_2 発生　$CaCO_3 \longrightarrow CaO + CO_2 \uparrow$

a 単体の気体は,①H_2 と ⑥Cl_2

b 酸性酸化物の気体は,③NO_2 と ⑦CO_2

c 有色の気体は,③NO_2(赤褐色)と ⑥Cl_2(黄緑色)

[参考] ①,③,⑥は酸化還元反応,②は揮発性(HCl)・不揮発性(H_2SO_4)の違いを利用した反応,④は塩基の強弱を利用した反応,⑤は加水分解反応,⑦は熱による分解反応

39

問1 a—② b—④ 問2 a—③ b—⑦ c—② d—② e—①
f—④ 問3 a $\boxed{1}\cdot\boxed{2}$—⑥, ⑧ $\boxed{3}\cdot\boxed{4}$—②, ③ (順不同)
b $\boxed{5}\cdot\boxed{6}$—④, ① $\boxed{7}\cdot\boxed{8}$—①, ③ 問4 ①

問1 a 亜鉛と希硫酸による水素発生反応は，一般的にはイオン化傾向がH_2より大きい金属の単体によって，酸から生じたH^+が還元される反応である。

$Zn + H_2SO_4 \longrightarrow ZnSO_4 + H_2\uparrow$

$(Zn + 2H^+ \longrightarrow Zn^{2+} + H_2\uparrow)$ イオン化傾向 $Zn > H_2$
$\quad\;\; \underset{2e^-}{\underbrace{}}$

したがって，FeとPbが考えられるが，Pbは生成する$PbSO_4$が水に難溶なので，ほとんど反応しない。よって，Feと決まる。

$Fe + H_2SO_4 \longrightarrow FeSO_4 + H_2\uparrow$

$(Fe + 2H^+ \longrightarrow Fe^{2+} + H_2\uparrow)$ イオン化傾向 $Fe > H_2$
$\quad\;\; \underset{2e^-}{\underbrace{}}$

(注) ①はアセチレンを発生する。④，⑤は反応しない。

b コックDを閉じると，発生する気体によりB内の圧力が増し，B内にある希硫酸の液面が押される。このため希硫酸がCを経てAの方向へもどされる（B→C→A）。逆にDを開くと，B内の圧力が大気圧にもどるので，A内の希硫酸がCを経てBに入ってくる。

(注) 図1のような装置を，キップの装置という。

問2 a・b 塩素の実験室的製法としては，酸化マンガン(Ⅳ) MnO_2に濃塩酸を加えて加熱する方法や，さらし粉 $CaCl(ClO)\cdot H_2O$ に塩酸を加える方法などがあるが，選択肢から試薬を選ぶと前者の方法になる。よって，aには濃塩酸③，bには酸化マンガン(Ⅳ) ⑦を入れる。

これらの試薬により，次の反応が起こる。

$MnO_2 + 4HCl \longrightarrow MnCl_2 + Cl_2\uparrow + 2H_2O$

c フラスコb内の圧力が，もし，ビンd内の圧力より小さくなると，d内の水が逆流する。このとき，bとdが直結しているとd内の水がb内に入ってしまう。これを防ぐために，bとdの間に空ビンcをつないでおく。

d bから出てきた塩素には，不純物として水蒸気と塩化水素が含まれる。塩化水素は水によく溶けるので，dに入れてある水に吸収させて除く（このとき，塩素も少し水に溶ける）。

e dから出てきた塩素には，水蒸気が含まれる。これを除くには，乾燥剤としてeに濃硫酸を入れておくのがよい。

f MnO_2は反応により$MnCl_2(Mn^{2+})$に変化する。このとき，Mnの酸化数は$+4$から$+2$になる。

(注) d(水)とe(濃硫酸)を逆に連結することはできない。dをeの後につなぐと，dの水から生じる水蒸気を除くことができない。

問3 **a** アンモニア：弱塩基(NH_3)の塩(⑥ NH_4Cl)に強塩基(⑧ $Ca(OH)_2$)を作用させる。

$$2NH_4Cl + Ca(OH)_2 \xrightarrow{\text{加熱}} CaCl_2 + 2NH_3\uparrow + 2H_2O$$
　　　　固体　　　固体

水素：イオン化傾向がH_2より大きい金属(③ Zn)に強酸(② H_2SO_4)を作用させる。

$$Zn + H_2SO_4 \longrightarrow ZnSO_4 + H_2\uparrow$$
　　固体　　液体

b アンモニア：〔発生装置〕試薬が固体だけの場合は，一般に加熱が必要である。また，発生した水蒸気が試験管の出口付近で冷え，液滴となる。これが試験管の底にもどると，ガラスが急冷されて割れる危険がある。このため，底の方を出口より少し高くしておく。(④)
〔捕集装置〕アンモニアは水によく溶け，空気より軽い(空気より密度が小さい)ので，上方置換で捕集する。(①)
水素：〔発生装置〕この反応では，加熱は不要である。また，液体を用いるので，試験管の底は出口より低くしておく。(①)
〔捕集装置〕水素は水に溶けにくいので，水上置換で捕集する。(③)
(注) 一般に実験室的な気体発生反応で，希硝酸，濃硝酸を用いるときは，加熱は不要。(濃塩酸，濃硫酸を用いるときは加熱を必要とするものが多い。)

短期攻略のツボ
　気体の捕集法
水に溶けない気体(1)……水上置換
　　　　　　　　(2) 空気より重いもの ($M > 29$)……下方置換
水に溶ける気体
　　　　　　　　(3) 空気より軽いもの ($M < 29$)……上方置換
　　　　　　　Mは気体の分子量，29は空気の平均分子量
酸性の気体は(2)，塩基性のNH_3は(3)，と覚えておくとよい。

問4 ①（正）Cuが還元剤，希硝酸が酸化剤となって反応し，NOが発生する。NOは水に溶けないので，水上置換で集める。

$$3Cu + 8HNO_3 \longrightarrow 3Cu(NO_3)_2 + 2NO\uparrow + 4H_2O$$

②（誤）Cuが還元剤，H_2SO_4が酸化剤となって反応し，SO_2が発生する。

$$Cu + 2H_2SO_4 \longrightarrow CuSO_4 + SO_2\uparrow + 2H_2O$$

SO_2は水に溶け(酸性)，空気より重いので，下方置換で集める。

③（誤）NH_3が発生する。

$$2NH_4Cl + Ca(OH)_2 \longrightarrow CaCl_2 + 2NH_3\uparrow + 2H_2O$$

NH_3は塩基性なので，酸性乾燥剤のP_4O_{10}(十酸化四リン)は使えない。塩基性乾燥剤のソーダ石灰などを使う。

④（誤）弱酸(H_2CO_3)の塩(石灰石 $CaCO_3$)に強酸(HCl)を作用させると，弱酸が遊離してCO_2が発生する。

$CaCO_3 + 2HCl \longrightarrow CaCl_2 + CO_2\uparrow + H_2O$

CO_2 は酸性なので，塩基性乾燥剤のソーダ石灰は使えない。

⑤（誤）弱酸(H_2S)の塩(FeS)に強酸(HCl)を作用させると，弱酸が遊離して H_2S が発生する。

$FeS + 2HCl \longrightarrow FeCl_2 + H_2S\uparrow$

H_2S は酸性なので，塩基性の NaOH 水溶液で洗浄することはできない。

短期攻略のツボ

酸性乾燥剤：濃硫酸，P_4O_{10} など

塩基性乾燥剤：ソーダ石灰($CaO + NaOH$)など

中性乾燥剤：$CaCl_2$ など

乾燥剤と乾燥させたい気体が酸・塩基の組合せにならないように選ぶのが原則。

ただし，NH_3 の乾燥に $CaCl_2$ は不適（化合物を生成するため）

H_2S の乾燥には濃硫酸は不適（酸化還元が生じるため）

40

問1　a—①　b—⑥　問2　[1]—⑤　[2]—⑧　問3　④
問4　a—⑥　b—①　c—⑤　d—④

問1　a　鉄の製錬では，高温の溶鉱炉内で，鉄鉱石(鉄の酸化物)が主に一酸化炭素 CO によって還元される。

例　$Fe_2O_3 + 3CO \longrightarrow 2Fe + 3CO_2$

CO は無色・無臭だが，人体にきわめて有毒な気体である。

[参考] CO は血液中のヘモグロビンと強く結合するので，酸素の供給が妨げられる。

b　二酸化硫黄 SO_2 は還元性があり，それによる漂白作用をもつ。(たとえば，SO_2 の入っている容器の中に，色のついた花びらを入れると花びらが漂白される。)

還元剤：$SO_2 + 2H_2O \longrightarrow SO_4^{2-} + 4H^+ + 2e^-$

SO_2 は無色・刺激臭で，有毒な気体である。

(注) CO_2 無色・無臭，NO 無色・無臭，NO_2 赤褐色・特有臭(きわめて有毒)，Cl_2 黄緑色・刺激臭(有毒)

問2　[1]　発生した気体は，赤色リトマス紙を青変するので，塩基性のアンモニア NH_3 である。強塩基(NaOH)を作用させると NH_3 が発生する物質はアンモニウム塩であるから，⑤とわかる。

$NH_4Cl + NaOH \longrightarrow NaCl + NH_3 + H_2O$

NH_4Cl は弱塩基(NH_3)と強酸(HCl)からできた塩なので，加水分解により水溶液は弱い酸性を示す。

[2]　発生した気体は，赤色リトマス紙の赤色を消すので，漂白作用をもつ。塩酸を加えると気体が発生するのは③ $CaCO_3$ か⑧ $CaCl(ClO)\cdot H_2O$ であるが，CO_2 は無臭で漂白作用をもたないので⑧とわかる。

第1章 非金属元素とその化合物 **89**

$CaCO_3 + 2HCl \longrightarrow CaCl_2 + CO_2\uparrow + H_2O$

さらし粉
$CaCl(ClO)\cdot H_2O + 2HCl \longrightarrow CaCl_2 + Cl_2\uparrow + 2H_2O$ （加熱は不要）

> **短期攻略のツボ**
> 漂白作用をもつ気体
> 　SO_2：還元作用による漂白
> 　Cl_2：酸化作用による漂白

問3 **a** アンモニア NH_3 と塩化水素 HCl を混合すると，中和反応が起こって塩化アンモニウム NH_4Cl の白煙が生じる。

$NH_3(気) + HCl(気) \longrightarrow NH_4Cl(固)$

よって，ア，ウは NH_3，HCl の2種である。

（注）この反応は，$NH_3(気)$または HCl(気) の検出に利用される。生成した NH_4Cl は固体微粒子となり，白煙として観察される。

b 大気上層で紫外線を吸収するので，イの同素体はオゾン O_3 である。よって，イは O_2 である。

c ウは水に溶けると酸性を示すから，a よりウは HCl とわかる。（よって，アは NH_3）

d エは腐卵臭があり，還元性を示す。また，c より酸性を示す。よって，エは H_2S である。　還元剤：$H_2S \longrightarrow S + 2H^+ + 2e^-$

問4 **a** H_2S との反応などから，発生した気体は SO_2 とわかる。

$\underset{酸化剤}{SO_2} + \underset{還元剤}{2H_2S} \longrightarrow 3S\downarrow + 2H_2O$

亜硫酸塩に強酸を加えると，SO_2 が発生する。よって，亜硫酸ナトリウムが当てはまる。
⑥

$Na_2SO_3 + 2HCl \longrightarrow 2NaCl + SO_2\uparrow + H_2O$

（注）酸化還元反応で SO_2 は主に還元剤としてはたらくが，反応する相手により酸化剤にもなり得る。

b 発生した気体は無色の NO で，これが空気に触れて酸化され，赤褐色の NO_2 に変化した。　$2NO + O_2 \longrightarrow 2NO_2$

NO は，銅に希硝酸を加えると発生する。
　①

$3Cu + 8HNO_3 \longrightarrow 3Cu(NO_3)_2 + 2NO\uparrow + 4H_2O$

c ガラス（主成分 SiO_2）を侵す気体は，HF（フッ化水素）である。

$SiO_2 + 4HF \longrightarrow SiF_4\uparrow + 2H_2O$

HF は，フッ化カルシウムに濃硫酸を加えて加熱すると発生する。
　　⑤

$CaF_2 + H_2SO_4 \longrightarrow CaSO_4 + 2HF\uparrow$

（注）SiO_2 にフッ化水素酸（HF 水溶液）を加えたときは，

$SiO_2 + 6HF \longrightarrow H_2SiF_6 + 2H_2O$

d 発生した気体は腐卵臭のある H_2S である。$CuSO_4$ 水溶液に通じると，CuS の黒色沈

殿が生じる。

$\quad$ $Cu^{2+} + S^{2-} \longrightarrow CuS\downarrow$

H_2S は，硫化鉄(Ⅱ)に希硫酸を加えると発生する。
　　　　　④

$\quad$ $FeS + H_2SO_4 \longrightarrow FeSO_4 + H_2S\uparrow$

第2章　金属元素とその化合物

第2章　金属元素とその化合物

41

問1　②　問2　②　問3　④　問4　$\boxed{1}$ － ⑥　$\boxed{2}$ － ③
$\boxed{3}$ － ②　$\boxed{4}$ － ①　$\boxed{5}$ － ⑦　$\boxed{6}$ － ⑧

問1　アルカリ土類金属は，2族のうち Be，Mg を除いた元素

2族：Be　Mg　|Ca　Sr　Ba　Ra|
　　　　　　　　アルカリ土類金属

（注）アルカリ金属は，1族のうち H を除いた元素

1族：H　|Li　Na　K　Rb　Cs　Fr|
　　　　　　　アルカリ金属

問2　①（正）　いずれも特有の炎色反応を示す。例　Ca：橙赤，Sr：紅，Ba：黄緑
（注）2族のうち，Be，Mg は炎色反応を示さない。
②（誤）　単体は常温の水と反応して水素を発生させる。
　例　$Ca + 2H_2O \longrightarrow Ca(OH)_2 + H_2$
③（正），④（正）　酸化物は水と反応して強塩基の水酸化物になる。
　例　$BaO + H_2O \longrightarrow Ba(OH)_2$
　　　$Ba(OH)_2 \longrightarrow Ba^{2+} + 2OH^-$　（塩基性）
⑤（正）　炭酸塩はいずれも水に難溶である。
　例　$CaCO_3$，$SrCO_3$，$BaCO_3$
（注）アルカリ土類金属の硫酸塩は水に難溶で，塩化物は水に可溶である。

問3　①（正）　陽イオン交換膜を用いた電気分解（イオン交換膜法）により工業的に製造されている。

$$2NaCl + 2H_2O \xrightarrow{電解} \underbrace{Cl_2}_{陽極側で生成} + \underbrace{H_2 + 2NaOH}_{陰極側で生成}$$

②（正）　塩素は水に少し溶け，その一部が次のように反応する。
　　　　　　　　次亜塩素酸
　$Cl_2 + H_2O \rightleftharpoons HCl + HClO$

したがって，NaOH 水溶液に塩素を通じると，HCl や HClO が中和されて NaCl や NaClO が生じる。

　$Cl_2 + 2NaOH \longrightarrow NaCl + NaClO + H_2O$
　$(Cl_2 + 2OH^- \longrightarrow Cl^- + ClO^- + H_2O)$
　　　　　　　　　　　　次亜塩素酸
　　　　　　　　　　　　イオン

［参考］次亜塩素酸やその塩は，酸化力が強く，漂白作用や殺菌作用を示す。
③（正）　次のような反応が起こり，炭酸イオン CO_3^{2-} が生じる。

$2\text{NaOH} + \text{CO}_2 \longrightarrow \text{Na}_2\text{CO}_3 + \text{H}_2\text{O}$

$(2\text{OH}^- + \text{CO}_2 \longrightarrow \text{CO}_3^{2-} + \text{H}_2\text{O})$

④（誤） NaOH の結晶は空気中の水分を吸収して自然に溶けていく(潮解)。

例　KOH, CaCl_2, MgCl_2

（注）風解は，結晶が空気中で水和水を失い，自然に粉末化していく現象。

例　$\text{Na}_2\text{CO}_3 \cdot 10\text{H}_2\text{O} \longrightarrow \text{Na}_2\text{CO}_3 \cdot \text{H}_2\text{O} + 9\text{H}_2\text{O}$

問4　アンモニアソーダ法(ソルベー法)とよばれる Na_2CO_3 の工業的製法である。Na_2CO_3 はガラスなどの原料となる。

a　$\text{NaCl} + \text{H}_2\text{O} + \text{NH}_3 + \text{CO}_2 \longrightarrow \text{NaHCO}_3 + \text{NH}_4\text{Cl}$ ……(i)
　　　　　　　　　　　　　　　　　　　沈殿

b　$2\text{NaHCO}_3 \longrightarrow \text{Na}_2\text{CO}_3 + \underline{\text{CO}_2} + \text{H}_2\text{O}$ (熱分解) ……(ii)
　　　　　　　　　　　　　　　a の反応に利用

c　$\text{CaCO}_3 \longrightarrow \text{CaO} + \underline{\text{CO}_2}$ (熱分解) ……(iii)
　　　　　　　　　　　a の反応に利用

d　$\text{CaO} + \text{H}_2\text{O} \longrightarrow \text{Ca(OH)}_2$　発熱が大きい ……(iv)

　$2\text{NH}_4\text{Cl} + \text{Ca(OH)}_2 \longrightarrow \text{CaCl}_2 + 2\underline{\text{NH}_3} + 2\text{H}_2\text{O}$ ……(v)
　　　　　　　　　　　　　　　　　　a の反応に利用

［参考］　a の反応　$\text{CO}_2 + \text{H}_2\text{O}$ ┐中和
　　　　　　　　　　　NH_3 ┘$\longrightarrow$ HCO_3^- + NH_4^+

　　　　飽和 NaCl $\longrightarrow$ Na^+ + Cl^-
　　　　　　　　　　⇓
　　　　　　　NaHCO_3 沈殿

短期攻略のツボ

アンモニアソーダ法の全体反応式

(i)式×2 + (ii)式 + (iii)式 + (iv)式 + (v)式より，　$2\text{NaCl} + \text{CaCO}_3 \longrightarrow \text{Na}_2\text{CO}_3 + \text{CaCl}_2$

42

問1　①　問2　⑤　問3　⑤　問4　⑤

問1　典型元素は周期表の 1, 2, 12〜18 族，遷移元素は 3〜11 族にある元素である。①〜⑤の元素のうち，遷移元素は 8 族の Fe，10 族の Ni と 11 族の (Cu, Ag, Au) である。その他の元素は典型元素である。よって，典型元素の組合せは①である。

問2　常温で自由電子をもつ単体は，金属の単体である。①〜⑤のうち，金属の単体は⑤ Zn であり，その他は非金属の単体である。

問3　酸とも塩基とも反応する酸化物は，両性元素の酸化物である。両性元素には Al, Zn, Pb, Sn などがある。よって，⑤ ZnO が当てはまる。

例　$\text{ZnO} + 2\text{HCl} \longrightarrow \text{ZnCl}_2 + \text{H}_2\text{O}$

　　$\text{ZnO} + 2\text{NaOH} + \text{H}_2\text{O} \longrightarrow \text{Na}_2[\text{Zn(OH)}_4]$

（注）$\text{Al}_2\text{O}_3 + 6\text{HCl} \longrightarrow 2\text{AlCl}_3 + 3\text{H}_2\text{O}$

$Al_2O_3 + 2NaOH + 3H_2O \longrightarrow 2Na[Al(OH)_4]$

問4 常温・常圧における単体の状態は，次のように分類される。

単体が $\begin{cases} 液体である元素 &\Rightarrow Hg, Br \\ 気体である元素 &\Rightarrow H, N, O, F, Cl, 希ガス元素(18族) \\ 固体である元素 &\Rightarrow 上記以外の元素 \end{cases}$

よって，単体がいずれも固体である元素は⑤ Si, P, S である。

43

問1 ③　問2 ⑤　問3 ┃1┃-④　┃2┃-⑦　┃3┃-⑨　┃4┃-③　┃5┃-①

問1　**a**（正）　アルミニウムは酸素との結合力が強いので，酸化アルミニウムは2000℃以上の高融点をもつ（金属アルミニウムの融点は660℃）。融解塩電解で酸化アルミニウムからアルミニウムを得るときは，酸化アルミニウムを融解した氷晶石中に入れて溶かす。これにより約1000℃で電解することができる。

b（誤）　金属結晶のアルミニウムは電気をよく導くが，イオン結晶の酸化アルミニウムは電気を導かない。

c（誤）　アルミニウムはイオン化傾向が大きいので，Al^{3+} を含む水溶液を電気分解しても，陰極では H_2O や H^+ が還元されてしまう。このため金属アルミニウムは得られない。

陰極：$2H_2O + 2e^- \longrightarrow H_2 + 2OH^-$　$(2H^+ + 2e^- \longrightarrow H_2)$

d（正）　空気中では表面が酸化されて，Al_2O_3 のち密な被膜ができる。これにより内部は保護されて，酸化されにくくなる。

問2　① （正）　Sn は H_2 よりイオン化傾向が大きいので，塩酸や希硫酸などの酸(H^+)と反応して溶ける。

$Sn + 2HCl \longrightarrow SnCl_2 + H_2$
$(Sn + 2H^+ \longrightarrow Sn^{2+} + H_2)$
　　$\overset{\curvearrowleft}{-2e^-}$

② （正）　$SnCl_2$ は酸化されやすいので，還元作用をもつ。

$\underset{+2}{SnCl_2} + 2Cl^- \longrightarrow \underset{+4}{SnCl_4} + 2e^-$

③ （正）　$PbSO_4$ は水に難溶で，希硫酸にも溶けにくい。鉛蓄電池の放電で生成する $PbSO_4$ が，両極板上に付着するのもこのためである。

④ （正）　$PbCl_2$ は冷水には溶けにくいが，熱水には溶ける。

⑤ （誤）　PbO_2 は鉛蓄電池の正極に用いられるように，酸化剤として使われる。

$\underset{+4}{PbO_2} + 4H^+ + 2e^- \longrightarrow \underset{+2}{Pb^{2+}} + 2H_2O$

（注）　Pb の単体が塩酸や希硫酸に溶けにくいのは，水に溶けにくい $PbCl_2$ や $PbSO_4$ が表面にできるからである。

問3　ア　Aの単体1.00gに対してBの単体1.54gが反応してABの組成をもつ化合物

2.54gが生成するので，A，Bの原子量をM_A，M_Bとすると，

$$\frac{1.00\text{g}}{M_A\text{[g/mol]}} : \frac{1.54\text{g}}{M_B\text{[g/mol]}} = 1:1$$

よって，$M_A : M_B = 1.00 : 1.54$ である。

イ A，Cの単体は常温で水と反応して水素を発生するので，A，Cはナトリウム Na，カリウム K，カルシウム Ca のいずれかである。

ウ 水素との混合物に光を当てると爆発的に反応する単体は塩素である。よって，Bは塩素 Cl である。　　$H_2 + Cl_2 \xrightarrow{\text{光}} 2HCl$

ここでアより，$M_B = 35.5$（Cl），$M_A = \dfrac{35.5}{1.54} = 23$ となるので，イより A は Na である。

エ 空気の一成分であるDの単体をO_2と考えて，ED_2をCO_2とすると，オの反応に結びつく。

オ イより C の単体を Ca とすると，Ca と水との反応は，

$Ca + 2H_2O \longrightarrow Ca(OH)_2 + H_2$

$Ca(OH)_2$の水溶液にCO_2を通すと，$CaCO_3$の白色沈殿を生じる。

$Ca(OH)_2 + CO_2 \longrightarrow CaCO_3 + H_2O$

（注）さらにCO_2を通じると，沈殿が溶けて無色透明になる。

$CaCO_3 + CO_2 + H_2O \rightleftarrows Ca(HCO_3)_2$

以上より，A：ナトリウム，B：塩素，C：カルシウム，D：酸素，E：炭素と決まる。

短期攻略のツボ

14族元素　　C　Si　Ge　Sn　Pb
　　　　　　半導体：Si，Ge
　　　　　　両性：Sn，Pb
　　　　　　非金属元素 ←—｜—→ 金属元素

44

問1　④　　問2　a-⑤　b-⑥　　問3　⑥　　問4　②　　問5　②

問1　①（誤）クロム Cr，マンガン Mn，鉄 Fe は，いずれも第4周期にある遷移元素である。

②（誤）一般に，遷移元素のイオンや化合物には有色のものが多い。
　例　$Cr_2O_7^{2-}$　CrO_4^{2-}　MnO_4^-　Fe_2O_3
　（色）赤橙　　　黄　　　　赤紫　　　赤褐

③（誤）Fe は両性元素ではない。

④（正）一般に，遷移元素は同じ元素であっても酸化数の異なるいくつかのイオンや化合物をつくるものが多い。

⑤（誤）いずれも金属なので熱伝導性が大きい。

> **短期攻略のツボ**
> その他の遷移元素の特徴
> (1) すべて金属元素で単体は密度が大きい。(Sc 以外は重金属)
> (2) 単体は融点が高く硬い。
> (3) 触媒に利用されるものが多い。

問2 a 金属の鉄 Fe は，溶鉱炉で鉄鉱石(Fe_2O_3，Fe_3O_4 など)をコークスや一酸化炭素によって還元してつくられる。

$2Fe_2O_3 + 3C \longrightarrow 4Fe + 3CO_2$

$Fe_2O_3 + 3CO \longrightarrow 2Fe + 3CO_2$

Al，Fe，Ni などは，濃硝酸には不動態になって溶けない。

b 銅 Cu を湿った空気中に放置すると，酸化されて緑色のさび(緑青(ろくしょう))を生じる。銅は電線や，貨幣などの合金材料として用いられる。

問3 化学反応式で表すと，$4Fe + 3O_2 \longrightarrow 2Fe_2O_3$

Fe のモル質量は 56 g/mol なので，上式の係数関係より，必要な O_2 の物質量は

$$\frac{28\,g}{56\,g/mol} \times \frac{3}{4} = 0.375\,mol$$

これを標準状態の体積に換算すると， 0.375 mol × 22.4 L/mol = **8.4 L**

問4 化合物中に含まれる Fe 原子 1 mol あたりで鉄化合物の変化をまとめると，

$FeCl_3 \Longrightarrow Fe(OH)_3 \Longrightarrow \frac{1}{2}Fe_2O_3$

1 mol　　　1 mol　　　$\frac{1}{2}$ mol

Fe_2O_3 のモル質量は 56 × 2 + 16 × 3 = 160 g/mol だから，Fe_2O_3 0.32 g の物質量は

$$\frac{0.32\,g}{160\,g/mol} = 2.0 \times 10^{-3}\,mol$$

上に示した関係により，初めにあった $FeCl_3$ の物質量は

$2.0 \times 10^{-3}\,mol \times 2 = 4.0 \times 10^{-3}\,mol$

これが $FeCl_3$ 水溶液 10 mL 中にあったので，その濃度 [mol/L] は

$$\frac{4.0 \times 10^{-3}\,mol}{0.010\,L} = 0.40\,mol/L$$

[参考] 上に示した鉄化合物の変化を化学反応式で表すと，

$Fe^{3+} + 3OH^- \longrightarrow Fe(OH)_3$

$2Fe(OH)_3 \longrightarrow Fe_2O_3 + 3H_2O$

問5 $CuSO_4 \cdot 5H_2O$（式量 250）を加熱して得られた物質の式量を x とする。$CuSO_4 \cdot 5H_2O$ も，選択肢①〜⑤も Cu 原子 1 個を含む式なので，$CuSO_4 \cdot 5H_2O$ の物質量と得られた物質の物質量は等しいはずである。よって，次式が成り立つ。

$$\frac{62 \times 10^{-3}\,g}{250\,g/mol} = \frac{20 \times 10^{-3}\,g}{x\,[g/mol]} \qquad x \fallingdotseq 81$$

各式量は ① 64 ② 80 ③ 160 ④ 178 ⑤ 214 なので，②が適する。
[参考]　CuSO$_4$·5H$_2$O　CuSO$_4$　CuO　Cu$_2$O
　　　　　青　　　　　白　　　黒　　赤

45

問1　a ─ ③　b ─ ②　問2　③　問3　a ─ ③　b ─ ①　問4　②

問1　a　炎色反応を示す不純物質が白金線に付着していると，試料の金属塩による炎色と重なるため正しい観察ができなくなる。このため，試料をつける前にあらかじめ炎色の有無を確認しておく。
　b　黄色の炎色反応を示す元素は，ナトリウムである。
[参考]　金属塩で炎色反応を観察するには，バーナーで加熱したとき金属塩が蒸発しやすい方がよい。このため，金属塩には沸点の低い塩化物や硝酸塩が適している。

短期攻略のツボ
炎色反応
　アルカリ金属，アルカリ土類金属，銅などの元素に起こる。
　　　　　　Li　Na　K　Ca　Sr　Ba　Cu
　　　　　　赤　黄　赤紫　橙赤　紅　黄緑　青緑

問2　a　CaO，CuO，ZnO は塩酸に溶けるが，SiO$_2$ は塩酸に溶けない。
　例　CaO + 2HCl ⟶ CaCl$_2$ + H$_2$O
SiO$_2$ はフッ化水素酸(HF 水溶液)に溶ける。
　　SiO$_2$ + 6HF ⟶ H$_2$SiF$_6$ + 2H$_2$O
よって，**a** は SiO$_2$ である。
（注）CaO，CuO，ZnO は金属酸化物でイオン結晶をつくり，SiO$_2$ は非金属酸化物で共有結合からなる結晶をつくる。また，CaO，CuO は塩基性酸化物，ZnO は両性酸化物，SiO$_2$ は酸性酸化物に分類される。
　b　濃い NaOH 水溶液に溶け，弱い塩基性下で硫化物が沈殿するので，**b** は両性酸化物の ZnO である。
　　ZnO + 2NaOH + H$_2$O ⟶ Na$_2$[Zn(OH)$_4$]　（溶ける）
生じた硫化物の沈殿は ZnS（白）である。
　c　水に溶けて強い塩基性を示す酸化物は，アルカリ金属やアルカリ土類金属の酸化物である。よって，**c** は CaO である。
　　CaO + H$_2$O ⟶ Ca(OH)$_2$
　d　塩酸に溶け，酸性下で硫化物が沈殿するので，**d** は CuO である。
　　CuO + 2HCl ⟶ CuCl$_2$ + H$_2$O
　　Cu^{2+} + S^{2-} ⟶ CuS（黒色沈殿）

問3　a　Cu^{2+} を含む水溶液に NaOH 水溶液を加えると，水酸化銅(Ⅱ) Cu(OH)$_2$ の$\underset{ア}{青白色沈殿}$が生じる。

第2章 金属元素とその化合物　97

$$Cu^{2+} + 2OH^- \longrightarrow Cu(OH)_2\downarrow$$

この沈殿を 60～80℃に加熱すると，分解して黒色の酸化銅（Ⅱ）ィCuO が生成する。

$$Cu(OH)_2 \longrightarrow CuO + H_2O$$

b クロム酸カリウム K_2CrO_4 の水溶液は，クロム酸イオン CrO_4^{2-} により黄色になる。この水溶液をゥ酸性にすると，次の反応によって生じた二クロム酸イオン ェ$Cr_2O_7^{2-}$ により赤橙色になる。

$$2CrO_4^{2-} + 2H^+ \longrightarrow Cr_2O_7^{2-} + H_2O$$
　　黄色　　　　　　　　赤橙色

（注）逆に，二クロム酸イオンの水溶液を塩基性にすると，CrO_4^{2-} を生じて黄色になる。

$$Cr_2O_7^{2-} + 2OH^- \longrightarrow 2CrO_4^{2-} + H_2O$$

問4　① （正）　$Fe(OH)_3$ の赤褐色沈殿が生じる。

$$Fe^{3+} + 3OH^- \longrightarrow Fe(OH)_3\downarrow$$

② （誤）　Fe^{2+} を含む水溶液に KSCN 水溶液を加えても，特に変化はない。

（注）　Fe^{3+} を含む水溶液に KSCN 水溶液を加えると，血赤色の溶液になる。

③ （正），④ （正）　Fe^{3+} を含む水溶液に $K_4[\underset{+2}{Fe}(CN)_6]$ 水溶液を加えると，濃青色沈殿が生じる。また，Fe^{2+} を含む水溶液に $K_3[\underset{+3}{Fe}(CN)_6]$ 水溶液を加えると，濃青色沈殿が生じる。

⑤ （正）　$Fe(OH)_2$ の緑白色沈殿が生じる。

$$Fe^{2+} + 2OH^- \longrightarrow Fe(OH)_2\downarrow$$

短期攻略のツボ

硫化水素 H_2S による沈殿反応

イオン化傾向 大↑

K^+, Ca^{2+}, Na^+, Mg^{2+}, Al^{3+}：pH によらず硫化物は沈殿しない

Zn^{2+}, Fe^{2+}, Ni^{2+}：中性～弱塩基性で硫化物が沈殿する

Pb^{2+}, Cd^{2+}, Cu^{2+}, Ag^+：pH によらず硫化物が沈殿する

（沈殿の色　黒が多いが，ZnS は白，CdS は黄）

46

問1　⑤　問2　②　問3　a—⑤　b—②　問4　a—⑤　b—④
問5　⑤

問1　**a**　Ag^+, Cu^{2+}, Zn^{2+} が当てはまる。

$$Ag^+ \xrightarrow{NH_3} Ag_2O\downarrow \xrightarrow[溶ける]{NH_3} [Ag(NH_3)_2]^+$$

$$Cu^{2+} \longrightarrow Cu(OH)_2\downarrow \longrightarrow [Cu(NH_3)_4]^{2+}$$

$$Zn^{2+} \longrightarrow Zn(OH)_2\downarrow \longrightarrow [Zn(NH_3)_4]^{2+}$$

b　Ag^+, Cu^{2+}, Pb^{2+}, Zn^{2+} が当てはまり，弱アルカリ性下でそれぞれ Ag_2S，CuS，PbS，ZnS が沈殿する。

c Al^{3+}, Cu^{2+}, Zn^{2+} が当てはまる。
Ag^+ と Pb^{2+} は塩酸を加えると沈殿する。
$$Ag^+ + Cl^- \longrightarrow AgCl\downarrow \quad Pb^{2+} + 2Cl^- \longrightarrow PbCl_2\downarrow$$
d 両性元素のイオンである Al^{3+}, Pb^{2+}, Zn^{2+} が当てはまる。
$$Al^{3+} \xrightarrow{NaOH\ 沈殿} Al(OH)_3\downarrow \xrightarrow{NaOH\ 溶ける} [Al(OH)_4]^-$$
$$Zn^{2+} \longrightarrow Zn(OH)_2\downarrow \longrightarrow [Zn(OH)_4]^{2-}$$
$$Pb^{2+} \longrightarrow Pb(OH)_2\downarrow \longrightarrow [Pb(OH)_4]^{2-}$$
以上より，**a**〜**d**のすべてに当てはまる金属イオンは $\underline{Zn^{2+}}$ である。

> **短期攻略のツボ**
> NH_3aq 過剰に溶ける……Ag^+, Cu^{2+}, Zn^{2+}
> NaOHaq 過剰に溶ける……Al^{3+}, Zn^{2+}, Pb^{2+}, Sn^{2+}

問2 ①（正） Ag^+，Cu^{2+} は両性元素のイオンではないので，これらに過剰の NaOH 水溶液を加えても生じた沈殿は溶けない。
$$Ag^+ \xrightarrow{NaOH\ 沈殿} Ag_2O\downarrow \xrightarrow{NaOH} \nrightarrow 溶けない$$
$$Cu^{2+} \longrightarrow Cu(OH)_2\downarrow \nrightarrow 溶けない$$
②（誤） Zn^{2+} は両性元素のイオンなので生じた沈殿が溶けるが，Fe^{2+} は両性元素のイオンではないので沈殿は溶けない。したがって，両方の沈殿が完全に溶けることはない。
$$Zn^{2+} \xrightarrow{NaOH\ 沈殿} Zn(OH)_2\downarrow \xrightarrow{NaOH} [Zn(OH)_4]^{2-}\ 溶ける$$
$$Fe^{2+} \longrightarrow Fe(OH)_2\downarrow \nrightarrow 溶けない$$
③（正） Ag^+，Cu^{2+} に過剰のアンモニア水を加えると生じた沈殿がどちらも溶ける。
$$Ag^+ \xrightarrow{NH_3\ 沈殿} Ag_2O\downarrow \xrightarrow{NH_3} [Ag(NH_3)_2]^+\ 溶ける$$
$$Cu^{2+} \longrightarrow Cu(OH)_2\downarrow \longrightarrow [Cu(NH_3)_4]^{2+}\ 溶ける$$
④（正） 硫酸バリウムの沈殿が生じる。
$$Ba^{2+} + SO_4^{2-} \longrightarrow BaSO_4\downarrow$$
⑤（正） 塩化鉛（Ⅱ）の沈殿が生じる。
$$Pb^{2+} + 2Cl^- \longrightarrow PbCl_2\downarrow$$

> **短期攻略のツボ**
> SO_4^{2-} と沈殿する金属イオン（沈殿は白色）：$\underline{Ca^{2+}, Sr^{2+}, Ba^{2+}}$，$Pb^{2+}$
> 　　　　　　　　　　　　　　　　　　　　　　アルカリ土類金属
> Cl^- と沈殿する金属イオン（沈殿は白色）：Ag^+, Pb^{2+}

問3 a $CuSO_4$ 水溶液にアンモニア水を加えていくと，まず次の反応が起こり，青白色の沈殿 $Cu(OH)_2$ が生じる。
$$Cu^{2+} + 2OH^- \longrightarrow Cu(OH)_2\downarrow$$
さらにアンモニア水を加えると，次の反応が起こって沈殿が溶け，深青色の錯イオン

$[Cu(NH_3)_4]^{2+}$ が生じる。

$$Cu(OH)_2 + 4NH_3 \longrightarrow [Cu(NH_3)_4]^{2+} + 2OH^-$$
配位数 4

$[Cu(NH_3)_4]^{2+}$ の形は，次図に示すような正方形である。

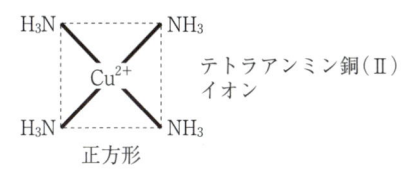

```
   H₃N         NH₃
      \       /
       Cu²⁺          テトラアンミン銅(Ⅱ)
      /       \      イオン
   H₃N         NH₃
      正方形
```

(注) 配位数 4 の亜鉛の錯イオン $[Zn(NH_3)_4]^{2+}$（無色）の形は，正四面体形である。

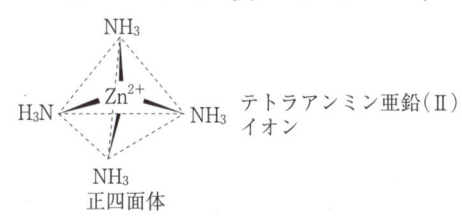

```
            NH₃
             |
       Zn²⁺
   H₃N /   \ NH₃      テトラアンミン亜鉛(Ⅱ)
             |         イオン
            NH₃
         正四面体
```

b 水に難溶の AgCl にアンモニア水を加えると，配位数 2 の銀の錯イオン $[Ag(NH_3)_2]^+$（無色）が生じて溶ける。

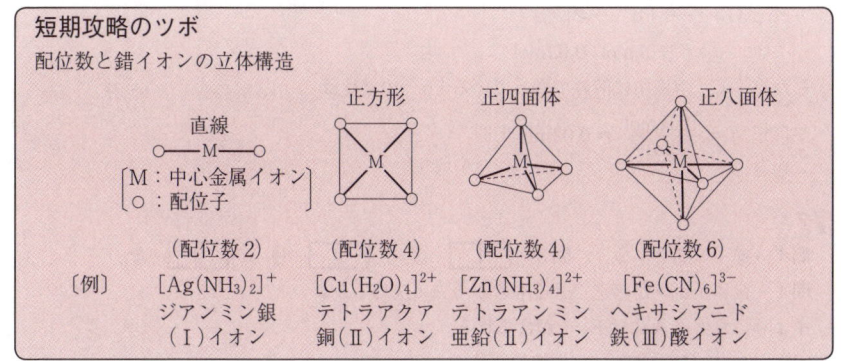

配位子 NH_3
$$AgCl + 2NH_3 \longrightarrow [Ag(NH_3)_2]^+ + Cl^-$$
配位数 2

$\left(H_3N\text{——}Ag^+\text{——}NH_3 \quad \text{ジアンミン銀(Ⅰ)イオン} \right)$
直線

短期攻略のツボ
配位数と錯イオンの立体構造

直線	正方形	正四面体	正八面体
—M—	M	M	M

[M：中心金属イオン]
[○：配位子]

(配位数 2)	(配位数 4)	(配位数 4)	(配位数 6)
〔例〕 $[Ag(NH_3)_2]^+$	$[Cu(H_2O)_4]^{2+}$	$[Zn(NH_3)_4]^{2+}$	$[Fe(CN)_6]^{3-}$
ジアンミン銀(Ⅰ)イオン	テトラアクア銅(Ⅱ)イオン	テトラアンミン亜鉛(Ⅱ)イオン	ヘキサシアニド鉄(Ⅲ)酸イオン

問 4　a NaCl 水溶液に ₐ$\underline{AgNO_3}$ 水溶液を加えると，AgCl の白色沈殿が生成する。

$$Ag^+ + Cl^- \longrightarrow AgCl\downarrow$$

さらに ₆$\underline{NH_3}$ の水溶液を加えていくと，AgCl が溶ける。

$$AgCl + 2NH_3 \longrightarrow [Ag(NH_3)_2]^+ + Cl^-$$

b $BaSO_4$ は強酸(H_2SO_4)の塩であり，$CaCO_3$ は弱酸(H_2CO_3)の塩である。弱酸の塩に強酸を加えると，弱酸が遊離する。この反応を利用すれば，$CaCO_3$ だけを溶かすことができる。したがって，強酸である④希硝酸を加えればよい。

$$CaCO_3 + 2HNO_3 \longrightarrow Ca(NO_3)_2 + CO_2 + H_2O$$

（注） アルカリ金属イオン(Na^+, K^+ など)，NH_4^+，NO_3^-，CH_3COO^- は沈殿しにくい。

問5 はじめにあった $Pb(NO_3)_2$ は，$0.1\,mol/L \times \dfrac{300}{1000}L = 0.03\,mol$

加えた H_2SO_4 は，$0.2\,mol/L \times \dfrac{100}{1000}L = 0.02\,mol$

これらの反応と物質量の変化は，次のようになる。

	$Pb(NO_3)_2$ +	H_2SO_4 $\longrightarrow$	沈殿 $PbSO_4$ +	$2HNO_3$
初め	0.03 mol	0.02 mol	0 mol	0 mol
変化量	−0.02	−0.02	+0.02	+0.04
反応後	0.01 mol	0 mol	0.02 mol	0.04 mol

（注） 変化量の比は，反応式の係数の比と一致する。

① (誤) H_2SO_4 はすべて消費され，未反応の $Pb(NO_3)_2$ が 0.01 mol 残る。

② (誤) 強酸の HNO_3 が生成するので，溶液は酸性となる。よって，溶液のpHは7より小さい。

③ (誤) HNO_3 は 0.04 mol 生成する。溶液の体積は 500 mL なので，HNO_3 の濃度は

$$\dfrac{0.04\,mol}{0.5\,L} = 0.08\,mol/L$$

④ (誤) 沈殿した $PbSO_4$ は，0.02 mol である。

⑤ (正) 未反応の $Pb(NO_3)_2$ 0.01 mol は，溶液中に溶けている。

$$Pb(NO_3)_2 \longrightarrow Pb^{2+} + 2NO_3^-$$
$$\quad 0.01\,mol \quad 0.02\,mol$$

したがって，溶液中に溶けて残っている Pb^{2+} の濃度は

$$[Pb^{2+}] = \dfrac{0.01\,mol}{0.5\,L} = 0.02\,mol/L$$

47

問1 ⑥　問2 ②　問3 | 1 |－②　| 2 |－④　| 3 |－⑤

問1 金属イオンが確定できるものから先に決めるとよい。

イより，水溶液 A には Fe^{2+} が含まれる。

$$\underset{+2}{Fe^{2+}} + K_3[\underset{+3}{Fe}(CN)_6] \longrightarrow 濃青色沈殿$$

ウより，水溶液 B には Ag^+ が含まれる。

$$Ag^+ + Cl^- \longrightarrow AgCl\downarrow \quad 白色沈殿$$

エより，水溶液 B には Ag^+ の他に Zn^{2+} が含まれる。

$Zn^{2+} \xrightarrow{NH_3} Zn(OH)_2\downarrow \xrightarrow{NH_3} [Zn(NH_3)_4]^{2+}$ (白色沈殿, 溶ける)

(注) $Cu^{2+} \xrightarrow{NH_3} Cu(OH)_2\downarrow \xrightarrow{NH_3} [Cu(NH_3)_4]^{2+}$ (青白色沈殿, 溶ける)

$Al^{3+} \xrightarrow{NH_3} Al(OH)_3\downarrow \xrightarrow{NH_3}\!\!\!\!\!\!\!\!\!\times$ 溶けない (白色沈殿)

アより,水溶液 A には Fe^{2+} の他に Cu^{2+} が含まれる。

$Cu^{2+} + S^{2-} \xrightarrow{酸性下} CuS\downarrow$ 黒色沈殿

(注) Al^{3+} は硫化物が沈殿しない。

問2 ア $AgNO_3$ 水溶液に Cu を加えると,イオン化傾向が Cu > Ag なので,次の反応が起こる。

$Cu + 2Ag^+ \longrightarrow Cu^{2+} + 2Ag$
(無色) (青色) 溶け出す 析出する
$2e^-$

この溶液の一部をとり,過剰のアンモニア水を加えると,次の反応が起こる。

$Cu^{2+} \xrightarrow{NH_3} Cu(OH)_2\downarrow \xrightarrow{NH_3} [Cu(NH_3)_4]^{2+}$
(青白色沈殿) (深青色 溶ける)

よって,溶液が深青色になる。

イ $Cu(NO_3)_2$ 水溶液に Pb を加えると,イオン化傾向が Pb > Cu なので,次の反応が起こる。

$Pb + Cu^{2+} \longrightarrow Pb^{2+} + Cu$
(青色) (無色) 溶け出す 析出する
$2e^-$

この溶液の一部をとり,塩酸を加えると,次の反応が起こる。

$Pb^{2+} + 2Cl^- \longrightarrow PbCl_2\downarrow$ (白色沈殿)

よって,白色の沈殿が生じる。

問3 1 Ag^+, Ba^{2+}, Fe^{3+}, Al^{3+} のうちから Ag^+ だけを沈殿させるには,<u>希塩酸</u>を加える。

$Ag^+ + Cl^- \longrightarrow AgCl\downarrow$

2 Ba^{2+}, Fe^{3+}, Al^{3+} のうちから Ba^{2+} だけを沈殿させるには,<u>硫酸カリウム K_2SO_4 水溶液</u>を加える。

$Ba^{2+} + SO_4^{2-} \longrightarrow BaSO_4\downarrow$

3 Fe^{3+}, Al^{3+} のうちから Fe^{3+} だけを沈殿させるには,<u>水酸化ナトリウム水溶液</u>を過剰に加える。

$Fe^{3+} + 3OH^- \longrightarrow Fe(OH)_3\downarrow$

Al^{3+} は両性元素のイオンなので溶ける。

$Al^{3+} \xrightarrow{NaOH} Al(OH)_3\downarrow \xrightarrow{NaOH} [Al(OH)_4]^-$
(沈殿) (溶ける)

48

問1 a —①   b —④   問2 a —①   b —⑧   c —⑥   d —⑨
問3 1 —⑦   2 —⑤   3 —②   4 —①   問4 ②

問1 ①〜⑥はすべてイオン結晶で固体である。

a 水にほとんど溶けないのは，① ZnO，② AgI。このうち白色は①（②は黄色）。

(注) ZnO は白色の顔料として用いられる。

> **短期攻略のツボ**
> ハロゲン化銀：AgCl 白色，AgBr 淡黄色，AgI 黄色
>   （AgF 以外は水に溶けにくい）

b 水に溶けるのは，③ Na_2CO_3，④ K_2CrO_4，⑤ $AgNO_3$，⑥ $CuSO_4$。このうち黄色は④（③は白色，⑤は無色，⑥は五水和物で青色，無水物で白色）。

(注) K_2CrO_4 水溶液は，CrO_4^{2-} によって黄色になる。

問2 a 塩酸を加えて CO_2 を発生するのは①$NaHCO_3$，②Na_2CO_3。このうち，熱で分解して CO_2 を発生するのは①（②は熱で分解しにくい）。

$NaHCO_3 + HCl \longrightarrow NaCl + CO_2 + H_2O$

$Na_2CO_3 + 2HCl \longrightarrow 2NaCl + CO_2 + H_2O$

$2NaHCO_3 \longrightarrow Na_2CO_3 + CO_2 + H_2O$（熱で分解）

b Fe^{3+} の性質なので，⑧ $FeCl_3$。

$Fe^{3+} \xrightarrow{NH_3} \underset{沈殿}{Fe(OH)_3 \downarrow}^{赤褐色} \xrightarrow{NH_3} 溶けない$

(注) $Ag^+ \xrightarrow{NH_3} \underset{沈殿}{Ag_2O \downarrow}^{(暗)褐色} \xrightarrow{NH_3} \underset{溶ける}{[Ag(NH_3)_2]^+}$

c 両性元素のイオンの性質なので，⑥ $AlCl_3$。

$Al^{3+} \xrightarrow{NaOH} \underset{沈殿}{Al(OH)_3 \downarrow}^{白色} \xrightarrow{NaOH} \underset{溶ける}{[Al(OH)_4]^-}^{無色}$

d Cu^{2+} の性質なので，⑨ $CuSO_4$。

$Cu^{2+} \xrightarrow{NH_3} \underset{沈殿}{Cu(OH)_2 \downarrow}^{青白色} \xrightarrow{NH_3} \underset{溶ける}{[Cu(NH_3)_4]^{2+}}^{深青色}$

問3 a 黄色の炎色反応を示すので，A は Na^+ を含む。よって，A は⑦ Na_2CO_3 である。

b Fe^{3+} の性質なので，B は⑤ $FeCl_3$ である。

c 両性元素のイオンの性質なので，C は② $AlCl_3$，③ $Al(NO_3)_3$，⑧ $Zn(NO_3)_2$ のいずれかである。

d Cl^- と結合して白色沈殿が生じるので，D は① $AgNO_3$ である。

e B，C に D を加えると，ともに白色沈殿が生じるので，B，C はともに Cl^- を含む。

(B, C) D
    $Cl^- + Ag^+ \longrightarrow AgCl \downarrow$

よって，**c** より C は ❷ と決まる。

問 4　$Ag_2SO_4 + BaCl_2 \longrightarrow 2\,AgCl\underset{沈殿}{\downarrow} + BaSO_4\underset{沈殿}{\downarrow}$

上式の反応が過不足なく終了した点では，溶液中に溶けているイオンがほとんどなくなる。このため電流はほとんど流れなくなる。この点までの 0.5 mol/L $BaCl_2$ 水溶液の滴下量を x 〔mL〕とすると，

$$\underset{Ag_2SO_4}{0.01\,\text{mol/L} \times \frac{100}{1000}\,\text{L}} = \underset{BaCl_2}{0.5\,\text{mol/L} \times \frac{x}{1000}\,\text{〔L〕}} \qquad x = 2\,\text{mL}$$

$BaCl_2$ 水溶液の滴下量が 2 mL より多くなると，$BaCl_2$ が過剰となり再びイオン濃度が増すので，電流が大きくなる。よって，❷ のグラフのようになる。

第3章　生活と無機物質

49

問1　④　問2　1 —①　2 —③　問3　①　問4　④

問1　①（正）　酸化マグネシウム MgO は融点（2800℃）が高い。これは主として陽イオンと陰イオンのイオン価数がともに大きく，イオン結合が強いためである。MgO は耐火れんがや，るつぼなどの原料として使われる。

②（正）　セッコウ $CaSO_4 \cdot 2H_2O$ を 120〜140℃ に加熱すると，水和水の一部を失って白色粉末状の焼きセッコウ $CaSO_4 \cdot \frac{1}{2}H_2O$ になる。焼きセッコウは，水を加えると硬化してセッコウにもどる。焼きセッコウは，この性質を利用して，建築材料，塑像，医療用ギプスなどに使われる。

$$CaSO_4 \cdot 2H_2O \xrightarrow{120\sim140℃} CaSO_4 \cdot \frac{1}{2}H_2O + \frac{3}{2}H_2O$$

セッコウ　　　　　　焼きセッコウ
　　　↑　水　↓
　　　　硬化

③（正）　ハロゲン化銀に光を当てると，銀の粒子が遊離する。ハロゲン化銀のようなこの性質は感光性とよばれ，AgBr などは写真フィルムに利用される。

例　$2AgBr \xrightarrow{光} 2Ag + Br_2$

④（誤）　さらし粉 $CaCl(ClO) \cdot H_2O$ は，<u>強い酸化作用をもつ</u>。これは成分として含まれる次亜塩素酸イオン ClO^- の酸化力によるものである。

さらし粉は，この性質を利用して漂白剤や殺菌剤に使われる。

$ClO^- + 2e^- + 2H^+ \longrightarrow Cl^- + H_2O$

⑤（正）　酸化チタン（Ⅳ）TiO_2 は，光が当たると，特定の反応に対して触媒としてはたらく。このような性質を光触媒作用という。TiO_2 などの光触媒は，ビルの外壁を汚れにくくしたり，自動車のドアミラーに水滴がつきにくくしたりするのに役立っている。

問2　ヘキサシアニド鉄（Ⅲ）酸カリウム $K_3[Fe(CN)_6]$ は Fe^{2+} と反応して濃青色の沈殿を生じるので，青色の部分 A では次の反応が起こっていると考えられる。

$Fe \longrightarrow Fe^{2+} + 2e^-$ ……(1)

(1)式は，Fe が還元剤としてはたらいていることを示す。一方，フェノールフタレインは酸性側では無色，塩基性側では赤色になるので，うすい赤色の部分 B では OH^- を生じる反応が起こっていると考えられる。また，A の方では Fe が還元剤としてはたらいているので，B の方では酸化剤としてはたらいている物質が存在するはずである。これは水溶液にわずかに溶け込んでいる空気中の酸素 O_2 と考えられる。したがって，B では次の反応が起こっていると考えられる。

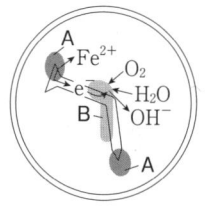

$O_2 + 2H_2O + 4e^- \longrightarrow 4OH^-$ ……(2)

(1),(2)式より,酸化還元反応が進行して,鉄釘が腐食していくことがわかる。なお,NaCl は反応の進行を促進する電解質として加えられている。

問3 ① (誤) 建築材料として広く使われるセメント(ポルトランドセメント)は,石灰石,粘土,セッコウなどを原料とする。製造するときには高温で処理されるので,石灰石 $CaCO_3$ は酸化カルシウム CaO に変化する。セメントに水を加えると CaO が $Ca(OH)_2$ になる。セメントに砂利,砂,水を加えて固めたものがコンクリートである。コンクリートは $Ca(OH)_2$ を含む塩基性物質なので,塩酸などの酸には弱い。

② (正) ガラス(ソーダ石灰ガラス)は,ケイ砂 SiO_2 に炭酸ナトリウム Na_2CO_3 や炭酸カルシウム $CaCO_3$ を加えて融解させた後,冷却してつくる。安価であり,窓ガラスやビンなどに最も多量に使用されている。

③ (正) 土器や陶磁器をつくるには,原料となる粘土や陶土などを水とよく練り混ぜ,成形して乾燥した後,窯(かま)で焼く。土器は比較的低い温度(700~900℃)で,陶器は高い温度(1100~1300℃)で,磁器はさらに高い温度(1300~1500℃)で,それぞれ焼いてつくる。

④ (正) ほうろうや陶磁器に色や模様をつけるには,うわぐすりをかけてから,主に金属または金属の化合物を含む絵具を塗って焼く。

(注) ほうろう:Fe, Cu, Al などの金属の表面に,うわぐすり(Si, Al, Ca, Na などの酸化物からなるガラス層)を焼きつけて覆ったもので,台所用品などに用いられている。

⑤ (正) ファインセラミックス(ニューセラミックス)は,原料として人工的に合成または高純度にした無機物質(Al_2O_3, ZrO_2, Si_3N_4, SiC など)を用いて,精密な反応条件のもとで焼き固めたものである。セラミックスの中では特に優れた性能をもち,人工骨,人工関節や人工歯,エンジン部品,刃物などに利用されている。

問4 ① (誤) ジュラルミンは,アルミニウム Al を主成分とする合金(他に Cu, Mg などを含む)である。

② (誤) 青銅は,銅 Cu とスズ Sn の合金である。

(注) 黄銅(しんちゅう)は,銅 Cu と亜鉛 Zn の合金であり,楽器や仏具などに用いられる。

③ (誤) ニクロムは,電気抵抗が大きく,電熱器などに用いられる。

④ (正) (無鉛)はんだは,スズ Sn を主成分とした合金(他に Cu, Ag, Ni などを含む)で,融点が比較的低い(300℃以下)ので,金属どうしの接合剤に用いられる。

⑤ (誤) ステンレスは,鉄 Fe とクロム Cr,ニッケル Ni などの合金である。

第4章 総合問題

50

問1 a—④　b—①　c—⑥　d—⑧　e—⑤　f—⑦　g—②
　　h—②　i—④　問2 a—②　b—⑨　c—⑥

問1　a　1族のアルカリ金属や2族のアルカリ土類金属に見られる反応なので，カリウム $\underline{K}$ が当てはまる。
　　　④

$$2K + 2H_2O \longrightarrow 2KOH + H_2\uparrow$$
　　　　　　　　　　強アルカリ性

　　b　生成した還元性の気体は酸化物と考えられるので，SO_2 である。よって，硫黄 $\underline{S}$ が当
　　　　　　　　　　　　　　　　　　　　　　　　　　　　　　　　　　　　　①
てはまる。　$S + O_2 \longrightarrow SO_2$

　　c　石英や水晶は SiO_2 からなる。よって，ケイ素 $\underline{Si}$ が当てはまる。ケイ素は地殻中で酸
　　　　　　　　　　　　　　　　　　　　　　　⑥
素に次いで多く存在する。

　　d　常温・常圧で単原子分子となるのは，18族の希ガス元素である。よって，アルゴン
$\underline{Ar}$ が当てはまる。
⑧

　　e　原子核の陽子の数が17なので，この元素の原子番号は17である。よって，塩素 $\underline{Cl}$
　　　　　　　　　　　　　　　　　　　　　　　　　　　　　　　　　　　　　　　⑤
が当てはまる。

　　f　空欄の遷移元素は Mn と Fe である。マンガン乾電池には MnO_2 が使われている。よっ
て，マンガン $\underline{Mn}$ が当てはまる。
　　　　　　⑦

　　g　典型元素で，両性酸化物 M_2O_3 をつくるのは，13族のアルミニウム $\underline{Al}$ である。
　　　　　　　　　　　　　　　　　　　　　　　　　　　　　　　　　②

　　h　アルミニウム $\underline{Al}$ は，まずボーキサイト鉱石を化学処理して純粋なアルミナ Al_2O_3 を
　　　　　　　　　②
とり出し，これを氷晶石とともに約1000℃で融解塩電解してつくる。

　　i　植物の三大栄養素は窒素N，リンP，カリウム $\underline{K}$ である。カリ肥料としてカリウム
　　　　　　　　　　　　　　　　　　　　　　　　④
塩が用いられる。

問2　a　濃硝酸で不動態となるので，アルミニウム Al か鉄 Fe である。このうち
NaOH水溶液に溶けるのは，両性元素の$\underline{アルミニウム}$である。
　　　　　　　　　　　　　　　　　②

$$2Al + 6HCl \longrightarrow 2AlCl_3 + 3H_2\uparrow$$
$$2Al + 2NaOH + 6H_2O \longrightarrow 2Na[Al(OH)_4] + 3H_2\uparrow$$

　　b　希塩酸に溶けないが，濃硝酸には気体を発生して溶けるので，イオン化傾向が H_2 よ
り小さい金属であり，銀Ag，水銀Hg，銅Cu が考えられる。これらのうち，赤味を帯びた
固体は$\underline{銅}$である。
　　　⑨

$$Cu + 4HNO_3 \longrightarrow Cu(NO_3)_2 + 2NO_2\uparrow + 2H_2O$$
　　　　　　　　　　　　　　　　　赤褐色の気体

c 常温・常圧で液体である単体は，水銀 Hg と臭素 Br_2 だけである。臭素 Br_2 はヨウ素 ⑥
I_2 より酸化力が強いので，I^- を酸化して I_2 にする。

$Br_2 + 2KI \longrightarrow 2KBr + I_2$
$(Br_2 + 2I^- \longrightarrow 2Br^- + I_2)$
　　　└─2e⁻─┘

> **短期攻略のツボ**
> Al，Fe，Ni の金属単体 ⟹ 濃硝酸に溶けない
> 表面にち密な酸化被膜を生じて内部が保護されるため。(不動態)

51

問1　⑤　　問2　a─③　　b─④　　問3　a─③　　b─⑦　　c─②

問1　① (正)　希ガスの He や Ne は，それぞれ原子の電子殻が最大数の電子で満たされており，安定で他の物質と反応しにくい。

(注)　最大数の電子で満たされている電子殻を閉殻という。閉殻になった電子殻の状態は安定である。

② (正)　一般に，遷移元素はいろいろな酸化数をとるものが多い。

③ (正)　ハロゲンの単体は，F_2，Cl_2，Br_2，I_2 のように，いずれも二原子分子である。

④ (正)　水と反応して水酸化物となり，それが OH^- を放出するので塩基性を示す。

　例　$Na_2O + H_2O \longrightarrow 2NaOH$

⑤ (誤)　アルカリ土類金属の硫酸塩は，$CaSO_4$，$SrSO_4$，$BaSO_4$ など，いずれも水に難溶である。

(注)　$MgSO_4$ は水によく溶ける。

問2　a　Na_2CO_3 と K_2CO_3

これらの炎色反応を調べると，それぞれ異なる色(Na：黄，K：赤紫)を示すので，区別できる。(③)

b　KCl と KI

硫酸酸性にして過酸化水素水を加えると，H_2O_2 により Cl^- は Cl_2 に，I^- は I_2 にそれぞれ酸化される。

気体の Cl_2 が水に溶けた色(淡黄色)と，固体の I_2 が水または KI 水溶液に溶けた色(黄褐色または褐色)は異なるので区別できる。(④)

$2Cl^- + H_2O_2 + 2H^+ \longrightarrow Cl_2 + 2H_2O$
$2I^- + H_2O_2 + 2H^+ \longrightarrow I_2 + 2H_2O$

問3　a　NO が当てはまる。

無色の気体 NO は，空気に触れると酸化され，赤褐色の気体 NO_2 になる。NO_2 が水に溶けると，HNO_3 が生じて強酸性を示す。

$2NO + O_2 \longrightarrow 2NO_2$

$$3NO_2 + H_2O \longrightarrow 2\underset{\text{強酸}}{HNO_3} + NO$$

b CaO が当てはまる。

白色の固体 CaO に水を加えると，多量の発熱が生じて $Ca(OH)_2$ になる。$Ca(OH)_2$ は水にとけて強塩基性を示す。

$$\underset{\text{生石灰}}{CaO} + H_2O \longrightarrow \underset{\text{消石灰}}{Ca(OH)_2}$$

（注）CaO は発熱剤，乾燥剤に用いられる。

c CO_2 が当てはまる。

無色の気体 CO_2 を $Ca(OH)_2$ の水溶液（石灰水）に通じると，$CaCO_3$ の白色沈殿を生じる。

$$Ca(OH)_2 + CO_2 \longrightarrow \underset{\text{白濁}}{CaCO_3\downarrow} + H_2O$$

さらに CO_2 を通じていくと，沈殿が溶けて無色の溶液になる。

$$CaCO_3 + H_2O + CO_2 \rightleftharpoons Ca(HCO_3)_2$$

（注）石灰岩地帯で見られる鍾乳洞は，この反応によって形成されたものである。

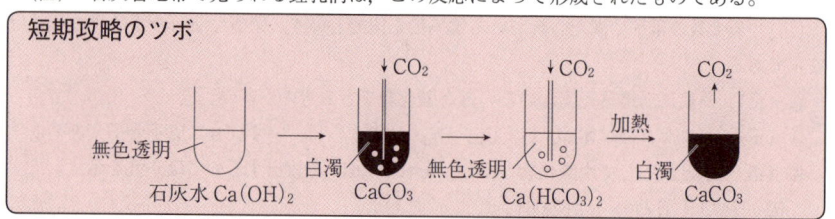

短期攻略のツボ

石灰水 $Ca(OH)_2$ → 白濁 $CaCO_3$ → 無色透明 $Ca(HCO_3)_2$ → 加熱 → 白濁 $CaCO_3$

52

問1 ⑤   問2 ①，⑥ (順不同)
問3 a－①   b－③   c－⑧   d－⑥

問1 a 選択肢から，アは Fe と判断できる。Fe は Fe^{2+} または Fe^{3+} の化合物をつくりやすい（FeS, Fe_2O_3 など）。

c 黄銅には Cu, Zn が含まれる。ウはこのどちらかである。

d ウは両性元素なので，c より Zn と決まる。エも両性元素なので，選択肢から Al と決まる。

b イのイオン化傾向は Al, Zn, Fe よりも小さいので，選択肢③，⑤のうち，⑤が正しい。（よって，イは Cu）

[参考] 〈合金〉   主元素   添加元素
       黄銅   ⇒   Cu   + Zn
       青銅   ⇒   Cu   + Sn
       ステンレス鋼 ⇒ Fe   + Cr, Ni など
       ジュラルミン ⇒ Al   + Cu, Mg など

問2 ①（正）十酸化四リン P_4O_{10} に水を加えて加熱すると，リン酸 H_3PO_4 ができる。

$$P_4O_{10} + 6H_2O \longrightarrow 4H_3PO_4$$

(注) P_4O_{10} は吸湿性が強く，潮解性を示す。

② (誤) 銅は熱濃硫酸に溶け，二酸化硫黄を発生する。

$$Cu + 2H_2SO_4 \longrightarrow CuSO_4 + SO_2\uparrow + 2H_2O$$

③ (誤) 二クロム酸イオン $Cr_2O_7^{2-}$ を含む水溶液に塩基を加えると，クロム酸イオン CrO_4^{2-} を生じる。

$$\underset{\text{赤橙色}}{Cr_2O_7^{2-}} + 2OH^- \longrightarrow \underset{\text{黄色}}{2CrO_4^{2-}} + H_2O$$

(注) クロム酸イオンを含む水溶液に酸を加えると，二クロム酸イオンを生じる。

$$(2CrO_4^{2-} + 2H^+ \longrightarrow Cr_2O_7^{2-} + H_2O)$$

④ (誤) 次の酸化還元反応が起こって，硫酸が生成する。

$$\underset{\text{還元剤}}{SO_2} + \underset{\text{酸化剤}}{H_2O_2} \longrightarrow H_2SO_4\text{（硫酸）}$$

⑤ (誤) AgCl は，アンモニア水を十分に加えると，溶ける。

$$AgCl + 2NH_3 \longrightarrow [Ag(NH_3)_2]^+ + Cl^-$$

⑥ (正) 黄リンも赤リンも，空気中で燃やすと，どちらも十酸化四リン P_4O_{10} になる。

$$4P + 5O_2 \longrightarrow P_4O_{10}\text{（白煙を生じる）}$$

問3　a ジエチルエーテルは沸点34℃の可燃性液体で，揮発性が高く特に引火しやすい。

b ナトリウムやカリウムのようなアルカリ金属は，水に触れると反応して水素を発生し，発火する（石油中保存）。

$$2K + 2H_2O \longrightarrow 2KOH + H_2\uparrow$$

c 黄リン P_4 は，空気中で自然発火しやすい（水中保存）。

(注) 赤リンは空気中で安定。

d 過マンガン酸カリウム $KMnO_4$ は強い酸化剤なので，還元剤となるもの（有機物など）と接触させておくと危険である。

第4編　有機化合物

第1章　有機化学の基礎

53

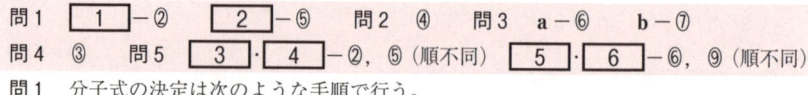

問1　`1` — ②　　`2` — ⑤　　問2　④　　問3　a — ⑥　　b — ⑦
問4　③　　問5　`3`・`4` — ②, ⑤（順不同）　　`5`・`6` — ⑥, ⑨（順不同）

問1　分子式の決定は次のような手順で行う。

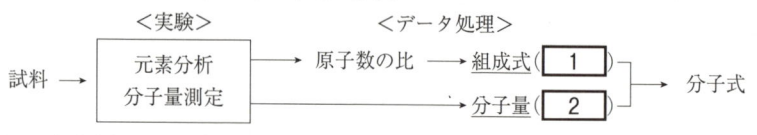

```
        ＜実験＞              ＜データ処理＞
試料 → ┌─────────┐  →  原子数の比 ─→ 組成式 ( 1 ) ┐
       │ 元素分析 │                                  ├→ 分子式
       │ 分子量測定│  ─────────────→ 分子量 ( 2 ) ┘
       └─────────┘
```

問2　分子式を $C_xH_yO_z$ とおくと，完全燃焼の化学反応式は，

$$C_xH_yO_z + \left(x + \frac{y}{4} - \frac{z}{2}\right)O_2 \longrightarrow xCO_2 + \frac{y}{2}H_2O$$

上式より，$C_xH_yO_z$ 1 mol から CO_2 x [mol]，H_2O $\frac{y}{2}$ [mol]が生じ，O_2 $\left(x + \frac{y}{4} - \frac{z}{2}\right)$ mol が消費されることがわかる。

実験結果より　$x = 3$, $\frac{y}{2} = 4$, $x + \frac{y}{4} - \frac{z}{2} = 4.5$　よって，$y = 8$, $z = 1$

以上より，分子式は $\underline{C_3H_8O}$ と決まる。

（注）組成式が C_3H_8O のように $C_nH_{2n+2}O_x$ で表される化合物は，鎖式飽和となるため組成式と分子式が一致する。

問3　**a**　同温・同圧における気体の密度は，気体の分子量（またはモル質量）に比例する。この化合物の分子量を M とすると，酸素 O_2 の分子量は 32 なので，次式が成り立つ。

$$\frac{\text{この化合物の密度}}{\text{酸素の密度}} = \frac{M}{32} = 2.75 \text{ 倍}$$

よって，$M = \underline{88}$

b　まず，構成元素の原子数の比を求めると，

$$C : H : O = \frac{54.5}{12} : \frac{9.1}{1.0} : \frac{36.4}{16}$$

$$= 4.54 : 9.1 : 2.28 = \frac{4.54}{2.28} : \frac{9.1}{2.28} : 1 \fallingdotseq 2 : 4 : 1$$

　　　　　　　　　　　　　　　　最も簡単な整数比

よって，組成式は C_2H_4O（式量 44）

次に，分子量 ＝ 組成式量 × n（n は整数）が成り立つので，

$$88 = 44 \times n \quad n = 2$$

よって，分子式は $(C_2H_4O) \times 2 = \underline{C_4H_8O_2}$

（注）一般に実験データには誤差が含まれるので，原子数の比や上述の n の値を求める

ときは最も近い整数に近似する。

問 4 ヒドロキシ基は，−OH である。各化合物の簡略化した構造式を以下に示す。

アセトン
$CH_3-\underset{\underset{O}{\|}}{C}-CH_3$

アニリン
ベンゼン環−NH_2

o-クレゾール
ベンゼン環(−[OH], −CH_3)

ジエチルエーテル
$CH_3-CH_2-O-CH_2-CH_3$

サリチル酸
ベンゼン環(−[OH], −$\underset{\underset{O}{\|}}{C}-OH$)

酢酸エチル
$CH_3-\underset{\underset{O}{\|}}{C}-O-CH_2-CH_3$

トリクロロメタン
$H-\underset{\underset{Cl}{|}}{\overset{\overset{Cl}{|}}{C}}-Cl$

グリセリン
[HO]−CH_2−CH−CH_2−[OH]
　　　　　　|
　　　　　[OH]

ヒドロキシ基をもつ化合物は，o-クレゾール，サリチル酸，グリセリンの<u>3</u>個である。

問 5 メチル基は−CH_3，ベンゼン環は ⬡ である。①〜⓪の各化合物の簡略化した構造式を以下に示す。

① ベンゼン環−OH

② ベンゼン環−CH_3

③ ベンゼン環(−OH, −COOH)

④ CH_3−COOH

⑤ ベンゼン環(−OH 上, −CH_3 下)

⑥ HO−CH_2−$\underset{\underset{OH}{|}}{CH}$−$CH_2$−OH

⑦ H_2N−CH_2−COOH

⑧ ベンゼン環−NH_2

⑨ HOOC$-(CH_2)_n-$COOH

⓪ CH_3−CHO

メチル基とベンゼン環の両方を含む化合物は，②，⑤である。1分子中に同じ官能基を二つ以上含む化合物は，⑥（ヒドロキシ基−OHが3個），⑨（カルボキシ基−COOHが2個）である。

短期攻略のツボ

（官能基）ヒドロキシ基−OH，カルボニル基 >C=O，アルデヒド基 −$\underset{\underset{O}{\|}}{C}$−H

カルボキシ基 −$\underset{\underset{O}{\|}}{C}$−OH，ニトロ基 −$NO_2$，アミノ基 −$NH_2$

スルホ基 −SO_3H，エーテル結合 −O−，エステル結合 −$\underset{\underset{O}{\|}}{C}$−O−

54

問1 ③ **問2** ③ **問3** ③ **問4** a—③ b—④ c—③

問1 異性体とは、分子式は同じであるが何らかの構造が異なる化合物どうしをいう。①〜⑤の各組の化合物の簡略構造式を示すと、

① $CH_3-CH=CH-CH_3$　　$CH_2=\underset{\underset{CH_3}{|}}{C}-CH_3$
　　2-ブテン　　　　　　　2-メチルプロペン

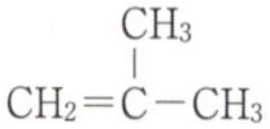

② o-キシレン 　　p-キシレン（ベンゼン環にCH₃ 2個）

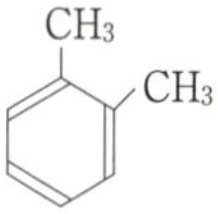

③ $\underset{COOH}{COOH}$　　$CH_3-\underset{\underset{OH}{|}}{CH}-COOH$
　　シュウ酸 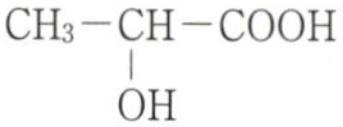　　　　乳酸

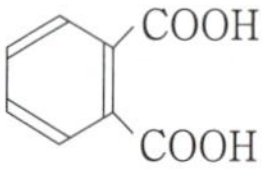

④ フタル酸（ベンゼン環に-COOH 2個、オルト位）　テレフタル酸（パラ位）

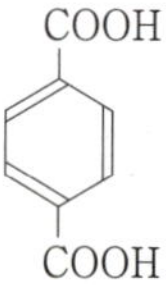

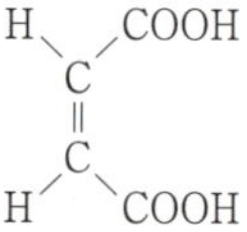

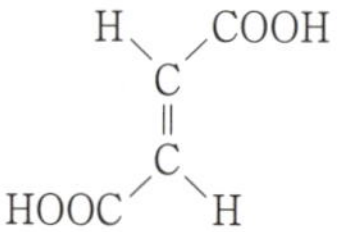

⑤ マレイン酸（シス）　フマル酸（トランス）

③のシュウ酸と乳酸は分子式が異なるので異性体ではない。
その他は、互いに異性体である。

問2 分子式が C_3H_8O である化合物は、次の3種類である。

$CH_3-CH_2-CH_2-OH$　　$CH_3-\underset{\underset{OH}{|}}{CH}-CH_3$　　$CH_3-O-CH_2-CH_3$

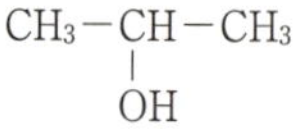

1-プロパノール　　2-プロパノール　　エチルメチルエーテル

短期攻略のツボ

分子式が $C_nH_{2n+2}O$ で表される化合物は、鎖式飽和のアルコール R−OH か、鎖式飽和のエーテル R−O−R′ のどちらかである。(R, R′ はアルキル基)

問3 プロパン C_3H_8 のH原子2個をCl原子2個で置き換えた化合物 $C_3H_6Cl_2$ には、次の4種類の構造異性体がある。

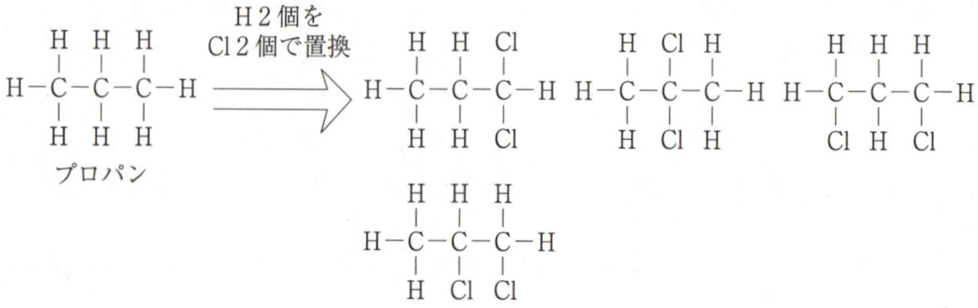

プロパン → H2個をCl2個で置換

（4種類の構造異性体の構造式）

(注)

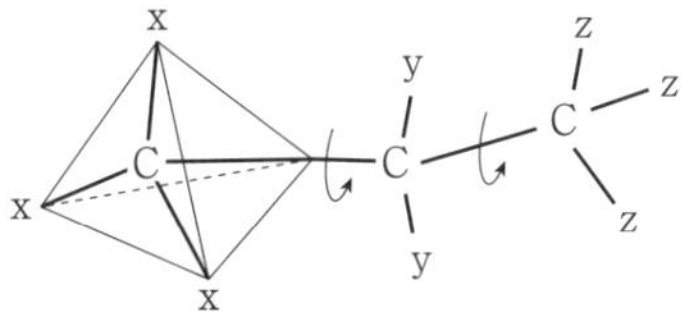

鎖状の単結合 C−C 間は自由に回転できるので，上図の3個のxの位置，2個のyの位置，3個のzの位置は互いに同等である。

問4 **a** 分子式 C_5H_{12} で示される化合物のすべての異性体は，次の3種類である。

$CH_3-CH_2-CH_2-CH_2-CH_3$ $CH_3-\underset{\underset{CH_3}{|}}{CH}-CH_2-CH_3$ $CH_3-\underset{\underset{CH_3}{|}}{\overset{\overset{CH_3}{|}}{C}}-CH_3$

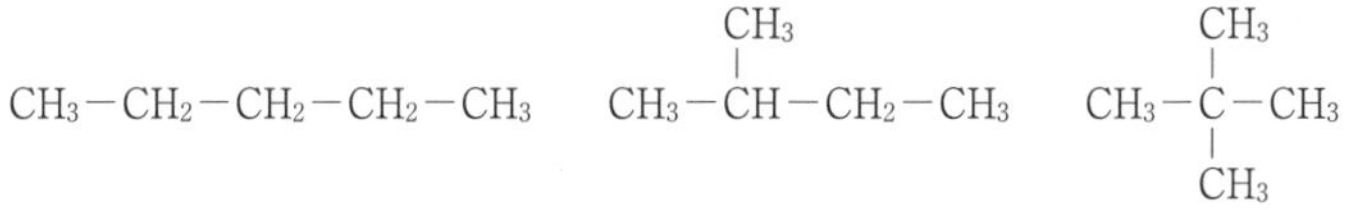

b 分子式 C_3H_5Br で示され，二重結合を一つもつ化合物のすべての異性体は，次の4種類である。

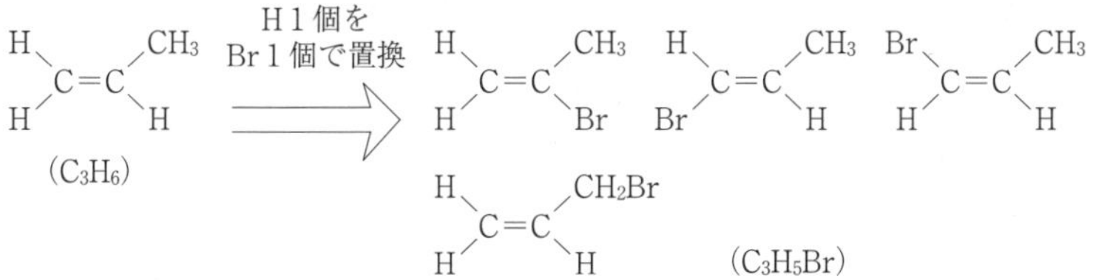

(C_3H_6) → H1個をBr1個で置換 → （4種類の構造式） (C_3H_5Br)

（注） 二重結合 $>C=C<$ は自由に回転ができない。

c 分子式 $C_6H_3Cl_3$ で示され，ベンゼン環を一つもつ芳香族化合物のすべての異性体は，次の3種類である。

(C_6H_6) → H3個をCl3個で置換 → （3種類の構造式） ($C_6H_3Cl_3$)

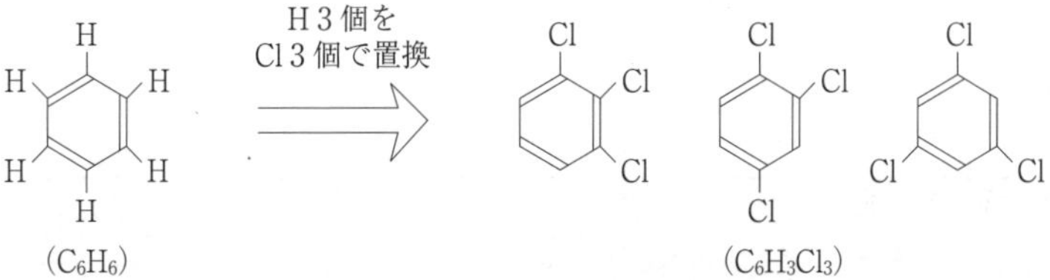

（注） ベンゼン C_6H_6 分子の6個のHは互いに同等である。

55

| 問1 ⑤ | 問2 ② | 問3 ④ |

問1 シス-トランス異性体（幾何異性体）が存在するものには，一般に二重結合 $>C=C<$ があるので，③か⑤と考えられる。

③，⑤の構造を立体的に表すと，③にはシス-トランス異性体がないが，⑤にはマレイン酸とフマル酸のシス-トランス異性体がある。

③ H₂C=CH-COOH (H, H on left; H, COOH on right)

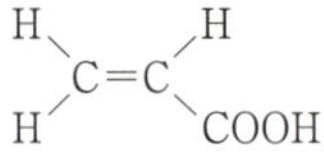

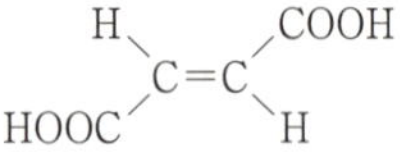

⑤ 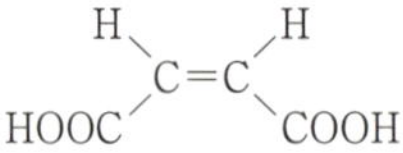 シス形（マレイン酸）: HOOC-CH=CH-COOH (both COOH same side)
トランス形（フマル酸）: HOOC-CH=CH-COOH (COOH opposite sides)

短期攻略のツボ

異性体 ─ 構造異性体
　　　└ 立体異性体 ─ シス-トランス異性体（幾何異性体）
　　　　　　　　　　└ 光学異性体

シス-トランス異性体が存在する条件は、

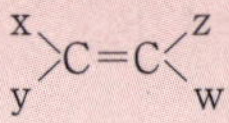

$$\begin{array}{c} x \\ y \end{array} C=C \begin{array}{c} z \\ w \end{array} \quad x \neq y \text{ かつ } z \neq w$$

問2 C原子の4個の結合手についた原子または原子団がすべて異なるとき、そのC原子は<u>不斉炭素原子</u>とよばれる。

ウとカは、次図のように不斉炭素原子（C*で表す）をもつ。（②）

ウ: C* に CH₃, H, CH₂COOH, OH が結合
カ: C* に CH₃, H, COOH, NH₂ が結合

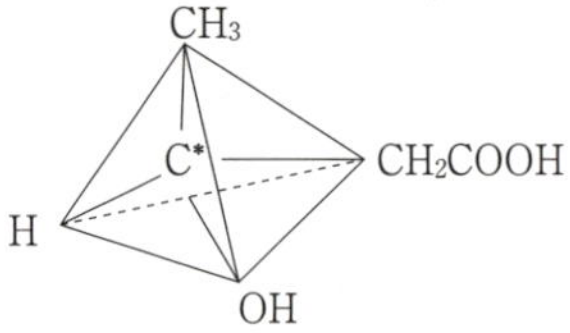

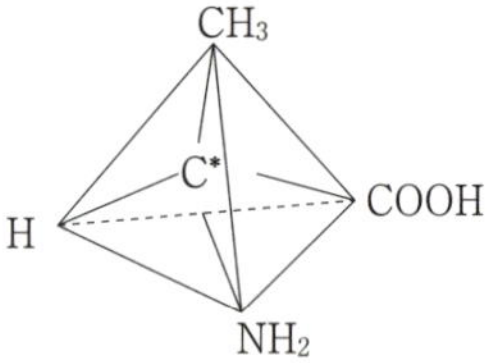

（注）オ: C に OH, H, CH₂OH, CH₂OH が結合
同じもの（-CH₂OH）が結合しているので不斉炭素原子ではない

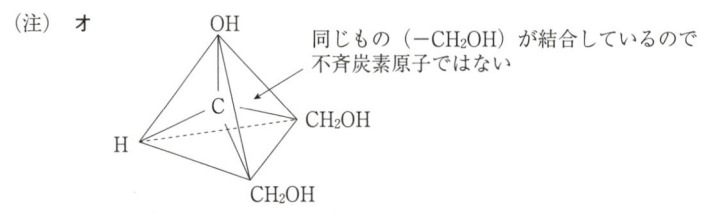

短期攻略のツボ

(a) C* に x, y, z, w が結合 ｜鏡｜ (b) C* に x, w, z, y が結合 ─ 不斉炭素原子

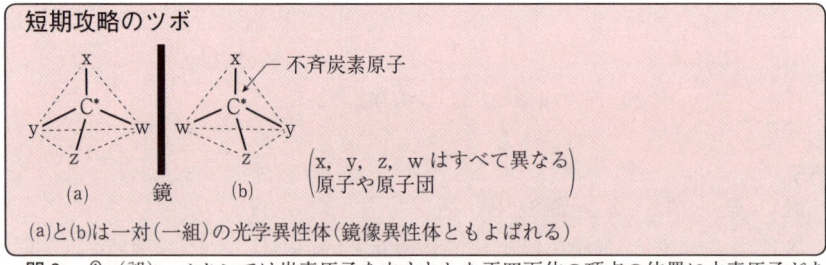

(x, y, z, w はすべて異なる原子や原子団)

(a)と(b)は一対（一組）の光学異性体（鏡像異性体ともよばれる）

問3 ①（誤）メタンでは炭素原子を中心とした正四面体の頂点の位置に水素原子がある。

メタン CH₄

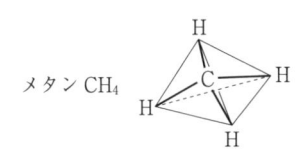

② (誤) プロペン C₃H₆ 〕同一平面上にはない

③ (誤) プロパン C₃H₈

図のように各炭素原子が正四面体構造をとるので，炭素原子は折れ線状につながる。

④ (正) メチルアセチレン CH₃−C≡C−H

三重結合 −C≡C− の2つのC原子と，それに結合した原子◯は一直線上に並ぶ。

$$◯-C\equiv C-◯ \quad \left(H-\underset{H}{\overset{H}{C}}-C\equiv C-H \right)$$

⑤ (誤) 天然の α-アミノ酸は，グリシンのみ不斉炭素原子がない。

グリシン H₂N−CH₂−COOH

(注) α-アミノ酸

$$\underset{\underset{\text{H}_2\text{N}-\text{CH}-\text{COOH}}{|}}{\text{R}} \quad \left(\begin{array}{c} \text{例} \quad \text{CH}_3 \quad \text{不斉炭素原子} \\ \text{H}_2\text{N}-\text{CH}-\text{COOH} \\ \text{アラニン} \end{array} \right)$$

⑥ (誤) ベンゼン環の炭素−炭素結合はすべて同等であるから，AとBは同一である。

第2章　脂肪族炭化水素

56

問1 ④　問2 ⑤　問3 ⑤　問4 ③　問5 ③

問1 この炭化水素の分子式を C_xH_y とおく。完全燃焼の化学反応式は，

$$C_xH_y + \left(x + \frac{y}{4}\right) O_2 \longrightarrow xCO_2 + \frac{y}{2}H_2O$$

生じた CO_2 と H_2O の物質量(モル)の比は 1:1 だから，

$$x : \frac{y}{2} = 1 : 1 \qquad y = 2x$$

よって，この炭化水素の分子式は C_xH_{2x} とおける。
一方，この炭化水素のモル質量を M〔g/mol〕とおくと，標準状態での気体の密度は 1.88 g/L だから，

$$M\text{〔g/mol〕} = 1.88\text{〔g/L〕} \times 22.4\text{〔L/mol〕} = 42.1\text{〔g/mol〕}$$

C_xH_{2x} の分子量が 42.1 となるので，

$$12 \times x + 1.0 \times 2x = 42.1 \qquad x = 3$$

よって，分子式は $\underline{C_3H_6}$ と決まる。

問2 ①（誤）アルカン C_nH_{2n+2} は，炭素原子数 n が増大するにつれて，しだいに分子間力が強くなり，その融点や沸点が高くなる。
　（注）室温では，直鎖状アルカンは $n=4$ までが気体である。
②（誤）アルケン C_nH_{2n} の二重結合は，自由な回転ができない。このことが幾何異性体を生じる原因となる。
③（誤）アルケンは水には溶けにくく，有機溶媒には溶けやすい。
④（誤）アルキン C_nH_{2n-2} には三重結合が一つあるが二重結合がないので，幾何異性体は存在しない。
⑤（正）シクロアルカン C_nH_{2n} は飽和で環を一つもち，アルケン C_nH_{2n} は鎖式で二重結合を一つもつので，n が同じシクロアルカンとアルケンは互いに構造異性体である。

問3 ア～ウのそれぞれについて，H 原子 1 個を Cl 原子で置換する位置の種類を x, y, ……の記号で示す。同じ記号が付いたところはどれも同等であり，1 種類と数える。

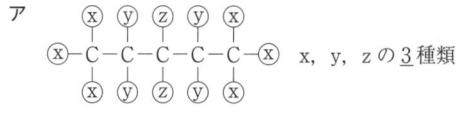

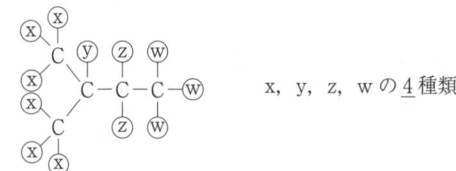

ア

x, y, z の $\underline{3}$ 種類

イ

x, y, z, w の $\underline{4}$ 種類

ウ

```
        (x)
         |
     (x)-C-(x)
         |
    (x)  (x)  (x)
     |    |    |
(x)-C----C----C-(x)
     |    |    |
    (x)  (x)  (x)
         |
     (x)-C-(x)
         |
        (x)
```
x の 1 種類

問 4 次の 3 種類の異性体がある。

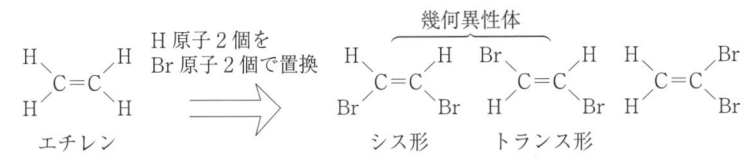

エチレン $\quad$ H 原子 2 個を Br 原子 2 個で置換 $\Longrightarrow$ 幾何異性体 シス形 トランス形

問 5 ① (正) 次の反応が起こり,アセチレンが発生する。

$CaC_2 + 2H_2O \longrightarrow Ca(OH)_2 + CH \equiv CH \uparrow$

(注) 炭化カルシウムはカーバイドともよばれる。

② (正) $H-C \equiv C-H$ 直線分子
     $\underset{180°}{} \underset{180°}{}$

③ (誤) 触媒を用いてアセチレンに水を付加させると,不安定なビニルアルコールを経てアセトアルデヒドになる。

$$CH \equiv CH + H_2O \longrightarrow \begin{pmatrix} \text{不安定} \\ CH_2 = CH \\ | \\ OH \\ \text{ビニルアルコール} \end{pmatrix} \longrightarrow CH_3 - \underset{\underset{O}{\parallel}}{C} - H$$
アセトアルデヒド

④ (正) 触媒を用いてアセチレン 3 分子を重合させると,環が形成されてベンゼンになる。

$3CH \equiv CH \longrightarrow$ ベンゼン

⑤ (正) 触媒を用いてアセチレンに酢酸を付加させると,ビニル化合物の一種である酢酸ビニルになる。

$$CH \equiv CH + CH_3 - \underset{\underset{O}{\parallel}}{C} - OH \longrightarrow \underset{}{\boxed{CH_2 = CH}} \overset{\text{ビニル基}}{}$$
$$ O - \underset{\underset{O}{\parallel}}{C} - CH_3$$
酢酸ビニル

(注) 塩化ビニル $CH_2 = CH-Cl$ や酢酸ビニルのようなビニル基をもつ化合物 (ビニル化

合物）は，付加重合させて高分子をつくることができる。

57

問1 a－② b－② c－③ 問2 ② 問3 ④ 問4 ④

問1 a あるアルカンの分子式を C_nH_{2n+2} とおく。アルカンとプロペン C_3H_6 の完全燃焼は，次の化学反応式で表される。

$$C_nH_{2n+2} + \left(\frac{3n+1}{2}\right)O_2 \longrightarrow nCO_2 + (n+1)H_2O$$

$$C_3H_6 + \frac{9}{2}O_2 \longrightarrow 3CO_2 + 3H_2O$$

上式より，アルカン 1 mol の完全燃焼に必要な O_2 は $\frac{3n+1}{2}$ [mol]

プロペン $\frac{1}{3}$ mol の完全燃焼に必要な O_2 は $\frac{9}{2} \times \frac{1}{3}$ [mol]

である。この混合気体の完全燃焼に必要な O_2 は 5 mol なので，

$$\frac{3n+1}{2}[\text{mol}] + \frac{9}{2} \times \frac{1}{3}[\text{mol}] = 5[\text{mol}] \qquad n = 2$$

よって，アルカンの分子式は $\underline{C_2H_6}$ である。

b この混合気体の物質量は，$\dfrac{90 \times 10^{-3}[\text{L}]}{22.4[\text{L/mol}]} = 4.0 \times 10^{-3}[\text{mol}]$

混合気体の組成は，アルカン：プロペン＝3：1（物質量の比）なので，プロペンの物質量は，

$$4.0 \times 10^{-3}[\text{mol}] \times \frac{1}{3+1} = 1.0 \times 10^{-3}[\text{mol}]$$

このプロペンがすべて臭素と反応（付加）すると，次式により 1,2-ジブロモプロパンが 1.0×10^{-3} mol 生成する（このときアルカンは反応しない）。

$$\text{CH}_3-\text{CH}=\text{CH}_2 + \text{Br}_2 \longrightarrow \underset{\substack{| \quad | \\ \text{Br} \quad \text{Br}}}{\text{CH}_3-\text{CH}-\text{CH}_2}$$

1,2-ジブロモプロパン

よって，生成する 1,2-ジブロモプロパン（モル質量 202 g/mol）の質量は，

$$1.0 \times 10^{-3}[\text{mol}] \times 202[\text{g/mol}] = \underline{0.20}[\text{g}]$$

c ジブロモプロパンの異性体は，1,2-ジブロモプロパンの他に次の3種類がある。

$$\underset{\substack{| \\ \text{Br}}}{\overset{\substack{\text{Br} \\ |}}{\text{CH}_3-\text{CH}_2-\text{CH}}} \qquad \underset{\substack{| \\ \text{Br}}}{\overset{\substack{\text{Br} \\ |}}{\text{CH}_3-\text{C}-\text{CH}_3}} \qquad \underset{\substack{| \qquad\qquad | \\ \text{Br} \qquad\quad \text{Br}}}{\text{CH}_2-\text{CH}_2-\text{CH}_2}$$

1,1-ジブロモプロパン　　2,2-ジブロモプロパン　　1,3-ジブロモプロパン

問2 ア 次図のように①，②，④，⑤は，すべての炭素原子が一つの平面上にあるが，③は分子中の炭素原子1個が平面上にない。

① [C, C=C, C] ② [C, C=C, C, C] ③ [C, C=C, C (C上方)]

④ [C, C=C, C, C] （または [C, C=C, C, C]） ⑤ [C, C, C=C, C, C]

イ 次式のように②，⑤からは，枝分かれをしたアルカンが得られるが，①，③，④からは直鎖状のアルカンが得られる。

① $+ H_2 \longrightarrow CH_3-CH_2-CH_3$

② $+ H_2 \longrightarrow CH_3-\underset{\underset{CH_3}{|}}{CH}-CH_3$

③ $+ H_2 \longrightarrow CH_3-CH_2-CH_2-CH_3$

④ $+ H_2 \longrightarrow CH_3-CH_2-CH_2-CH_3$

⑤ $+ H_2 \longrightarrow CH_3-\underset{\underset{CH_3}{|}}{CH}-CH_2-CH_3$

ウ ①～⑤はすべてアルケンなので分子式を C_nH_{2n} とおくと，臭素との反応（付加）は次式で表される。　$C_nH_{2n} + Br_2 \longrightarrow C_nH_{2n}Br_2$

C_nH_{2n} 1 mol あたり Br_2 1 mol が付加するので，

$$\frac{0.56 \text{[g]}}{12 \times n + 1.0 \times 2n \text{[g/mol]}} = 1.0 \text{[mol/L]} \times \frac{10}{1000} \text{[L]} \quad n = 4$$

よって，アルケンの分子式は C_4H_8 であり，②，③，④が当てはまる。

以上より，ア～ウの条件をすべて満たすのは②である。

短期攻略のツボ

アルケンやアルキンを臭素溶液（赤褐色）に通じると，Br_2 が付加して臭素溶液が脱色される。
⇒ 不飽和結合（ $\rangle C=C\langle$ ，$-C \equiv C-$ ）の検出

問3 シクロヘキサン C_6H_{12} はシクロアルカンの1種で，飽和で環を1個もつ炭化水素である。炭化水素 C_6H_{10} に H_2 を付加させるとシクロヘキサンになったので，この炭化水素 C_6H_{10} はシクロアルケンの1種であるシクロヘキセンと考えらえる。

$$\begin{array}{c} CH_2 \\ H_2C \quad CH \\ | \quad\quad || \\ H_2C \quad CH \\ CH_2 \end{array} + H_2 \longrightarrow \begin{array}{c} CH_2 \\ H_2C \quad CH_2 \\ | \quad\quad | \\ H_2C \quad CH_2 \\ CH_2 \end{array}$$

シクロヘキセン C_6H_{10} 　　　　シクロヘキサン C_6H_{12}

C_6H_{10} 1 mol あたり H_2 1 mol が付加するので，C_6H_{10}（モル質量 82 g/mol）164 mg に付加する H_2 の体積（標準状態）[mL] は，$\dfrac{0.164 \text{[g]}}{82 \text{[g/mol]}} \times 22.4 \times 10^3 \text{[mL/mol]} = \underline{44.8}$ [mL]

> **短期攻略のツボ**
>
> シクロアルケン：環式不飽和炭化水素で，二重結合を環内に 1 個含むもの。一般式は C_nH_{2n-2} で表される。
>
> シクロアルカンやシクロアルケンは，まとめて脂環式炭化水素とよばれる。

問 4 プロピン（アルキンの一種）に水素を付加させてプロパンとする反応は，．

$$\underset{\text{プロピン}}{CH_3-C\equiv CH} + 2H_2 \longrightarrow \underset{\text{プロパン}}{CH_3-CH_2-CH_3}$$

上式より，プロピン（モル質量 40 g/mol）20 g をプロパンとするのに必要な H_2 の体積（標準状態）は，$\dfrac{20 \text{[g]}}{40 \text{[g/mol]}} \times 2 \times 22.4 \text{[L/mol]} = \underline{22.4}$ [L]

このとき得られるプロパン（モル質量 44 g/mol）の質量は，

$\dfrac{20 \text{[g]}}{40 \text{[g/mol]}} \times 44 \text{[g/mol]} = \underline{22}$ [g]

第3章 酸素を含む脂肪族化合物

58

問1 ①　問2 ②　問3 ④　問4 ②
問5 a　1 －③　2 －⑧　b －②

問1 ア　第一級アルコールのエタノールを，二クロム酸カリウムでおだやかに酸化すると，アセトアルデヒドが得られる。

$$CH_3CH_2OH + (O) \longrightarrow CH_3CHO(A) + H_2O$$
$$\text{アセトアルデヒド}$$

イ　エタノールと酢酸の混合物に少量の濃硫酸を加えて温めると，エステル化が起こり，エステルの一種である酢酸エチルが得られる。

$$CH_3CO\underline{OH} + CH_3CH_2O\underline{H} \longrightarrow CH_3COOCH_2CH_3(B) + \underline{H_2O}$$
$$\text{酢酸エチル}$$

短期攻略のツボ

アルコールの酸化

第一級アルコール　$R-CH_2OH \xrightarrow{(O)} R-CHO \xrightarrow{(O)} R-COOH$
　　　　　　　　　　　　　　　　アルデヒド　　　カルボン酸

第二級アルコール　$\begin{matrix}R\\R'\end{matrix}CHOH \xrightarrow{(O)} \begin{matrix}R\\R'\end{matrix}CO$
　　　　　　　　　　　　　　　　　　　　　ケトン

（第三級アルコール $R'-\underset{R''}{\overset{R}{C}}-OH$ は酸化されにくい）

エステル化　　　エステル結合
$R-\underset{\underset{O}{\|}}{C}-\underline{OH} + \underline{H}O-R' \longrightarrow R-\underset{\underset{O}{\|}}{C}-O-R' + \underline{H_2O}$
カルボン酸　アルコール　　　　エステル

（カルボン酸以外に，H_2SO_4，HNO_3などのオキソ酸もエステルをつくる）

問2 エタノールと濃硫酸との混合物を，160～170℃に加熱すると，分子内で脱水が起こり，エチレンが生じる。

$$CH_3CH_2OH \xrightarrow[160\sim170℃]{H_2SO_4} CH_2=CH_2 + H_2O$$
$$\text{エチレン}$$

（注）エタノールに濃硫酸を加えて，130～140℃に加熱すると，分子間で脱水が起こり，ジエチルエーテルが生じる。

$$CH_3CH_2O\underline{H} + \underline{HO}CH_2CH_3 \xrightarrow[130\sim140℃]{H_2SO_4} CH_3CH_2OCH_2CH_3 + \underline{H_2O}$$
$$\text{ジエチルエーテル}$$

問3 選択肢から，AとBはアルコールかエーテルである。
ア　アルコールはナトリウムと反応して水素を発生するが，エーテルはナトリウムと反応

しない。したがって，AとBはどちらもアルコールである。

イ　アルコールAを酸化して得られた生成物は，銀鏡反応を示すのでアルデヒドと考えられる。したがって，Aは第一級アルコールである。

ウ　アルコールBを酸化して得られた生成物は，銀鏡反応を示さないのでケトンと考えられる。したがって，Bは第二級アルコールである。

よって選択肢より，Aは1-プロパノール $CH_3CH_2CH_2OH$，Bは2-プロパノール $CH_3CH(OH)CH_3$ と決まる。

> **短期攻略のツボ**
>
> ヒドロキシ基（-OH）⇒金属ナトリウムを作用させると H_2 を発生する。
>
> アルデヒド基（-CHO）⇒還元性を示す。（銀鏡反応やフェーリング液を還元する反応に陽性）
>
> 銀鏡反応ではアンモニア性硝酸銀水溶液により銀Agが析出し，フェーリング液を還元する反応では酸化銅（I）Cu_2O の赤色沈殿が生成。

問4　a　分子式 $C_4H_{10}O$ で表されるアルコールは，

$CH_3-CH_2-CH_2-CH_2-OH$
　　　1-ブタノール

$CH_3-CH_2-C^*H-CH_3$
　　　　　　　　｜
　　　　　　　OH
　　　2-ブタノール
　　（不斉炭素原子 C^* あり）

　　　　　CH$_3$
　　　　　｜
$CH_3-CH-CH_2-OH$
2-メチル-1-プロパノール

　　　　　CH$_3$
　　　　　｜
CH_3-C-CH_3
　　　　　｜
　　　　　OH
2-メチル-2-プロパノール

b　アとイは，二クロム酸カリウムによって酸化されるので，第一級か第二級のアルコールである。よって，アとイは1-ブタノール，2-ブタノール，2-メチル-1-プロパノールのいずれか二つである。一方ウは，二クロム酸カリウムによって酸化されないので，第三級アルコールの<u>2-メチル-2-プロパノール</u>と決まる。

c　イには一対の光学異性体があるので，イは不斉炭素原子（C^*）をもつ。よって，イは<u>2-ブタノール</u>と決まる。

以上より，アは1-ブタノールか2-メチル-1-プロパノールとなるが，選択肢には2-メチル-1-プロパノールがないので<u>1-ブタノール</u>と決まる。

問5　a　アルコール C_pH_qO 1molを完全燃焼させたとすると，CO_2 は p [mol]，H_2O は $\frac{q}{2}$ [mol]生成する。　$C_pH_qO \xrightarrow{完全燃焼} pCO_2,\ \frac{q}{2}H_2O$

CO_2 のモル質量は44g/mol，H_2O のモル質量は18g/molなので，生成した CO_2 と H_2O の質量比は，$\dfrac{44\text{[g/mol]} \times p\text{[mol]}}{18\text{[g/mol]} \times \frac{q}{2}\text{[mol]}} = 1.83\text{[倍]}$ ……(1)

一方，このアルコールは鎖式飽和1価アルコールなので，$C_pH_{2p+1}OH$（分子式 $C_pH_{2p+2}O$）で表すことができる。（$C_pH_{2p+1}-$ はアルキル基）

したがって，$q = 2p + 2$ ……(2)

(1), (2)より，$p = \underline{3}$，$q = \underline{8}$

b 炭素原子数4の鎖式飽和1価アルコールは，C_4H_9OH で表すことができる。このうち，酸化したとき炭素原子数4のアルデヒドを生成するのは，第一級アルコールであるから，次の $\underline{2}$ 種類である。

$$CH_3-CH_2-CH_2-CH_2-OH \qquad CH_3-\underset{|}{\overset{CH_3}{CH}}-CH_2-OH$$

　　　1-ブタノール　　　　　　　2-メチル-1-プロパノール

59

問1 ②　問2 ②　問3 a—⑦　b—⑤　c—③　問4 ③

問1　①（誤）アセトアルデヒドを酸化すると，酢酸が得られる。

$$CH_3-\overset{O}{\underset{H}{C}} \xrightarrow{(O)} CH_3-\overset{O}{\underset{OH}{C}}$$

　アセトアルデヒド　　酢酸

②（正）ギ酸は，カルボキシ基とアルデヒド基を合わせもつ。

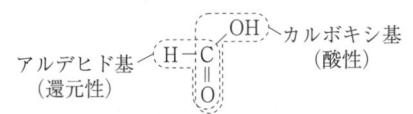

アルデヒド基（還元性）　$H-\overset{\overset{OH}{|}}{\underset{\underset{O}{\|}}{C}}$　カルボキシ基（酸性）

③（誤）ギ酸などのカルボン酸は一般に弱酸であるが，炭酸水より強い酸性を示す。

④（誤）アセトアルデヒドは，工業的には触媒を用い，エチレンを酸化してつくる。

$$2CH_2=CH_2 + O_2 \xrightarrow{PdCl_2 + CuCl_2} 2CH_3CHO$$

なお，触媒を用いてプロピレン $CH_2=CHCH_3$ を酸化するとアセトン CH_3COCH_3 が得られる。

⑤（誤）アセトンは還元性がないので，銀鏡反応を示さない。

（注）アルデヒド基とケトン基の $\!\!>\!\!C\!=\!O$ はカルボニル基ともよばれ，アルデヒドやケトンはカルボニル化合物ともよばれる。

問2　**a**　選択肢から，無色・刺激臭の気体は，ホルムアルデヒド HCHO である（メタノール，ギ酸は液体）。ホルムアルデヒドは水によく溶け，還元性を示す（フェーリング液を還元）。

b　選択肢から，アルカリと反応して塩を生じるのは，酸性物質のギ酸 HCOOH である（メタノール，ホルムアルデヒドは中性物質）。ギ酸はアルデヒド基をもつので還元性を示す（銀鏡反応で銀を析出）。

問3　**a**　カルボニル基 $\!\!>\!\!C\!=\!O$ を還元すると第二級アルコールが生成するので，化合

物 a はケトンである。選択肢より，ケトンは⑥か⑦である。このうち，還元して生成する第二級アルコールが不斉炭素原子(C^*)をもつのは，⑦である。

⑥ $CH_3-CO-CH_3 \xrightarrow[\text{還元}]{+2H} CH_3-CH-CH_3$
            |
            OH

⑦ $CH_3-CH_2-CO-CH_3 \xrightarrow[\text{還元}]{+2H} CH_3-CH_2-C^*H-CH_3$
                   |
                   OH

b   化合物 b はアルデヒドである。選択肢より，アルデヒドは①，③，⑤，⑧の4種である。化合物 b を酸化して生じるカルボン酸は，酢酸メチル CH_3COOCH_3（分子式 $C_3H_6O_2$）の異性体である。したがって，化合物 b の炭素原子数は，3 とわかる。よって，化合物 b は⑤である。

（注）アルコールを酸化して得られるアルデヒド，ケトン，カルボン酸の炭素原子数は，元のアルコールの炭素原子数と同じである。

c   化合物 c は，フェーリング液を還元するので，アルデヒド①，③，⑤，⑧のいずれかである。このうち，ヨードホルム反応を起こすのは，CH_3COR の構造をもつ③である。

③ CH_3-C-H （フェーリング液を還元する反応に陽性）
     ||
     O
（ヨードホルム反応に陽性）

> **短期攻略のツボ**
>
> ヨードホルム反応
> $CH_3CH(OH)R$ または CH_3COR の構造をもつ物質に特有の反応（R は一般に，H や炭化水素基）。ヨードホルム反応では，ヨウ素 I_2 とアルカリ水溶液により特有臭の黄色結晶（ヨードホルム CHI_3）が生成。

問4   **ア**   化合物 A の分子式を $C_xH_yO_z$ とおくと，A 1 mol を完全燃焼させたとき生じる CO_2 は x [mol]，H_2O は $\dfrac{y}{2}$ [mol] である。よって，$x=5$，$\dfrac{y}{2}=5$ $y=10$

選択肢より，分子式が $C_5H_{10}O_2$ となるのは③と④なので，A はこのどちらかである。

  イ   1 mol の③，④を 1 mol の水素で還元すると，それぞれ次の③′，④′が得られる。

              CH_3
               |
③ + $H_2 \longrightarrow CH_3-CH-CH-CH_3$ ④ + $H_2 \longrightarrow CH_3-CH-CH_2-CH_2-CH_3$
         | |
         OH   OH
         ③′   ④′

したがって，生成物 B は③′，④′のどちらかである。

  ウ   ③′，④′について分子内の脱水反応を行うと，それぞれ次の2種類のアルケン（Ⅰ，Ⅱ），（Ⅲ，Ⅳ）が生成する。

$$\underset{\underset{③'}{}}{C H_3-CH-C H-CH_3} \xrightarrow{-H_2O} \underset{\text{I}}{CH_2=CH-\underset{CH_3}{CH}-CH_3}, \quad \underset{\text{II}}{CH_3-CH=\underset{CH_3}{C}-CH_3}$$
（OHの部分が脱離）

$$\underset{\underset{④'}{}}{C H_3-CH-C H_2-CH_2-CH_3} \xrightarrow{-H_2O} \underset{\text{III}}{CH_2=CH-CH_2-CH_2-CH_3}, \quad \underset{\text{IV}}{CH_3-CH=CH-CH_2-CH_3}$$

これらのアルケンのうち，炭素原子がすべて同じ平面にあるのはⅡだけである。

$$\text{II} \quad \boxed{\begin{array}{c} C \diagdown \quad \diagup C \\ C=C \\ \diagup \quad \diagdown C \end{array}}$$

以上より，ア～ウをすべて満たす化合物Aは，③である。

60

問1 ⑤   問2 ⑤   問3 a-②   b-③   c-⑥

問1 Aは酢酸，Bはプロピオン酸，Cは乳酸である。

① (誤) ヒドロキシ酸は，分子中にヒドロキシ基-OHとカルボキシ基-COOHの両方をもつカルボン酸であるから，Cだけが当てはまる。

② (誤) 芳香族カルボン酸は，ベンゼン環の水素原子をカルボキシ基で置換した形の化合物であるから，いずれも当てはまらない。

③ (誤) 不斉炭素原子をもつCだけが当てはまる。

④ (誤) A～Cはいずれもカルボン酸であり，強酸の塩酸より弱い酸である。

⑤ (正) カルボン酸は，二酸化炭素の水溶液(炭酸水)より強い酸である。

> **短期攻略のツボ**
> 酸の強さ
> ┌─── 強酸 ───┐┌─────── 弱酸 ───────┐
> 硝酸，塩酸，硫酸 ＞ カルボン酸 ＞ 炭酸水 ＞ フェノール
>   　　　　　　　　RCOOH　($CO_2 + H_2O$)

問2 ① (正) ともに，水と任意の割合で混ざり合う。

(注) メタノールと1-プロパノールも，水と任意の割合で混ざり合う。

② (正) 酢酸CH_3COOHとエタノールCH_3CH_2OHは，ともに1分子中に2個の炭素原子を含む。

③ (正) 酢酸(融点17℃，沸点118℃)とエタノール(沸点78℃)は，ともに30℃では無色の液体である。

④ (正) カルボン酸RCOOHとアルコールR'OHを縮合させると，エステルRCOOR'が得られる。　RCO|OH + H|OR' ⟶ RCOOR' + |H_2O|
　　　　　　　　　　　　　　　　　　　エステル

⑤（誤） 酸性物質の酢酸は NaOH と反応して塩を生成するが，中性物質のエタノールは NaOH と反応しない。

（注） エタノールは金属ナトリウムと反応して水素を発生する。

問3　**a**　シアン酸アンモニウム NH₄OCN を加熱すると，尿素(②)が生成する。

$$NH_4OCN \longrightarrow \underset{尿素}{(NH_2)_2CO}$$

[参考] この反応により，無機物（シアン酸アンモニウム）から有機物（尿素）を合成できることが明らかになった。⇒ 1828 年，ウェーラー（ドイツ）の発見

b　シス形のマレイン酸(③)を加熱すると，分子内で容易に脱水が起こり，無水マレイン酸が生成する。

（マレイン酸の構造式）→ −H₂O → （無水マレイン酸の構造式）

マレイン酸　　　無水マレイン酸

（注） トランス形のフマル酸は分子内で脱水されにくい。

c　酢酸カルシウム(CH₃COO)₂Ca を乾留すると，アセトン(⑥)が得られる。

$$(CH_3COO)_2Ca \longrightarrow CaCO_3 + \underset{アセトン}{CH_3COCH_3}$$

（注） 乾留：空気を断って有機化合物を加熱し，分解生成物を得る操作。

61

問1　③　問2　③　問3　④

問1　化合物 A は，C，H，O からなる酸性物質であるから，選択肢より中性物質の①（エタノール）と⑤（グリセリン）は除かれる。また，A は NaHCO₃ と反応して CO₂ を発生させるから，炭酸(CO₂ + H₂O)より強い酸である。したがって，炭酸より弱い酸である⑥（フェノール）も除かれる。よって，A はカルボン酸②，③，④のいずれかである。A をモノカルボン酸 RCOOH(②，④)とすると，NaHCO₃ との反応は次式で表される。

$$RCOOH + NaHCO_3 \longrightarrow RCOONa + CO_2\uparrow + H_2O$$

RCOOH 1 mol あたり CO₂ 1 mol が生成するので，A の分子量を M（モル質量 M [g/mol]）とすると，

$$\frac{0.18 [g]}{M [g/mol]} = \frac{89.6 [mL]}{22.4 \times 10^3 [mL/mol]} \quad M = 45$$

よって，②，④（乳酸）は該当しないので，③（シュウ酸）と決まる。

$$\left(\begin{array}{l}\text{③はジカルボン酸なので，NaHCO}_3\text{との反応は次式で表される．}\\ \quad(\text{COOH})_2 + 2\text{NaHCO}_3 \longrightarrow (\text{COONa})_2 + 2\text{CO}_2\uparrow + 2\text{H}_2\text{O}\\ \text{よって，}\dfrac{0.18}{M}\times 2 = \dfrac{89.6}{22.4\times 10^3}\text{より，}M=90\text{ となる．}\end{array}\right)$$

短期攻略のツボ
　　NaHCO$_3$ と反応して CO$_2$ を発生させる C，H，O からなる化合物⇒カルボン酸

問2　RCOONa + NaOH $\longrightarrow$ RH + Na$_2$CO$_3$（脱炭酸反応）
　　R の式量を M とすると，RCOONa の式量は $M+67$，RH の式量は $M+1$ となる．RCOONa 11 g から RH 4.4 g が生成したので，上式より

$$\dfrac{11\,[\text{g}]}{(M+67)\,[\text{g/mol}]} = \dfrac{4.4\,[\text{g}]}{(M+1)\,[\text{g/mol}]}\quad M=43$$

選択肢①〜④について R の式量を調べると，
① CH$_3$ 15　② CH$_3$CH$_2$ 29　③ CH$_3$CH$_2$CH$_2$ 43
④ CH$_3$CH$_2$CH$_2$CH$_2$ 57

よって，この飽和脂肪酸は③である．

問3　不飽和カルボン酸 56.0 g に付加した Br$_2$（分子量 160）の物質量は，

$$\dfrac{(152-56.0)\,[\text{g}]}{160\,[\text{g/mol}]} = 0.60\,[\text{mol}]$$

一方，同量（56.0 g）の不飽和カルボン酸に付加した H$_2$ は，付加した Br$_2$ と同じ物質量のはずだから，0.60 mol である．
　（注）　二重結合 $\rangle$C=C$\langle$ 1 mol あたり，Br$_2$ も H$_2$ も 1 mol 付加する．

よって，付加した H$_2$（分子量 2.0）の体積（標準状態）と質量は，
　　0.60 [mol] × 22.4 [L/mol] = <u>13.4</u> [L]　　0.60 [mol] × 2.0 [g/mol] = 1.2 [g]
得られた飽和カルボン酸の質量は，56.0 + 1.2 = <u>57.2</u> g

62

問1　a－③　　b－⑤　　問2　②　　問3　a－④　　b－②

問1　C$_n$H$_{2n+2}$O で表される化合物は，鎖式飽和のアルコール R－OH かエーテル R－O－R′（R，R′ はアルキル基 C$_n$H$_{2n+1}$－）のどちらかである．
　一般に同程度の分子量ではアルコールの方がエーテルより沸点が高いので，図1より B を含む破線（同族体）がアルコールで，D を含む破線（同族体）がエーテルと考えられる．さらに D は，B を濃硫酸と加熱することにより生成するとあるので，B がアルコールで，D がエーテルであることは明らかである．

　　2R－OH $\longrightarrow$ R－O－R + H$_2$O
　　　B　　　　　　D

　次に，C$_n$H$_{2n}$O$_2$ で表される化合物 A，C について，C は A と B（アルコール）の脱水縮合反応によって生成するとあるので，A はカルボン酸 RCOOH で，C はエステル RCOOR′（R，R′ はアルキル基）とわかる．

a Aは分子量60の鎖式飽和カルボン酸，Bは分子量46の鎖式飽和アルコールだから，Aは酢酸 CH_3COOH，Bはエタノール CH_3CH_2OH と決まる。（③）

b CはAとBから得られるエステルだから，酢酸エチル $CH_3COOCH_2CH_3$ である。

$$CH_3COOH + CH_3CH_2OH \longrightarrow CH_3COOCH_2CH_3 + H_2O$$
$$\quad\ \ \text{A} \qquad\qquad \text{B} \qquad\qquad\quad \text{C}$$

また，DはBから得られるエーテルだから，ジエチルエーテル $CH_3CH_2OCH_2CH_3$ である。（⑤）

$$2CH_3CH_2OH \longrightarrow CH_3CH_2OCH_2CH_3 + H_2O$$
$$\qquad \text{B} \qquad\qquad\qquad \text{D}$$

問2 ①（誤）エタノールが酸化されるが，エステルは得られない。

②（正）濃硫酸を触媒としてエタノールに酢酸を作用させると，次のエステル化反応が起こる。

$$CH_3COOH + C_2H_5OH \longrightarrow CH_3COOC_2H_5 + H_2O$$
$$\quad \text{酢酸} \qquad \text{エタノール} \qquad \text{酢酸エチル}$$

上式より，エタノール1mol（46g）からエステルである酢酸エチル1mol（88g）が得られる。

③（誤）エタノールが分子間で脱水され，ジエチルエーテルが得られるが，エステルは得られない。

④（誤）②と同様にエステル化反応が起こるが，得られるエステルは安息香酸エチル ⌬—$COOC_2H_5$ 1mol（150g）である。

問3 a 元素分析値からエステルBの組成式を求める。エステルB 3.48mg中の各元素の質量は，

C $\quad 7.92\text{(mg)} \times \dfrac{12}{44} = 2.16\text{(mg)}$

H $\quad 3.24\text{(mg)} \times \dfrac{2.0}{18} = 0.36\text{(mg)}$

O $\quad 3.48 - (2.16 + 0.36) = 0.96\text{(mg)}$

原子数の比は，$\quad$ C：H：O $= \dfrac{2.16}{12} : \dfrac{0.36}{1.0} : \dfrac{0.96}{16} = 3 : 6 : 1$

よって，組成式は C_3H_6O（式量58）となる。エステルBの分子量は110と118の間なので，分子式は組成式の2倍の $\underline{C_6H_{12}O_2}$（④）と決まる。

b Bは酢酸とアルコールAから得られたエステルと考えられる。このエステル化反応は，AをROHで表すと，次式で表される。

$$\qquad\qquad\qquad\qquad\quad \text{アセチル基}$$
$$CH_3COOH + RO\underline{H} \longrightarrow \underline{CH_3CO}OR + H_2O$$
$$\quad \text{A} \qquad\qquad \text{B}\ (C_6H_{12}O_2)$$

よって，Aの分子式はBの分子式から $\boxed{CH_3CO}$ (C_2H_3O) を引き，$\boxed{H}$ を加えれば求まる。（②）

第3章 酸素を含む脂肪族化合物　129

> **短期攻略のツボ**
> 分子式
> $C_nH_{2n+2}O \Rightarrow$ (1)アルコール R－OH, (2)エーテル R－O－R′ のみ
> $C_nH_{2n}O \Rightarrow$ (3)アルデヒド R－CHO, (4)ケトン R－CO－R′ など
> $C_nH_{2n}O_2 \Rightarrow$ (5)カルボン酸 R－COOH, (6)エステル R－COO－R′ など
> (ただし, R, R′ はアルキル基 C_nH_{2n+1}－で, (3)・(5)・(6)は R が H のときもある。)

63

問1　 1 －④　　 2 －⑤　　 3 －④　　問2　a－②　　b－①
問3　④　　問4　③　　問5　a－④　　b－④

問1 油脂は脂肪酸（ 1 ）とグリセリンのエステルである。

```
CH₂－O H  HO－C－R              CH₂－O－C－R
       ‖                              ‖
       O                              O              ⎛天然の油脂では,⎞
CH －O H  HO－C－R  －3H₂O     CH －O－C－R         ⎜R は異なるものが⎟
       ‖         ⟹                    ‖              ⎜いろいろと混じっ⎟
       O                              O              ⎝ている。       ⎠
CH₂－O H  HO－C－R              CH₂－O－C－R
       ‖                              ‖
       O                              O
   グリセリン    脂肪酸                  油脂
```

油脂に NaOH 水溶液を加えて加熱すると，けん化（ 2 ）が起こり，セッケンとグリセリンになる。

```
CH₂OCOR              CH₂OH
|                    |
CHOCOR  + 3NaOH ⟶  CHOH  + 3RCOONa
|                    |
CH₂OCOR              CH₂OH    セッケン
                              (脂肪酸ナトリウム)
```

セッケンは弱酸と強塩基の塩なので，セッケンの水溶液は弱塩基性（ 3 ）を示す。

$RCOO^- + H_2O \rightleftharpoons RCOOH + OH^-$

> **短期攻略のツボ**
> 脂肪酸：脂肪族のモノカルボン酸 RCOOH
> けん化：エステルに塩基の水溶液を加えて加熱すると，カルボン酸の塩とアルコールになる反応。

問2　a 脂肪酸 A の元素分析値より，原子数の比を求めると

$$C : H : O = \frac{75.0}{12} : \frac{12.5}{1.0} : \frac{12.5}{16} = 6.25 : 12.5 : 0.781 = 8 : 16 : 1$$

よって，A の組成式は $C_8H_{16}O$ である。

脂肪酸(RCOOH)は，1分子中に O 原子を2個含むので，A の分子式は組成式の2倍の $\underline{C_{16}H_{32}O_2}$ である。

b エステル結合 ①$-\underset{\underset{O}{\|}}{C}-O-\underset{|}{\overset{|}{C}}-$ が，けん化によって変化を受ける。

$$-\underset{\underset{O}{\|}}{C}+O-\underset{|}{\overset{|}{C}}- + OH^- \longrightarrow -\underset{\underset{O}{\|}}{C}-O^- + HO-\underset{|}{\overset{|}{C}}-$$

$\begin{pmatrix} \text{②はエーテル，③はカルボン酸無水物，④はケトン,} \\ \text{⑤はアミドに，それぞれ含まれる結合である．} \end{pmatrix}$

問3 ステアリン酸 $C_{17}H_{35}COOH$ は飽和脂肪酸（$C_nH_{2n+1}COOH$）である。リノール酸 $C_{17}H_{31}COOH$ は，ステアリン酸より H 原子が 4 個少ないので二重結合（$>C=C<$）を 2 個ももつ。また，リノレン酸 $C_{17}H_{29}COOH$ は，ステアリン酸より H 原子が 6 個少ないので二重結合（$>C=C<$）を 3 個もつ。油脂 1 分子には構成脂肪酸が 3 個含まれるので，油脂 A 1 分子に存在する二重結合は $2 \times 3 = 6$ 個，油脂 B 1 分子に存在する二重結合は $3 \times 3 = 9$ 個である。

したがって，油脂 A，B 各 1 mol 中の二重結合（$>C=C<$）に付加しうる H_2 の物質量は，それぞれ 6 mol，9 mol となる。

よって，モル比＝体積比より， A : B ＝ 6 : 9 ＝ <u>2 : 3</u>

短期攻略のツボ

二重結合（$>C=C<$）の数

ステアリン酸	$C_{17}H_{35}COOH$	0
	↓ $-2H$	
オレイン酸	$C_{17}H_{33}COOH$	1
	↓ $-2H$	
リノール酸	$C_{17}H_{31}COOH$	2
	↓ $-2H$	
リノレン酸	$C_{17}H_{29}COOH$	3

高 ↑ 融点 ↓ 低

問4 $R-COOC_2H_5 + NaOH \longrightarrow R-COONa + C_2H_5OH$

R の式量を M とすると，エチルエステルの式量は $M + 73$，NaOH の式量は 40 なので，上式より

$$\frac{153\text{[g]}}{(M+73)\text{[g/mol]}} = \frac{20\text{[g]}}{40\text{[g/mol]}} \quad M = 233$$

この脂肪酸 RCOOH の炭素数は 18 だから，R 中の炭素数は 17 である。

R を $C_{17}H_x$ とおくと，$17 \times 12 + 1.0 \times x = 233$ $x = 29$

よって，この脂肪酸は $C_{17}H_{29}COOH$（リノレン酸）であり，この脂肪酸 1 分子中に存在する炭素−炭素二重結合は，$\underbrace{(17 \times 2 + 1 - 29)}_{\text{最大 H 数}} \times \frac{1}{2} = \underline{3}$〔個〕である。

問5 a 油脂のけん化は，次の化学反応式で表される。

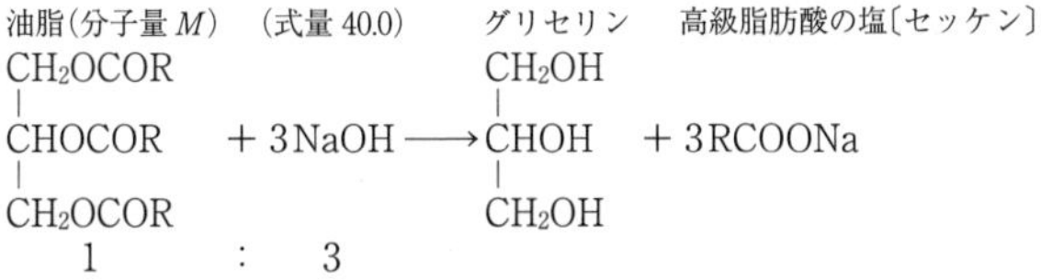

油脂(分子量 M)　(式量 40.0)　　グリセリン　　高級脂肪酸の塩〔セッケン〕
$$\begin{array}{l} CH_2OCOR \\ | \\ CHOCOR \\ | \\ CH_2OCOR \end{array} + 3NaOH \longrightarrow \begin{array}{l} CH_2OH \\ | \\ CHOH \\ | \\ CH_2OH \end{array} + 3RCOONa$$
　　　1　　　：　　3

油脂の分子量を M（モル質量 M〔g/mol〕）とすると，反応式の係数比より，次式が成り立つ。

$$\frac{22.5〔g〕}{M〔g/mol〕} \times 3 = \frac{3.00〔g〕}{40.0〔g/mol〕}$$

よって，$M = 900$

b この油脂は，単一の脂肪酸のエステルなので，R の式量は，

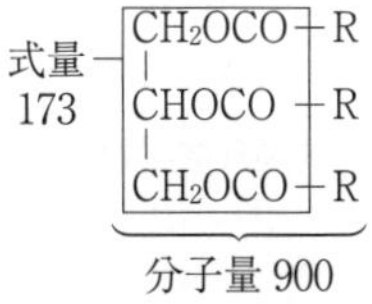

$(900 - 173) \times \dfrac{1}{3} \fallingdotseq 242$

$$\left. \begin{array}{l} CH_2OCO \\ CHOCO \\ CH_2OCO \end{array} \right\} \begin{array}{l} R \\ R \\ R \end{array}$$
式量 173　　分子量 900

R－は直鎖状飽和の炭化水素基なので，これを $C_nH_{2n+1}-$（アルキル基）とおくと，

$12 \times n + 1.0 \times (2n + 1) = 242$

$n \fallingdotseq 17$

よって，この脂肪酸 RCOOH の炭素数は，$17 + 1 = 18$

第4章　芳香族化合物

64

問1 ⑤　問2 ③　問3 ⑥　問4 ④　問5 ⑤

問1　①（正）ベンゼン C_6H_6 分子の炭素原子間の結合は，単結合と二重結合の中間の状態であり，すべて同等で，結合の長さは等しい。

②（正）ベンゼン分子は，正六角形の平面構造をしていて，すべての原子はその平面上にある。

③（正）ベンゼンは沸点80℃の液体で揮発性があり，蒸気は可燃性で引火しやすい。

④（正）ベンゼン環は不飽和結合をもつが，かなり安定であるため，付加反応よりも置換反応を起こしやすい。

⑤（誤）ベンゼン環は安定で酸化されにくい。例えば，トルエンを $KMnO_4$ で酸化すると安息香酸が得られるが，ベンゼン環は変化しない。

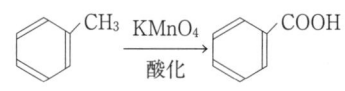

$$\text{トルエン} \xrightarrow[\text{酸化}]{KMnO_4} \text{安息香酸}$$

（注）ベンゼンの構造式では，単結合と二重結合を交互に書いて表すが，実際の炭素原子間の結合はすべて同等である。

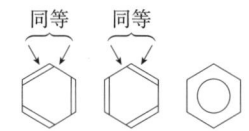

問2　① 置換反応（H が Cl で置換される）

$$CH_4 + Cl_2 \xrightarrow{光} \underset{\text{クロロメタン}}{CH_3Cl} + HCl$$

（引き続いて， $\underset{\text{ジクロロメタン}}{CH_2Cl_2}$ ， $\underset{\text{トリクロロメタン}}{CHCl_3}$ ， $\underset{\text{テトラクロロメタン}}{CCl_4}$ も生成する。）

② 置換反応（H が Na で置換される）

$$2CH_3OH + 2Na \longrightarrow \underset{\text{ナトリウムメトキシド}}{2CH_3ONa} + H_2$$

③ 付加反応（ベンゼンに Cl_2 が付加する）

ベンゼン $+ 3Cl_2 \xrightarrow{光}$ ヘキサクロロシクロヘキサン（ベンゼンヘキサクロリド，BHC）

（注）ベンゼンにニッケルを触媒として高温高圧下で水素を作用させると，付加反応が起こり，シクロヘキサン C_6H_{12} を生じる。

$$\text{C}_6\text{H}_6 + 3H_2 \xrightarrow[\text{高温高圧}]{\text{Ni}} \text{シクロヘキサン}$$

④ 置換反応（H が NO_2 で置換される）

$$\text{C}_6\text{H}_6 + HNO_3 \xrightarrow{H_2SO_4} \text{ニトロベンゼン} + H_2O \quad [\text{ニトロ化}]$$

⑤ 置換反応（H が Cl で置換される）

$$\text{C}_6\text{H}_6 + Cl_2 \xrightarrow{Fe} \text{クロロベンゼン} + HCl \quad [\text{塩素化}]$$

［参考］ Fe は $FeCl_3$ となって触媒としてはたらく。

問3 ①，④は中性物質。

②，③，⑤は酸性物質で，酸の強さは次の順になる。

② ベンゼンスルホン酸 $-SO_3H$ > ⑤ 安息香酸 $-COOH$ $(> CO_2 + H_2O$ 炭酸水$)$ > ③ フェノール $-OH$

（注） ベンゼンスルホン酸は強酸で，水溶性がある。

⑥のアニリンは塩基性物質で，塩基の強さはアンモニアより弱い。

問4 置換した化合物には，次の4種類の異性体がある。

トルエン CH_3 — H 原子1個を Br 原子1個で置換 → オルト体（CH_3, Br） メタ体（CH_3, Br） パラ体（CH_3, Br） CH_2Br

問5 ア（正） トルエンは，次式で表される炭化水素である。

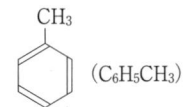

CH_3 （$C_6H_5CH_3$）

イ（正） ベンゼン環をもつので，芳香族化合物の一つである。

ウ（正） 次図のように，C 原子がつくる正六角形の環に，C 原子が一つ結合した構造で

ある。

エ（正）ベンゼン環をもつ化合物は，水素原子数に対する炭素原子数の割合が大きいので，燃やすとススが多く出る。

オ（誤）安息香酸が得られる。

　　　　CH₃ → COOH
　　　　（KMnO₄ 酸化）
　　　　安息香酸

カ（正）トルエンを濃硝酸と濃硫酸の混合物（混酸）と反応させると，ニトロ化が起こり，オルトやパラの位置にニトロ基−NO₂がついたニトロトルエンが生成する。

o-ニトロトルエン　p-ニトロトルエン　2,4,6-トリニトロトルエン（TNT）（爆薬として用いられる）

短期攻略のツボ
ベンゼンの置換反応

C₆H₅-Ⓗ + Ⓧ−Y ⟶ C₆H₅-Ⓧ + Ⓗ−Y

Ⓧ−Y ： Ⓒl−Cl, HO−ⓃO₂（HNO₃）, HO−ⓈO₃H（H₂SO₄）

65
問1　**1**−①　**2**−③　問2　④　問3　③　問4　③

問1　ベンゼンからフェノールをつくる方法
〈アルカリ融解法〉

ベンゼン →(濃H₂SO₄) ベンゼンスルホン酸（SO₃H）→(NaOH（融解）) ナトリウムフェノキシド（ONa）→(CO₂ + H₂O) フェノール（OH）

（**1**）

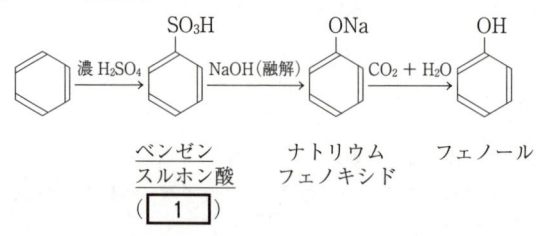

〈クメン法〉

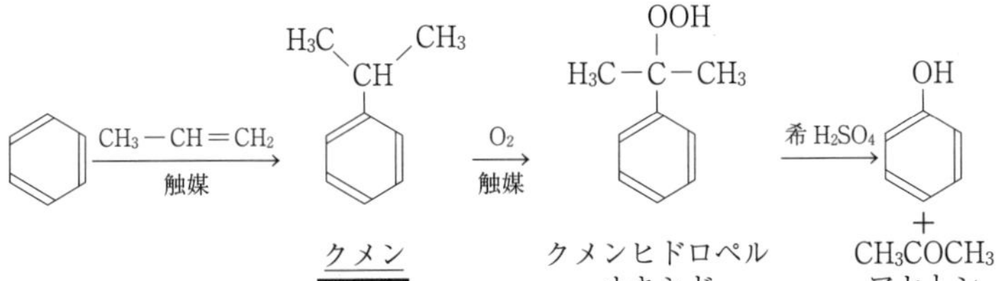

ベンゼン $\xrightarrow[\text{触媒}]{CH_3-CH=CH_2}$ クメン(C₆H₅CH(CH₃)₂) $\xrightarrow[\text{触媒}]{O_2}$ クメンヒドロペルオキシド(C₆H₅C(CH₃)₂OOH) $\xrightarrow{\text{希}H_2SO_4}$ フェノール + CH₃COCH₃ アセトン

クメン (2)

(注) クメン法ではフェノールとともにアセトンが得られる。

問2 ①〜⑥の反応は，それぞれ以下のようになる。

① (誤) ベンゼン + H_2SO_4 ⟶ ベンゼンスルホン酸($C_6H_5SO_3H$) + H_2O

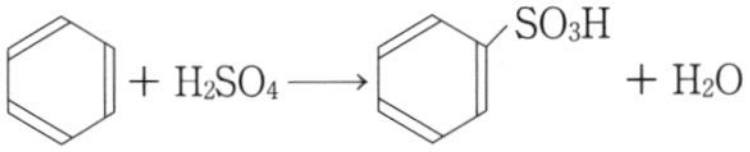

② (誤) ベンゼン + Cl_2 ⟶ クロロベンゼン(C_6H_5Cl) + HCl （鉄粉は触媒）

③ (誤) ベンゼン + $CH_3-CH=CH_2$ ⟶ クメン($C_6H_5CH(CH_3)_2$)

④ (正) フェノール + $3HNO_3$ ⟶ ピクリン酸(2,4,6-トリニトロフェノール) + $3H_2O$ （濃硝酸と濃硫酸の混合物を用いる）

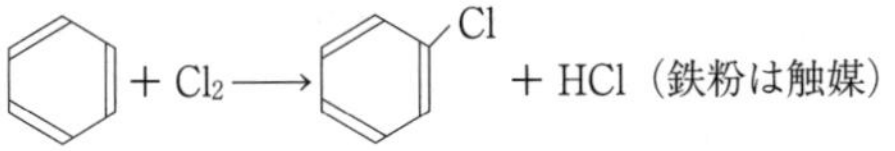

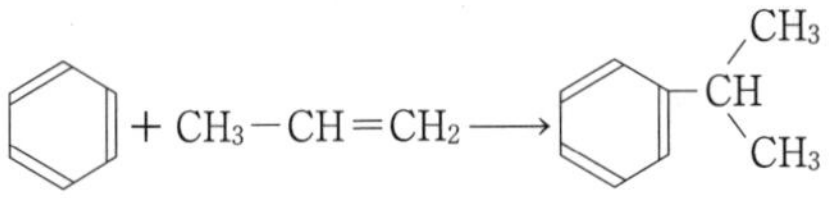

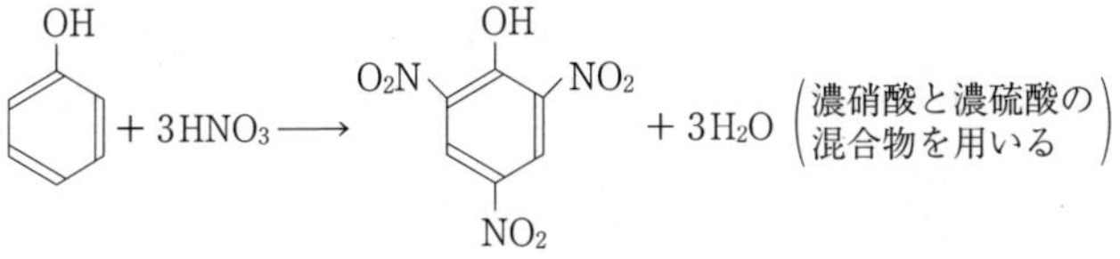

⑤ (誤) フェノール + $3Br_2$ ⟶ 2,4,6-トリブロモフェノール + $3HBr$

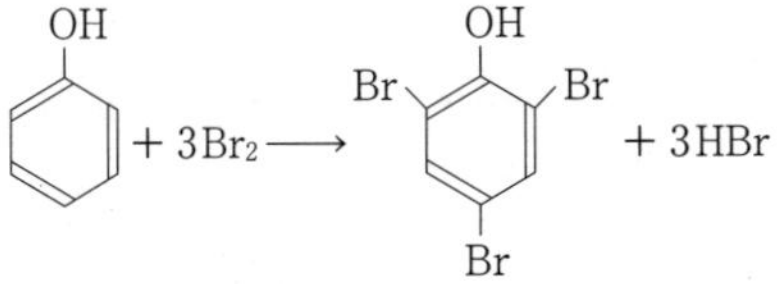

⑥ (誤) フェノール + $(CH_3CO)_2O$ ⟶ 酢酸フェニル($C_6H_5O-CO-CH_3$) + CH_3COOH

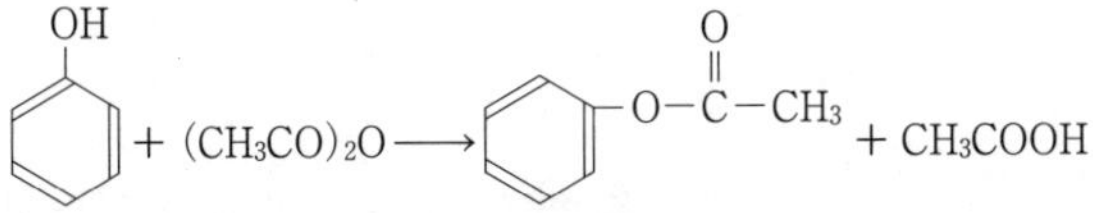

問3 ア サリチル酸がエステル化されて，サリチル酸メチルが生成する。

$$\underset{}{\text{(サリチル酸)}} + CH_3-OH \xrightarrow{\text{濃硫酸}} \underset{\text{サリチル酸メチル(液)}}{} + H_2O$$

（注）サリチル酸に無水酢酸を作用させると，アセチル化(エステル化)が起こってアセチルサリチル酸が生成する。

$$\underset{}{} + (CH_3CO)_2O \longrightarrow \underset{\text{アセチルサリチル酸(固)}}{} + CH_3COOH$$

［参考］サリチル酸メチル(液)は外用塗布薬，アセチルサリチル酸(固)は解熱剤として用いられる。

イ サリチル酸の製法である。

$$\underset{}{\text{(ナトリウムフェノキシド)}} + CO_2 \xrightarrow{\text{高温・高圧}} \underset{}{} \left[\xrightarrow[\text{希硫酸}]{H^+} \underset{\text{サリチル酸(固)}}{} \right] \text{遊離}$$

（注）この反応で，ナトリウムフェノキシドは水溶液ではなく，融解液を用いる。ナトリウムフェノキシドの水溶液に CO_2 を通じたときは，フェノールが遊離する。

$$\underset{}{} + CO_2 + H_2O \longrightarrow \underset{}{} + NaHCO_3$$

ウ 分子内で脱水反応が起こる。

$$\underset{}{} \xrightarrow{\text{加熱}} \underset{\text{無水フタル酸}}{} + H_2O$$

（注）[構造式: 1,3-ベンゼンジカルボン酸] や [構造式: 1,4-ベンゼンジカルボン酸] （テレフタル酸）は，分子内の脱水が起こらない。

問4 〈化合物Aが生成する反応……エステル化〉

サリチル酸 + CH₃-OH $\xrightarrow{(H_2SO_4)}$ サリチル酸メチル（油状の化合物A） + H₂O

反応液には，生成したサリチル酸メチル，未反応のサリチル酸やメタノール，H₂SO₄ が含まれる。

これらの中から油状のサリチル酸メチルだけを遊離させるには，過剰の ア $\underline{NaHCO_3}$ 水溶液を加えればよい。NaHCO₃ 水溶液を加えると，サリチル酸メチル以外はすべて水層に入る。

$$\begin{pmatrix} \text{サリチル酸(COOH)} + NaHCO_3 \longrightarrow \text{サリチル酸Na(COONa)} + CO_2 + H_2O \\ \text{サリチル酸メチル(COOCH}_3\text{)} + NaHCO_3 \longrightarrow\!\!\!\!\times\!\longleftrightarrow \text{反応しない} \end{pmatrix}$$

（注）アで NaOH 水溶液を加えると，すべて水層に入ってしまうので不適である。

サリチル酸メチル(OH, COOCH₃) + NaOH ⟶ (ONa, COOCH₃) + H₂O

〈化合物Bが生成する反応……アセチル化（エステル化）〉

（化合物A）+ CH₃-C(=O)-O-C(=O)-CH₃（無水酢酸） $\xrightarrow{(H_2SO_4)}$ （固体の化合物B）+ CH₃-C(=O)-OH

FeCl₃ 水溶液で呈色するのは，一般にフェノール性のヒドロキシ基（ベンゼン環の炭素原子に結合した-OH）をもつ化合物である。よって，イ Aは呈色するが，Bは呈色しない。

短期攻略のツボ

サリチル酸の反応

-OH ⇐ 無水酢酸 (CH₃CO)₂O でアセチル化 $\left(-OH \rightarrow -O-\overset{\underset{\parallel}{O}}{C}-CH_3\right)$

-C(=O)-OH ⇐ アルコール ROH でエステル化 $\left(-\overset{\underset{\parallel}{O}}{C}-OH \rightarrow -\overset{\underset{\parallel}{O}}{C}-O-R\right)$

66

問1 ②　問2 ⑤　問3 ②

問1　①（誤），②（正）　塩化鉄(Ⅲ)$FeCl_3$水溶液で呈色するのは，一般にフェノール性ヒドロキシ基（ベンゼン環の炭素原子に結合した$-OH$）をもつ化合物である。

③（誤）　ニトロベンゼンは有機溶媒に溶けやすいが，水には不溶である。また，中性物質なので，酸や塩基の水溶液には溶けない。

④（誤）　サリチル酸はアニリンのようなベンゼン環の炭素原子に結合したアミノ基$-NH_2$がないので，さらし粉水溶液を加えても呈色しない。

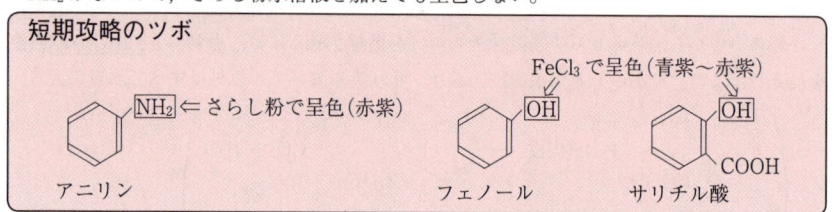

短期攻略のツボ

アニリン（NH_2）⇐ さらし粉で呈色（赤紫）

フェノール（OH）　$FeCl_3$で呈色（青紫～赤紫）

サリチル酸（OH，$COOH$）

問2　①（正）　いずれも2分子からH_2O 1分子がとれて結合する。

C$_6$H$_5$-N(H)-H + HO-C(=O)-CH$_3$ →(アセチル化) C$_6$H$_5$-N(H)-C(=O)-CH$_3$ + H_2O
　　　　　　　　　　　　　　　　　　　アセトアニリド（固）

$CH_3-C(=O)-OH + HO-CH_2-CH_3$ →(エステル化) $CH_3-C(=O)-O-CH_2-CH_3 + H_2O$
　　　　　　　　　　　　　　　　　　　　　　酢酸エチル（液）

②（正）　ナトリウムエトキシドは，水と反応してエタノールと$NaOH$を生じる。

$CH_3CH_2ONa + H_2O \longrightarrow CH_3CH_2OH + NaOH$
ナトリウムエトキシド

③（正）　フェノールは酸性物質なので，$NaOH$水溶液と反応して塩を生じる。

C$_6$H$_5$-OH + $NaOH$ ⟶ C$_6$H$_5$-ONa + H_2O
　　　　　　　　　　　ナトリウムフェノキシド

④（正）　アニリンは水に溶けにくいが，塩基性物質なので酸の水溶液には塩をつくって溶ける。

C$_6$H$_5$-NH_2 + HCl ⟶ C$_6$H$_5$-$NH_3^+Cl^-$
　　　　　　　　　　　アニリン塩酸塩

⑤（誤）塩化ベンゼンジアゾニウムは，低温(5℃以下)にした水溶液中では安定に存在するが，水溶液中で熱すると分解して N_2 を発生し，フェノールを生じる。

$$\text{C}_6\text{H}_5-\text{N}^+\equiv\text{NCl}^- + \text{H}_2\text{O} \longrightarrow \text{C}_6\text{H}_5-\text{OH} + \text{N}_2 + \text{HCl}$$

塩化ベンゼン　　　　　　　　フェノール
ジアゾニウム

問3 ア　アニリンを希塩酸に溶かし，氷冷しておく。

$$\text{C}_6\text{H}_5-\text{NH}_2 + \text{HCl} \longrightarrow \text{C}_6\text{H}_5-\text{NH}_3^+\text{Cl}^-$$

イ　この溶液に，冷却しながら亜硝酸ナトリウム $NaNO_2$ 水溶液を加えると，ジアゾ化が起こり，塩化ベンゼンジアゾニウムの水溶液（溶液 A）が得られる。

$$\text{C}_6\text{H}_5-\text{NH}_3^+\text{Cl}^- + \text{NaNO}_2 + \text{HCl} \xrightarrow{5℃以下} \text{C}_6\text{H}_5-\text{N}^+\equiv\text{NCl}^- + \text{NaCl} + 2\text{H}_2\text{O}$$

塩化ベンゼン
ジアゾニウム

ウ　フェノールを水酸化ナトリウム水溶液に溶かし，冷却した溶液（溶液 B）をつくる。

$$\text{C}_6\text{H}_5-\text{OH} + \text{NaOH} \longrightarrow \text{C}_6\text{H}_5-\text{ONa} + \text{H}_2\text{O}$$

ナトリウム
フェノキシド

エ　溶液 A に溶液 B を加えると，(ジアゾ)カップリングが起こり，橙赤色のアゾ化合物（ p -ヒドロキシアゾベンゼン）が沈殿する。

$$\text{C}_6\text{H}_5-\text{N}^+\equiv\text{NCl}^- + \text{C}_6\text{H}_5-\text{ONa} \xrightarrow{5℃以下} \text{C}_6\text{H}_5-\text{N}=\text{N}-\text{C}_6\text{H}_4-\text{OH} + \text{NaCl}$$

アゾ基

p -ヒドロキシアゾベンゼン
（ p -フェニルアゾフェノール）

67

問1　⑤　　問2　⑤　　問3　①

問1 アセチレンからベンゼンをつくる反応は，触媒のもとでアセチレン3分子が付加重合する反応である。

$$3\text{CH}\equiv\text{CH} \longrightarrow \text{C}_6\text{H}_6 \qquad \cdots\cdots(1)$$

ベンゼンから化合物 A が生じる反応は，紫外線照射下，ベンゼンに塩素が付加する反応である。

$$\text{ベンゼン} + 3Cl_2 \longrightarrow \text{化合物 A}$$

1, 2, 3, 4, 5, 6-ヘキサクロロシクロヘキサン(ベンゼンヘキサクロリド, BHC)
分子式 $C_6H_6Cl_6$ ……(2)

(1)式より，78.0 g のアセチレン(モル質量 26 g/mol)から得られるベンゼンの物質量は，

$$\frac{78.0\,[\text{g}]}{26\,[\text{g/mol}]} \times \frac{1}{3} = 1.0\,[\text{mol}]$$

(2)式より，ベンゼン 1.0 mol から得られる化合物 A (モル質量 291 g/mol)も 1.0 mol なので，その質量は，$1.0\,[\text{mol}] \times 291\,[\text{g/mol}] = \underline{291\,[\text{g}]}$

問2　ベンゼン環にアルキル基が直接結合した化合物を酸化すると，次のようにベンゼン環はそのままで，アルキル基をカルボキシ基に変えることができる。

$$\text{Ph–R} \xrightarrow{\text{酸化}} \text{Ph–COOH}$$

①～⑤についてこの反応を行わせると，以下のような生成物が得られる。

① $\xrightarrow{\text{酸化}}$ 安息香酸 COOH (122)

② $\xrightarrow{\text{酸化}}$ p-Cl-C₆H₄-COOH (156.5)

③ $\xrightarrow{\text{酸化}}$ p-NO₂-C₆H₄-COOH (167)

④ $\xrightarrow{\text{酸化}}$ COOH (122)

⑤ $\xrightarrow{\text{酸化}}$ テレフタル酸 (HOOC-C₆H₄-COOH) (166)

（　）内の数値は分子量

カルボン酸 B の分子量を M (モル質量 M [g/mol])として，NaOH との中和の関係式をつくる。

〈B がモノカルボン酸の場合〉

$$\frac{1.00\,[\text{g}]}{M\,[\text{g/mol}]} \times 1 = 1.00\,[\text{mol/L}] \times \frac{12.0}{1000}\,[\text{L}] \times 1 \qquad M = 83.3$$

　　　　　価数　　　　　　　　　　　　　　　　価数

この場合，①，②，③，④から得られた生成物のいずれにも当てはまらないので不適とな

る。

〈B がジカルボン酸の場合〉

$$\frac{1.00}{M} \times 2 = 1.00 \times \frac{12.0}{1000} \times 1 \qquad M = 167$$

この場合，⑤から得られた生成物の分子量とほぼ一致する。よって，化合物 A は，⑤である。

短期攻略のツボ

ベンゼン環の炭素原子に結合したアルキル基の酸化

C₆H₅-CH₂- (アルキル基) →(O)酸化 → C₆H₅-COOH

問 3 ベンゼン(分子量 78) ─ニトロ化(80%)→ ─NO₂(分子量 123) ─還元(70%)→ ─NH₂(分子量 93)

ベンゼン 39 g の物質量は，$\dfrac{39 \text{[g]}}{78 \text{[g/mol]}} = 0.50 \text{[mol]}$

ベンゼン 0.50 mol から得られるニトロベンゼンの物質量：$0.50 \text{[mol]} \times \dfrac{80}{100}\ (\text{収率}) = 0.40 \text{[mol]}$

ニトロベンゼン 0.40 mol から得られるアニリンの物質量：$0.40 \text{[mol]} \times \dfrac{70}{100}\ (\text{収率}) = 0.28 \text{[mol]}$

よって，得られるアニリンの質量は，$0.28 \text{[mol]} \times 93 \text{[g/mol]} = \underline{26 \text{[g]}}$

68

問1 a─①   b─③   c─⑥   問2 ⑤，⑥（順不同）   問3 ⑥

問1 a 酸の水溶液に溶けて，塩基の水溶液に溶けないので，塩基性物質である。よって，①のアニリンが当てはまる。

b 塩基の水溶液に溶けて，酸の水溶液に溶けないので，酸性物質である。酸性物質③，⑧のうち，FeCl₃水溶液を加えても呈色が見られないのは，③の安息香酸である。

c 酸の水溶液にも，塩基の水溶液にも溶けないので，水に不溶の中性物質である。水に不溶の中性物質④，⑤，⑥，⑦のうち，臭素溶液(四塩化炭素は有機溶媒)を脱色するのは，炭素－炭素不飽和結合をもつ⑥のスチレンである。

なお，②のアラニンは α-アミノ酸の一種で，水溶性の両性物質である。

①〜⑧の構造式:
① C₆H₅-NH₂ (アニリン)
② CH₃-CH(NH₂)-COOH
③ C₆H₅-COOH
④ C₆H₅-COOCH₃
⑤ C₆H₅-Cl
⑥ C₆H₅-CH=CH₂
⑦ C₆H₅-NO₂
⑧ C₆H₅-OH

問2 最後に得られたジエチルエーテル溶液中に含まれている化合物は，塩酸にも NaOH 水溶液にも溶けなかったので，水に溶けにくい中性物質である。これに当てはまるものは，⑤と⑥である。なお，①，③，④，⑦は酸性物質，②は塩基性物質である。

①〜⑦の構造式:
① 2-(OCOCH₃)-C₆H₄-COOH (アセチルサリチル酸)
② C₆H₅-NH₂
③ CH₃COOH
④ 2-OH-C₆H₄-COOH (サリチル酸)
⑤ C₆H₅-CH₃
⑥ C₆H₅-NO₂
⑦ C₆H₅-OH

問3 操作1〜4の結果をまとめると，次図のようになる。

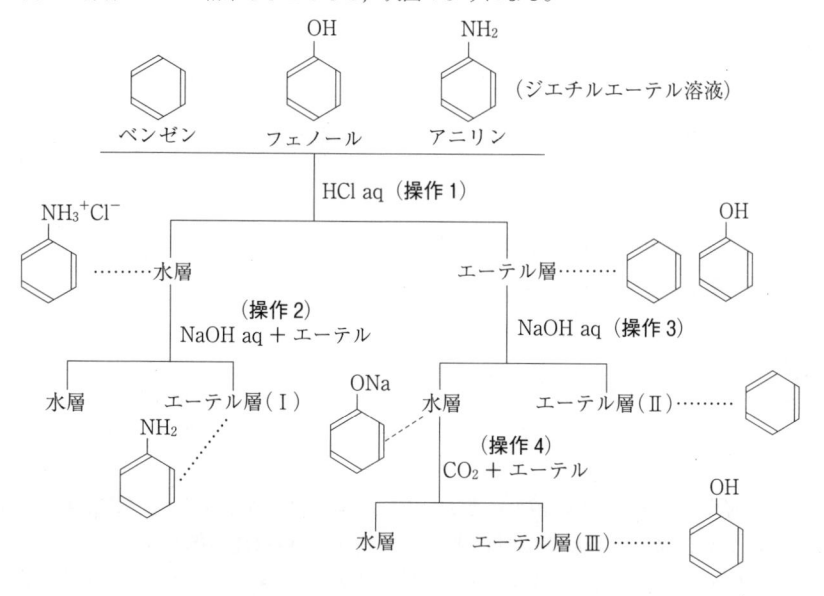

ベンゼン，フェノール，アニリン（ジエチルエーテル溶液）

HCl aq（操作1）
├─ 水層：C₆H₅-NH₃⁺Cl⁻
│   （操作2）NaOH aq + エーテル
│   ├─ 水層
│   └─ エーテル層(I)：C₆H₅-NH₂
└─ エーテル層：ベンゼン，フェノール
    NaOH aq（操作3）
    ├─ 水層：C₆H₅-ONa
    │   （操作4）CO₂ + エーテル
    │   ├─ 水層
    │   └─ エーテル層(III)：C₆H₅-OH
    └─ エーテル層(II)：ベンゼン

操作1～4で起こった反応を，以下に示す。

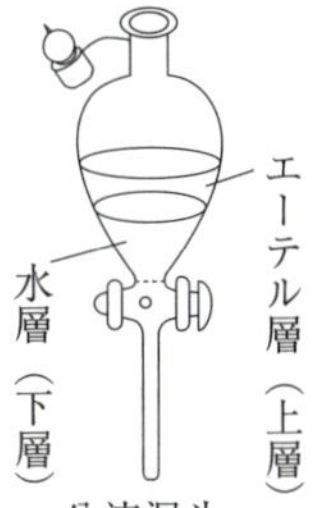

操作1： C₆H₅-NH₂ + HCl ⟶ C₆H₅-NH₃⁺Cl⁻

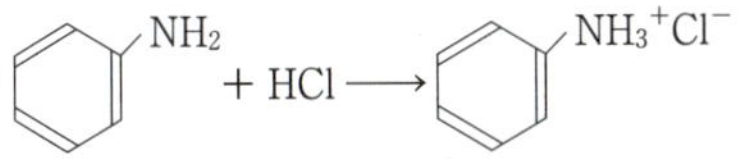

操作2： C₆H₅-NH₃⁺Cl⁻ + NaOH ⟶ C₆H₅-NH₂ + NaCl + H₂O

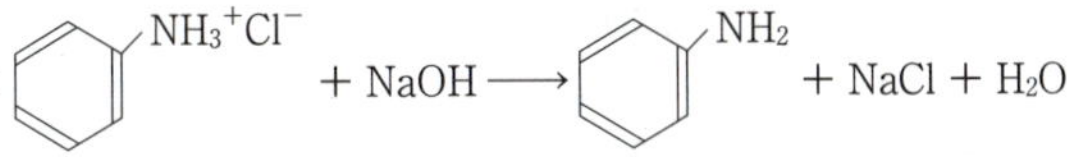

操作3： C₆H₅-OH + NaOH ⟶ C₆H₅-ONa + H₂O

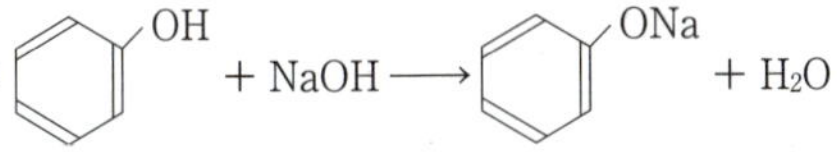

操作4： C₆H₅-ONa + CO₂ + H₂O ⟶ C₆H₅-OH + NaHCO₃

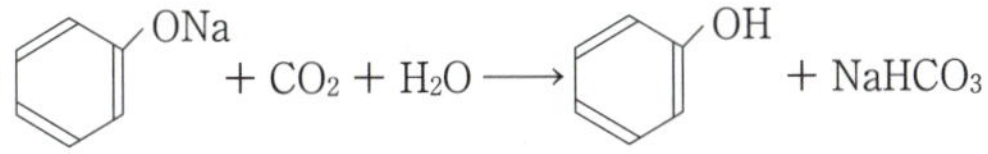

（注）このような分離操作には，右上図のような分液漏斗が用いられる。

（図：分液漏斗　エーテル層（上層）／水層（下層））

短期攻略のツボ

弱酸の塩 + 強酸 ⟶ 強酸の塩 + 弱酸（遊離）

弱塩基の塩 + 強塩基 ⟶ 強塩基の塩 + 弱塩基（遊離）

69

問1　②　　問2　②　　問3　③，⑤（順不同）

問1 サリチル酸メチルの合成反応は，次式で示される。

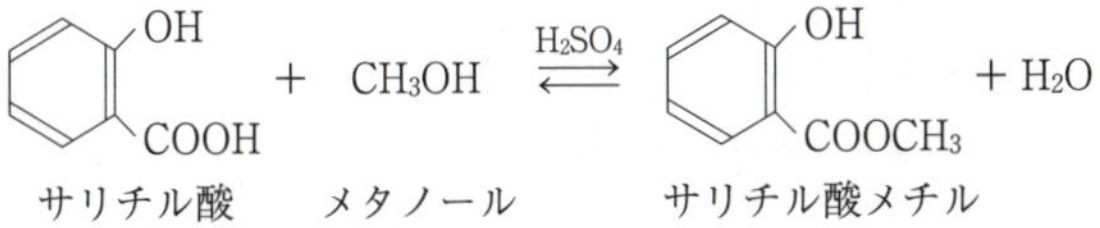

サリチル酸(o-HO-C₆H₄-COOH) + CH₃OH $\underset{}{\overset{H_2SO_4}{\rightleftarrows}}$ サリチル酸メチル(o-HO-C₆H₄-COOCH₃) + H₂O

反応後の混合物には，サリチル酸メチルの他に未反応のサリチル酸とメタノール，さらに硫酸や水が含まれる。これらのうち，メタノールと硫酸は水に溶け，サリチル酸とサリチル酸メチルはエーテルに溶ける。したがって，サリチル酸メチルをエーテル層に残し，サリチル酸を水層へ移すような水溶液を加えればよい。以下，①～④の操作について，サリチル酸とサリチル酸メチルの分離の可否をみると，

　① どちらもエーテル層に移る。

　② サリチル酸はカルボキシ基をもつが，サリチル酸メチルはこれをもたないので，NaHCO₃水溶液を十分に加えれば，サリチル酸だけを水層へ移すことができる。

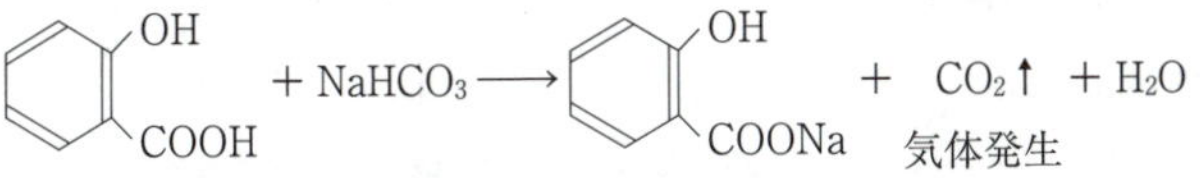

o-HO-C₆H₄-COOH + NaHCO₃ ⟶ o-HO-C₆H₄-COONa + CO₂↑ + H₂O（気体発生）

　③ どちらも酸性基（カルボキシ基やフェノール性ヒドロキシ基）をもつので，NaOH水溶液を十分に加えると，ともに中和されて塩となり水層へ移る。

　④ ③で水層に移ったものが，どちらも塩酸酸性で遊離し，エーテル層へ移る。

よって，②の操作が適している。

> **短期攻略のツボ**
> 炭酸より強い酸が，$NaHCO_3$ と反応して，CO_2 を発生させる。
>
> ⌬-OH —— NaOH とは反応するが，$NaHCO_3$ とは反応しない。
>
> ⌬-COOH —— NaOH とも，$NaHCO_3$ とも反応する。

問2 （けん化）安息香酸エチルが，NaOH 水溶液でけん化される。

⌬-$COOC_2H_5$ + NaOH ⟶ ⌬-COONa（水溶） + C_2H_5OH（水溶）

①には ⌬-COONa と C_2H_5OH が溶け，②にはニトロベンゼンが残る。

（還元）ニトロベンゼンが，スズと塩酸で還元される。

[参考] 2 ⌬-NO_2 + 3Sn + 14HCl ⟶ 2 ⌬-$NH_3^+Cl^-$ + $3SnCl_4$ + $4H_2O$

反応後，③，④にはニトロベンゼンがほとんどない。
よって，ニトロベンゼンは②に最も多く含まれる。

問3 操作ア～ウの結果をまとめると，次図のようになる。

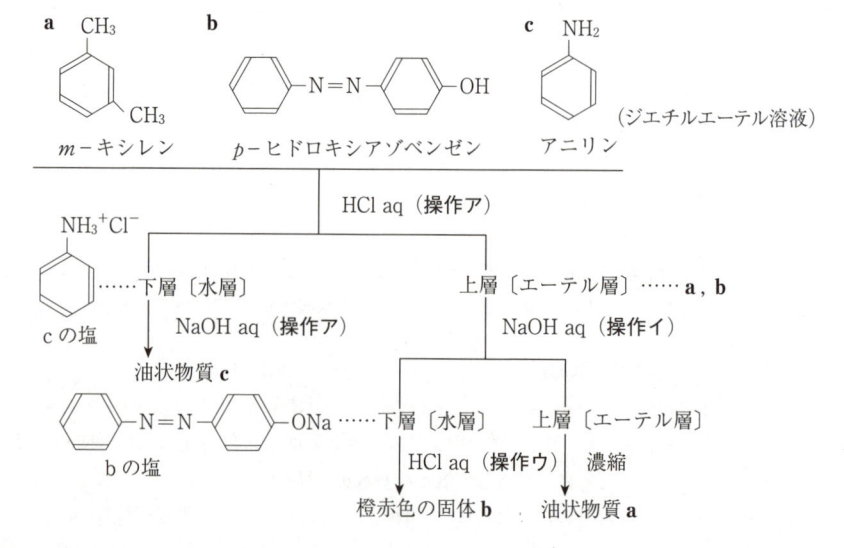

a ⌬(CH_3)(CH_3) m-キシレン

b ⌬-N=N-⌬-OH p-ヒドロキシアゾベンゼン

c ⌬-NH_2 アニリン（ジエチルエーテル溶液）

↓ HCl aq（操作ア）

├─ 下層〔水層〕: ⌬-$NH_3^+Cl^-$ (c の塩)
│   ↓ NaOH aq（操作ア）
│   油状物質 c
│   ⌬-N=N-⌬-ONa (b の塩)
│
└─ 上層〔エーテル層〕…… a, b
     ↓ NaOH aq（操作イ）
     ├─ 下層〔水層〕
     │   ↓ HCl aq（操作ウ）
     │   橙赤色の固体 b
     └─ 上層〔エーテル層〕
          濃縮
          油状物質 a

① (誤) 官能基の性質（酸性や塩基性など）を利用して分離した。
② (誤) 塩をつくると水に溶けやすくなるので，分離できた。
③ (正) 上図を参照。
④ (誤) 上図を参照。
⑤ (正) 上図を参照。
(注) p-ヒドロキシアゾベンゼン(橙赤色)は，アゾ化合物の一種で染料に用いられる。

第5章　生活と有機化学

70

問1 ④　問2 ①　問3 ④

問1　ア　セッケン水に $CaCl_2$ 水溶液を加えると，次の反応が起こって水に不溶のカルシウム塩が生じ，水溶液が白く濁る。

$$2RCOONa + CaCl_2 \longrightarrow (RCOO)_2Ca\downarrow + 2NaCl$$
（セッケン）

（注）セッケンが硬水（Mg^{2+}，Ca^{2+} を多く含む水）や海水中で泡立ちにくいのは，このような反応が起こるためである。

$$2RCOO^- + Ca^{2+} \longrightarrow (RCOO)_2Ca\downarrow$$
$$2RCOO^- + Mg^{2+} \longrightarrow (RCOO)_2Mg\downarrow$$

イ　セッケンは，弱酸（高級脂肪酸）と強塩基（水酸化ナトリウム）が中和してできた塩であるから，その水溶液はセッケンの加水分解により弱塩基性を示す。

$$RCOONa \longrightarrow RCOO^- + Na^+$$
$$RCOO^- + H_2O \rightleftharpoons RCOOH + OH^- \quad （弱塩基性）$$

したがって，セッケン水にフェノールフタレイン溶液を加えると，赤く変色する。

（注）フェノールフタレインの変色域　無色←(8.0～9.8)→赤色（pH）

ウ　セッケン粒子が油滴をとり囲んでコロイド粒子（ミセル）となるので，油滴は安定に水の中に分散する。このような現象を，乳化という。

セッケン粒子の構造　　ミセルの構造

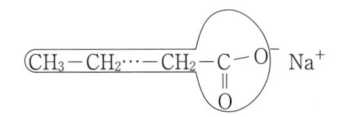

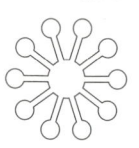

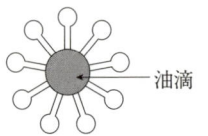

$CH_3-CH_2\cdots CH_2-\underset{\underset{O}{\|}}{C}-O^-$　Na^+　　　　　　　　　　油滴

問2　①（誤）油脂は，私たちの体内に脂肪となって蓄積したり，エネルギー源となる。グリコーゲンは動物デンプンともよばれ，アミロペクチンと似た多糖類（α-グルコースの縮合重合体）で動物の肝臓や筋肉に多く含まれ，必要に応じて加水分解されてグルコースになり，エネルギー源となる。

②（正）私たちのからだは，ほとんどがタンパク質からできており，タンパク質は生体組織の主要な成分である。また，一部はエネルギー源にもなる。

③（正）酵素はタンパク質の一種であり，特定の物質（基質）に作用して生体内で起こる反応を速やかに進行させる触媒としてはたらく。

④（正）食品に含まれる炭水化物（糖質）・タンパク質・脂質は，私たちの健康を保つために必要な成分であり，三大栄養素とよばれる。これに体のはたらきを調節するために必要な無機塩類・ビタミンを加えて五大栄養素とよばれる。食品に含まれる繊維（セルロースなど）

は，消化されず栄養素とはならないが，便秘を防ぐなど健康保持に役立つ。
⑤（正）デンプンは，植物の種子・茎・根などに広く存在する。私たちが食べたデンプンは，グルコースに加水分解されて吸収され，エネルギー源となる。

問3　a（正）染料は，可視光線の波長の一部を吸収して，残りの波長の光によって固有の色を示す色素の一種である。

（注）色素のうち，水などの溶媒に溶け，繊維に染着するものを「染料」といい，溶媒に溶けず，繊維に染着しないものを「顔料」という。

b（正）染色するには，染料が繊維と化学的に結合（染着）する必要がある。酸性染料，塩基性染料はそれぞれ繊維の塩基性部分，酸性部分とイオン結合するので，絹，羊毛（タンパク質）やナイロンの染色に適する。木綿はセルロースからなり，このような染料と反応する官能基をもたない。木綿やレーヨンの染色には，建染め染料などが適する。

c（誤）絹や羊毛はタンパク質からなり，天然染料（植物染料，動物染料）でも合成染料でも染色できる。

[参考]　植物染料：アリザリン（アカネの根より）…赤，インジゴ（アイの葉より）…青

71

問1　①　問2　1 － ⑤　　2 － ④

問1　ヤナギの樹皮には解熱鎮痛作用をもつサリシンとよばれる物質が含まれる。この物質から得られる ア サリチル酸 が薬理作用を示すと考えられ，1860年から合成されるようになった。しかし，サリチル酸は胃などに対して副作用が強いことがわかり，その代用として イ アセチルサリチル酸（アスピリン） が開発された。アセチルサリチル酸は現在でも，解熱鎮痛剤などとして広く使用されている。また， ウ サリチル酸メチル は消炎外用薬として湿布などに使用されている。

（反応図：サリチル酸（ア，固）から，(CH₃CO)₂O によりアセチルサリチル酸（イ，固，OCOCH₃・COOH），CH₃OH（H₂SO₄）によりサリチル酸メチル（ウ，液，OH・COOCH₃）が生成）

[参考]　サリシン（O–C₆H₁₁O₅，CH₂OH）＋H₂O　加水分解　→　C₆H₁₂O₆（グルコース）＋サリチルアルコール（OH，CH₂OH）　酸化→　サリチル酸（OH，COOH）

問2 ドイツのドーマクは，1935年，プロントジルとよばれるアゾ染料（アゾ基 －N＝N－をもつ染料）の一種に，細菌の増殖を抑える抗菌作用があることを発見した。後に，プロントジルが体内で分解されてできるスルファニルアミドが，抗菌作用の有効成分であることがわかった。現在では，スルファニルアミドやその部分構造をもつ抗菌剤が合成され利用されている。これらは硫黄Sを含むので，サルファ剤とよばれる。

$H_2N-\underset{}{\underset{NH_2}{\bigcirc}}-N=N-\bigcirc-SO_2NH_2$ —体内で分解→ $H_2N-\bigcirc-SO_2NH_2$

プロントジル（ 1 ）　　　　スルファニルアミド（スルファミン）（ 2 ）

（注）
○対症療法薬
　　サリチル酸系医薬品やアミド系医薬品のように，病気の症状を緩和するための医薬品
○化学療法薬
　　サルファ剤や抗生物質のように，病気の原因を根本的に取り除くための医薬品

第6章 総合問題

72

問1 ③　問2 ②　問3 1 - ⑧　2 - ⑥　3 - ⓪
4 - ⓪　5 - ④

問1 （カルボン酸）エステルは，エステル結合（$-\overset{}{\underset{\underset{O}{\|}}{C}}-O-\overset{|}{C}-$）をもつ化合物である。

① $CH_3-\underline{C-O}-C_2H_5$ ② $CH_2=CH-\underline{O-C}-CH_3$ ③ $\text{C}_6\text{H}_5-\underline{N-C}-CH_3$ (アミド結合)

④ ベンゼン環に $\underline{O-C}-CH_3$ と $C-OH$ (サリチル酸メチル型) ⑤ $CH_2-\underline{O-C}-R_1$, $CH-\underline{O-C}-R_2$, $CH_2-\underline{O-C}-R_3$ ⑥ $[-\underset{O}{\underset{\|}{C}}-C_6H_4-\underline{C-O}-CH_2-CH_2-O-]_n$

③はエステルではなく，アミドである。

（注）エステルは，エステル化反応によりつくられるものだけではない。また，カルボン酸エステルだけでなく，硝酸や硫酸などのオキソ酸から構成されるエステルもある。

例　CH_2-O-NO_2
　　　$|$
　　　$CH-O-NO_2$
　　　$|$
　　　CH_2-O-NO_2

　　　ニトログリセリン（硝酸エステル）

問2 ①（誤）空気の平均モル質量は約 $29\,g/mol$ なので，分子量が 29 より小さい気体は，同温・同圧の空気より軽い気体となる。したがって，メタン $CH_4(16)$，エタン $C_2H_6(30)$，プロパン $C_3H_8(44)$ のうち，メタンだけが空気より軽い。

②（正）一般に炭化水素やエーテルは，水より軽い。

③（誤）酢酸とエタノールは水と自由に混じり合うが，酢酸エチルはエステルなので水に溶けにくい。

④（誤）シクロペンタンはシクロアルカンの一種で，アルケンとは異なり環状で飽和なので付加反応を行わない。

⑤（誤）メタノールのようなアルコールは中性物質なので，アルカリとは反応しない。

（注）アルコールは金属ナトリウムと反応して水素を発生する。

⑥（誤）アセチレンに酢酸を付加させると，酢酸ビニルが生じる。

$CH \equiv CH + CH_3COOH \longrightarrow CH_2 = CHOCOCH_3$
　　　　　　　　　　　　　　　酢酸ビニル

問3　a〜eの反応は，それぞれ以下の反応式で表される。

a　○ + Cl_2 ⟶ ○-Cl + HCl　置換（ 1 ）

b　$CH_3COOH + CH_3OH \longrightarrow \underline{CH_3COOCH_3}$（ 2 ）$+ H_2O$　エステル化
　　　　　　　　　　　　　　酢酸メチル

c　○-NO_2（ 3 ）$+ 6(H) \longrightarrow$ ○-NH_2 $+ 2H_2O$　還元
　　ニトロベンゼン

d　$CH \equiv CH + CH_3COOH \longrightarrow CH_2 = CHOCOCH_3$　$\underline{付加}$（ 4 ）

e　$CH_3OH + (O) \longrightarrow HCHO + H_2O$　$\underline{酸化}$（ 5 ）

73

問1　④　　問2　a－⑤　　b－②　　c－⑥
問3　a－⑦　　b－②　　c－⑦　　d－④　　問4　③

問1　①　アニリンにさらし粉水溶液を加えると，アニリンが酸化されて赤紫色に呈色する。
　②　ギ酸は還元性があるので，アンモニア性硝酸銀水溶液を加えると，銀が析出する（銀鏡反応）。
　③　デンプンにヨウ素溶液を加えると，ヨウ素デンプン反応が起こって，青紫色に呈色する。
　④　アセトンは還元性がないので，フェーリング液を還元しない。よって，化学変化しない。

問2　a　メタノールが酸化されて，ホルムアルデヒド HCHO が生じる。
$$2CH_3OH + O_2 \xrightarrow{Cu 触媒} 2HCHO + 2H_2O$$
ホルムアルデヒドは，銀鏡反応を示す。（⑤）

b　ニトロベンゼンが還元されて，アニリンの塩酸塩 ○-$NH_3^+Cl^-$ が生じる。

［参考］ 2 ○-NO_2 + 3Sn + 14HCl ⟶ 2 ○-$NH_3^+Cl^-$ + $3SnCl_4 + 4H_2O$

アニリンをジアゾ化して塩化ベンゼンジアゾニウムをつくり，これに（ジアゾ）カップリングを行うと，アゾ化合物が得られる。（②）

c サリチル酸がエステル化されて，サリチル酸メチル〔ベンゼン環にOH, COOCH₃〕が生じる。

$$\underset{COOH}{\underset{|}{\bigcirc}}\text{-OH} + CH_3OH \xrightarrow{\text{濃硫酸}} \underset{COOCH_3}{\underset{|}{\bigcirc}}\text{-OH} + H_2O$$

サリチル酸メチルは，フェノール性のヒドロキシ基をもつので，FeCl₃水溶液を加えると呈色する。（⑥）

問3 a ⑦は，アニリンと同様のアミノ基−NH₂をもつので，弱塩基であり，塩酸と反応して塩をつくる。

$$CH_3\text{-}\bigcirc\text{-}NH_2 + HCl \longrightarrow CH_3\text{-}\bigcirc\text{-}NH_3^+Cl^-$$

（注）⑧（アセトアニリド）は中性である。

b ②は炭化水素であり，炭素−炭素二重結合をもつので，臭素水を容易に脱色する。

$$CH_3CH=CHCH_3 + Br_2 \longrightarrow \underset{Br\ Br}{CH_3CHCHCH_3}$$

c ⑦は，アニリンと同様のアミノ基−NH₂（ベンゼン環の炭素原子に結合した−NH₂）をもつので，塩酸酸性でNaNO₂を作用させると，ジアゾ化が起こり，ジアゾニウム塩が生じる。

$$CH_3\text{-}\bigcirc\text{-}NH_3^+Cl^- + NaNO_2 + HCl \longrightarrow CH_3\text{-}\bigcirc\text{-}N^+{\equiv}NCl^- + NaCl + 2H_2O$$

ジアゾニウム塩

d ④は，第二級アルコールなので，KMnO₄で酸化するとケトンが生じる。

$$\underset{OH}{\underset{|}{CH_3CHCH_2CH_3}} \xrightarrow{-2H} \underset{O}{\underset{\|}{CH_3CCH_2CH_3}} \quad (C_4H_8O)$$

問4 a 次の反応で，アセトアルデヒドを得る。

$$CH_3CH_2OH + (O) \longrightarrow \underset{\text{アセトアルデヒド}}{CH_3CHO} + H_2O$$

生成物のアセトアルデヒドは，水によく溶ける沸点（約20℃）の低い液体である。このため，発生蒸気を氷水で冷却し，凝縮させて集めなければならない。（装置**イ**）

b 次の反応で，エチレンを得る。

$$CH_3CH_2OH \longrightarrow \underset{\text{エチレン}}{CH_2=CH_2} + H_2O$$

生成物のエチレンは，水に溶けにくい気体であるから，水上置換によって捕集する方法がよい。（装置**ア**）

c 次の反応で，サリチル酸メチルを得る。

$$\underset{}{\underset{\text{COOH}}{\text{C}_6\text{H}_4\text{-OH}}} + \text{CH}_3\text{OH} \longrightarrow \underset{\text{サリチル酸メチル}}{\underset{\text{COOCH}_3}{\text{C}_6\text{H}_4\text{-OH}}} + \text{H}_2\text{O}$$

　反応物のメタノールが加熱により蒸発して逃げないように，試験管の先に細長いガラス管をつけておく。一度蒸発したメタノールは，このガラス管の中で空冷され凝縮し，再び試験管にもどってくる。(装置ウ)

第5編　高分子化合物

第1章　高分子化合物の分類と特徴

74

問1　$\boxed{1}$ -⑤　$\boxed{2}$ -⑧　$\boxed{3}$ -⑦　$\boxed{4}$ -⑦　$\boxed{5}$ -⑨

問2　a-③　b-①　問3　①

問1　a　$\boxed{1}$　テレフタル酸は，p-キシレン(⑤)の酸化によって得られる。

$$H_3C-\underset{p\text{-キシレン}}{\underline{\bigcirc}}-CH_3 \xrightarrow{\text{酸化}} HOOC-\underset{\text{テレフタル酸}}{\underline{\bigcirc}}-COOH$$

$\boxed{2}$, $\boxed{3}$　テレフタル酸と2価(⑧)アルコールであるエチレングリコールを縮合重合(⑦)させると，ポリエステルの一種であるポリエチレンテレフタラート(PET)が得られる。

$$n\ HOOC-\underset{\text{テレフタル酸}}{\underline{\bigcirc}}-COOH + n\ HO-CH_2CH_2-OH$$
$$\underset{\text{エチレングリコール}}{}$$

$$\longrightarrow \left[\underset{O}{\overset{\|}{C}}-\underline{\bigcirc}-\underset{O}{\overset{\|}{C}}-O-CH_2CH_2-O \right]_n + 2n\ H_2O$$
$$\underset{\text{ポリエチレンテレフタラート}}{}$$

PETには多数のエステル結合がある。

b　$\boxed{4}$, $\boxed{5}$　アジピン酸とヘキサメチレンジアミンとを加熱して反応させると，縮合重合(⑦)が起こり，ポリアミドの一種であるナイロン66(6,6-ナイロン)が得られる。ナイロン66には多数のアミド結合(⑨)がある。

$$n\ HOOC-(CH_2)_4-COOH + n\ H_2N-(CH_2)_6-NH_2$$
$$\underset{\text{アジピン酸}}{}\quad\quad\underset{\text{ヘキサメチレンジアミン}}{}$$

$$\longrightarrow \left[\underset{O}{\overset{\|}{C}}-(CH_2)_4-\underset{O}{\overset{\|}{C}}-\underset{H}{\overset{|}{N}}-(CH_2)_6-\underset{H}{\overset{|}{N}} \right]_n + 2n\ H_2O$$
$$\underset{\text{ナイロン66}}{}$$

問2　①～⑥の高分子化合物は，それぞれ以下のような単量体を重合させてつくる。

単量体(モノマー)　　　　　　　　重合体(ポリマー)

① $H_2N-(CH_2)_6-NH_2$
　　$HOOC-(CH_2)_4-COOH$ →(縮合重合) $\left[\underset{H}{N}-(CH_2)_6-\underset{H}{\overset{b\downarrow}{N}}-\underset{O}{C}-(CH_2)_4-\underset{O}{C} \right]_n$

② $CH_2=CH_2$ →(付加重合) $[CH_2-CH_2]_n$

③ $HO-(CH_2)_2-OH$
　　$HOOC-\text{〈benzene〉}-COOH$ →(縮合重合) $\left[\underset{O}{C}-\text{〈benzene〉}-\underset{O}{\overset{a\downarrow}{C}}-O-(CH_2)_2-O \right]_n$

④ $CH_2=\underset{Cl}{CH}$ →(付加重合) $\left[CH_2-\underset{Cl}{CH} \right]_n$

⑤ $CH_2=\underset{OCOCH_3}{CH}$ →(付加重合) $\left[CH_2-\underset{OCOCH_3}{CH} \right]_n$

⑥ $CH_2=\underset{CH_3}{CH}$ →(付加重合) $\left[CH_2-\underset{CH_3}{CH} \right]_n$

以上より，単量体どうしがC-O結合でつながっている重合体は③（**a**の答），単量体どうしがC-N結合でつながっている重合体は①（**b**の答）である。他はすべて単量体どうしがC-C結合でつながっている。

短期攻略のツボ

重合反応

　　単量体(モノマー) —(重合)→ 重合体(ポリマー)

〔付加重合〕

　二重結合（$>C=C<$）をもつ化合物が付加反応をくり返して重合体になる。

　[2種類以上の単量体を混合して重合させる反応を共重合といい，生じた高分子を共重合体という。]

〔縮合重合〕

　分子どうしからH_2Oなどの簡単な分子が取れて結合する縮合反応をくり返して重合体になる。

〔付加縮合〕

　付加反応と縮合反応をくり返して重合体になる。

〔開環重合〕

　環を含む単量体が環を開きながら結合して重合体になる。

問3　① セルロースは，β-グルコースが互いに脱水縮合してつながった構造の高分子化合物である。

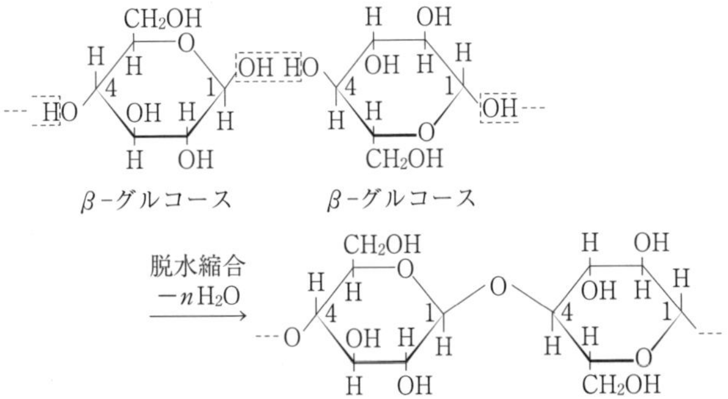

第1章 高分子化合物の分類と特徴　155

$$\beta\text{-グルコース} \quad \beta\text{-グルコース}$$

$$\xrightarrow[\text{脱水縮合}]{-n\,H_2O}$$

セルロース

①以外は，以下に示すように，いずれも多数の分子が付加をくり返してつながった構造の高分子化合物である。

② $n\,CH_2=\underset{CH_3}{C}-CH=CH_2 \longrightarrow \left[CH_2-\underset{CH_3}{C}=CH-CH_2\right]_n$
　　イソプレン　　　　　　天然ゴム（シス形ポリイソプレン）

③ $n\,CH_2=\underset{CN}{CH} \longrightarrow \left[CH_2-\underset{CN}{CH}\right]_n$
　　アクリロニトリル　　ポリアクリロニトリル

④ $n\,CH_2=\underset{OCOCH_3}{CH} \longrightarrow \left[CH_2-\underset{OCOCH_3}{CH}\right]_n$
　　酢酸ビニル　　　　ポリ酢酸ビニル

⑤ $n\,CH_2=CH(C_6H_5) \longrightarrow \left[CH_2-CH(C_6H_5)\right]_n$
　　スチレン　　　　　ポリスチレン

75

問1 ④　問2 1-②　2-④　3-⑧　4-⑤
問3 ③

問1 ①（正）高分子化合物は，炭素原子を骨格とする有機高分子化合物と，ケイ素Siや酸素Oなど炭素以外の原子を骨格とする無機高分子化合物に分類される。これらには，それぞれ天然高分子化合物と合成高分子化合物がある。

無機高分子化合物	天然高分子化合物	合成高分子化合物
	石英，水晶，雲母，石綿（アスベスト）	ガラス，シリカゲル，ケイ素樹脂

② (正) 高分子化合物は一般に，結晶部分と非結晶部分が入り混じっているが，ゴムの多くは非晶質(アモルファス)であり，結晶部分をもたない。

③ (正) 高分子化合物は，一般に重合度が一定ではなく，ある範囲にわたっているものが多い。したがって，高分子の分子量は，平均分子量のことである場合が多い。

④ (誤) 高分子化合物は，分子が大きく一般に溶媒に溶けにくいものが多い。

⑤ (正) 高分子化合物の多くは，分子量が一定ではないので，固体を加熱していくと一定の融点を示さず，しだいに軟化する。

問2 ポリエチレンやポリ塩化ビニル(1)は，二重結合をもつ単量体の付加重合(2)でつくられる。

$$\underset{\text{エチレン}}{n\ CH_2=CH_2} \xrightarrow{\text{付加重合}} \underset{\text{ポリエチレン}}{[CH_2-CH_2]_n}$$

$$\underset{\text{塩化ビニル}}{n\ CH_2=CH\!-\!Cl} \xrightarrow{\text{付加重合}} \underset{\text{ポリ塩化ビニル}}{\left[CH_2-\underset{Cl}{CH}\right]_n}$$

一方，フェノール樹脂は，フェノールとホルムアルデヒド(3) HCHO を付加縮合(4)させてつくられる。

(注) 尿素樹脂，メラミン樹脂も同様の反応(付加縮合)でつくられる。

問3　① (誤)　食器などに用いられるメラミン樹脂は，メラミンとホルムアルデヒドを付加縮合させてつくられる<u>熱硬化性樹脂</u>である。熱硬化性樹脂は，加熱により硬化するので硬く耐熱性にすぐれているが，硬化したものは<u>成型・加工しにくい</u>。

$$\text{メラミン} + \text{HCHO} \Longrightarrow \text{メラミン樹脂}$$

② (誤)　<u>袋や容器などに用いられる</u>ポリエチレンは，エチレンを付加重合させてつくられる<u>熱可塑性樹脂</u>である。熱可塑性樹脂は<u>加熱すると軟化する</u>ので成型・加工はしやすいが，機械的強度や耐熱性はあまり大きくない。

③ (正)　管やシートなどに用いられるポリ塩化ビニル $\left[\begin{array}{c} CH_2-CH \\ | \\ Cl \end{array} \right]_n$ は，塩素原子を含むので，燃焼すると塩化水素 HCl などの有毒な気体を発生する。

④ (誤)　ポリスチレン(スチロール樹脂)は，<u>スチレンを付加重合させてつくられ</u>，発泡ポリスチレンとして断熱材，緩衝材などに利用されている。

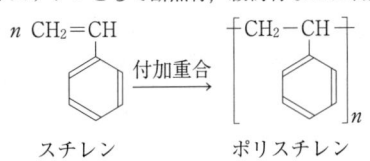

$$n\ CH_2=CH-\text{C}_6H_5 \xrightarrow{\text{付加重合}} \left[CH_2-CH(C_6H_5) \right]_n$$

スチレン　　　　　　　ポリスチレン

⑤ (誤)　ポリスチレンは，水には溶けないが，ベンゼンなどのいくつかの有機溶媒には溶ける。

第2章　合成高分子化合物

76

問1　a—②　b—④　問2　②　問3　②

問1　**a**　フェノール樹脂は，次の2種類の単量体(モノマー)からできている。これらのうち，一方は中性，他方は酸性物質である。

フェノール　　　　ホルムアルデヒド

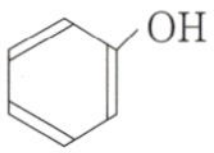

(酸性物質)　　　　(中性物質)

b　ポリ酢酸ビニルは，次の1種類の単量体(モノマー)からできている。この単量体は，中性物質(エステルの一種)である。

酢酸ビニル

$$CH_2=CH-O-C(=O)-CH_3$$

問2　①(正)　ビニル基($CH_2=CH-$)をもつ化合物(ビニル化合物)は一般に，付加重合させると鎖状構造をもつ熱可塑性樹脂となる。熱可塑性樹脂は加熱すると軟化し，冷却すると再び硬化するので，成型・加工しやすい。

ビニル化合物　　　　　　　ビニル高分子

$$n\ CH_2=CHX \xrightarrow{付加重合} \left[CH_2-CHX \right]_n$$

−X：−H ─→ ポリエチレン
　エチレン

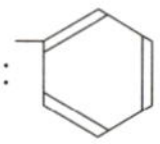

　　─C₆H₅ ─→ ポリスチレン
　スチレン

②(誤)　ポリ塩化ビニル $\left[CH_2-CHCl \right]_n$ は，電気を通しにくく，比較的燃えにくいので，電線の被覆材に用いられる。その他，給排水パイプ，ホース，シートなど幅広く利用される。

③(正)　ポリ塩化ビニルの小片を，強熱した銅線につけてバーナーの炎の中に入れると，生じた $CuCl_2$ が揮発して銅の炎色反応(青緑色)が観察される。この反応は，化合物に含まれる塩素の検出に利用される。

④(正)　フェノール樹脂はフェノールとホルムアルデヒドを単量体として，尿素(ユリア)樹脂は尿素とホルムアルデヒドを単量体として，メラミン樹脂はメラミンとホルムアルデヒ

ドを単量体として，それぞれ付加縮合させると三次元網目構造をもつ熱硬化性樹脂となる。尿素樹脂とメラミン樹脂は合わせてアミノ樹脂とよばれる。

⑤（正） ナイロンは，強度，弾性ともに高く，摩擦にも強いので，繊維だけでなく，ロープ，機械部品用プラスチックなどにも用いられる。

問3　n HO-C(=O)-〈benzene〉-C(=O)-OH + n HO-CH$_2$-CH$_2$-OH

テレフタル酸(166)　　エチレングリコール(62)

$\xrightarrow{\text{縮合重合}}$ [-C(=O)-〈benzene〉-C(=O)-O-CH$_2$-CH$_2$-O-]$_n$ + $2n$ H$_2$O

エステル結合
くり返し単位(192)
ポリエチレンテレフタラート(PET)

ポリエチレンテレフタラート(PET)のくり返し単位の式量は，$166 + 62 - 2 \times 18 = 192$ である。PETの重合度をn（くり返し単位の数）とすると，PETの分子量について次式が成り立つ。

$192n = 2.0 \times 10^5$

よって，$n \fallingdotseq 1.0 \times 10^3$

上の構造式より，くり返し単位1個あたりにエステル結合は2個含まれるので，このPET分子に含まれるエステル結合の数は，

$2n = 2.0 \times 10^3$

77

問1　a - ②　b - ④　　問2　a - ①　b - ⑤
問3　[1]，[2] - ①，⑤（順不同）　　問4　④

問1　a　プロピレン CH$_2$=CHCH$_3$ が付加重合してできるポリプロピレン +CH$_2$CH(CH$_3$)+$_n$ は，次のような分子構造をもつ。

```
          ┌─────── A ───────┐
          CH₃      CH₃      CH₃         CH₃
           |        |        |           |
----CH₂-+-CH-+-CH₂-CH-CH₂-CH-+-CH₂-+-CH-----
              └──────── B ────────┘
```

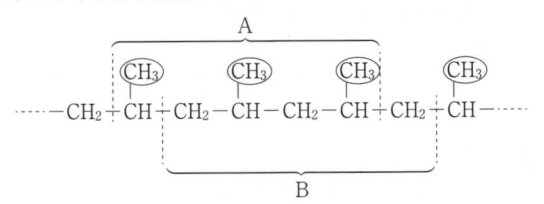

この分子の中で，直鎖状に並んだ5個の炭素原子に結合しているメチル基 CH$_3$- の数は，Aの場合3，Bの場合2であり，この二通りしかない。

b セルロース $(C_6H_{10}O_5)_n$ のくり返し単位(グルコース単位) $C_6H_{10}O_5$ には，ヒドロキシ基-OHが3個含まれる。-OH1個が無水酢酸 $(CH_3CO)_2O$ によってエステル化されると，炭素の数が2個増加する。

$$-OH \xrightarrow[エステル化]{(CH_3CO)_2O} -OCOCH_3$$

セルロース

よって，セルロースを完全にエステル化するとき，グルコース単位1個あたり増加する炭素の数は，

$2 \times 3 = \underline{6}$

問2 a イソプレン (C_5H_8) 分子には二重結合が2個存在するが，これが付加重合してできるポリイソプレン分子には，イソプレン単位1個あたり二重結合が$\underline{1}$個存在する。

$$n\ CH_2=\overset{CH_3}{\underset{|}{C}}-CH=CH_2 \longrightarrow \cdots CH_2-\overset{CH_3}{\underset{|}{C}}-CH-CH_2\ CH_2-\overset{CH_3}{\underset{|}{C}}-CH-CH_2 \cdots$$
イソプレン

$$\longrightarrow {\left[CH_2-\overset{CH_3}{\underset{|}{C}}=CH-CH_2 \right]}_n$$
ポリイソプレン

(注) シス形のポリイソプレンは天然ゴムの主成分である。

シス形ポリイソプレン

b ヘキサメチレンジアミン $H_2N(CH_2)_6NH_2$ には CH_2 基が6個含まれ，アジピン酸 $HOOC(CH_2)_4COOH$ には CH_2 基が4個含まれる。ナイロン66はこれらが縮合重合して生じるから，そのくり返し単位1個には CH_2 基が $6+4=\underline{10}$ 個含まれる。

$n\ H_2N{-}(CH_2)_6{-}NH_2\ +\ n\ HOOC{-}(CH_2)_4{-}COOH$

$\longrightarrow {\left[NH{-}(CH_2)_6{-}NHCO{-}(CH_2)_4{-}CO \right]}_n\ +\ 2n\ H_2O$

ナイロン66

問3 合成ゴムは，イソプレン $CH_2=C(CH_3)CH=CH_2$ に似た構造をもつ単量体であるジエン化合物 $CH_2=C(X)CH=CH_2$ を，付加重合させてつくられる。

$$n\ CH_2=\overset{X}{\underset{|}{C}}-CH=CH_2 \xrightarrow{付加重合} {\left[CH_2-\overset{X}{\underset{|}{C}}=CH-CH_2 \right]}_n$$
ジエン化合物

-X：-H　1,3-ブタジエン　　ブタジエンゴム
　　-Cl　クロロプレン　　　クロロプレンゴム

<u>1,3-ブタジエン</u>に少量(25%程度)の<u>スチレン</u>を加えて共重合させると，次のような部分

構造をもつスチレン-ブタジエンゴム(SBR)が得られる。SBRは機械的な強度が大きく，自動車タイヤなどに使用される。

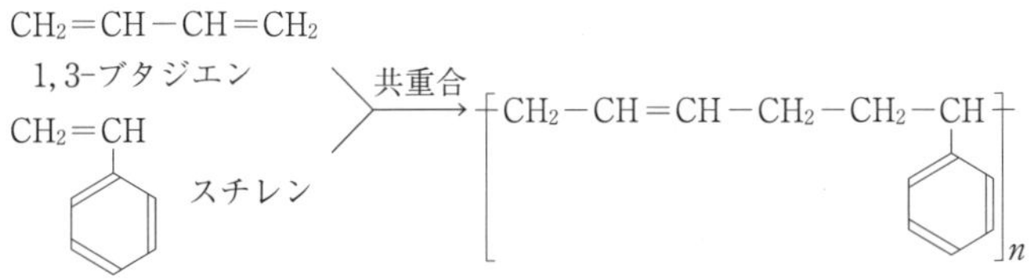

$$CH_2=CH-CH=CH_2$$
1,3-ブタジエン
$$CH_2=CH-C_6H_5$$
スチレン

共重合 → $\mathrm{-[CH_2-CH=CH-CH_2-CH_2-CH(C_6H_5)]-}_n$

SBR

（注）1,3-ブタジエンに少量のアクリロニトリル $CH_2=CHCN$ を加えて共重合させると，アクリロニトリル-ブタジエンゴム(NBR)が得られる。NBRは耐油性が大きく，石油ホースなどに使用される。

問4 選択肢の中で，2種類の単量体の付加縮合によって得られる高分子化合物は，フェノール樹脂と尿素樹脂である。

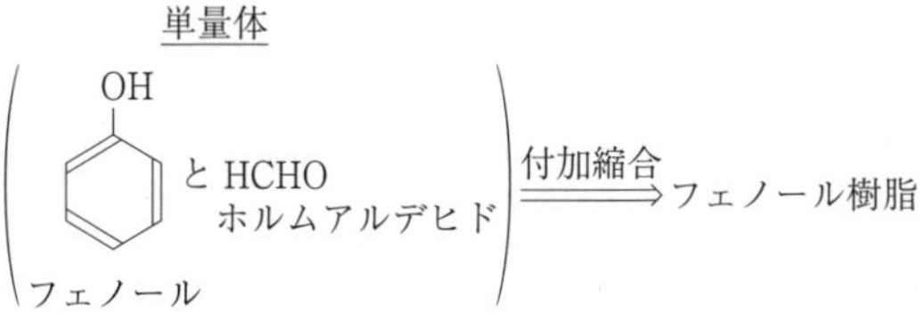

単量体
（フェノール C_6H_5OH と HCHO ホルムアルデヒド）→ 付加縮合 → フェノール樹脂

単量体
（尿素 $H_2N-CO-NH_2$ と HCHO ホルムアルデヒド）→ 付加縮合 → 尿素樹脂

また，選択肢の中で，単量体の開環重合によって得られる高分子化合物は，ナイロン6である。

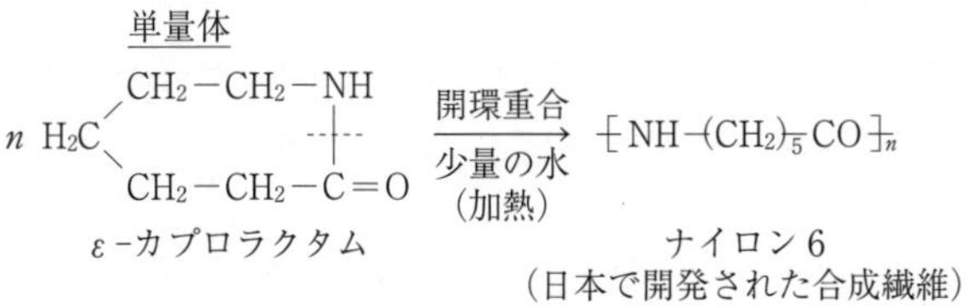

単量体
n ε-カプロラクタム $\mathrm{H_2C(CH_2-CH_2-NH)(CH_2-CH_2-C=O)}$ → 開環重合 少量の水（加熱） → $\mathrm{-[NH-(CH_2)_5-CO]-}_n$
ナイロン6
（日本で開発された合成繊維）

よって，高分子化合物A，Bとして，④の組合せが当てはまる。

（注）ポリ酢酸ビニル，ポリスチレン，ポリ塩化ビニルは，それぞれ1種類の単量体の付加重合によって得られる。また，ポリエチレンテレフタラート，ナイロン66は，それぞれ2種類の単量体の縮合重合によって得られる。

78

問1 1 — ⑥   2 — ③   3 — ②   4 — ③   問2 a — ⑥ b — ③   問3 ④

問1 日本で発明された合成繊維のビニロンは、以下に示す一連の反応により合成される。

$$CH \equiv CH + CH_3COOH \xrightarrow[\text{(触媒)}]{\text{付加}(\boxed{1})} CH_2=CHOCOCH_3 (\boxed{2})$$
アセチレン　酢酸　　　　　　　　　　　　酢酸ビニル

$$n\ CH_2=CHOCOCH_3 \xrightarrow{\text{付加重合}} \left[CH_2-CH \atop OCOCH_3 \right]_n$$
ポリ酢酸ビニル

$$\left[CH_2-CH \atop \underset{\text{エステル結合}}{OCOCH_3} \right]_n + n\text{NaOH} \xrightarrow{\text{けん化}(\boxed{3})} \left[CH_2-CH \atop OH \right]_n + n\text{CH}_3\text{COONa}$$
ポリビニルアルコール

……—CH₂—CH—CH₂—CH—CH₂—CH—……　ポリビニルアルコール
　　　　|　　　　|　　　　|
　　　OH　　　HO　　　OH
　　　　　O
　　　　　‖　→ (H₂O)
　　　　　C
　　　　H　H
ホルムアルデヒド

$\xrightarrow{\text{アセタール化}(\boxed{4})}$ ……—CH₂—CH—CH₂—CH—CH₂—CH—……
　　　　　　　　　　　　　　|　　　　|　　　　|
　　　　　　　　　　　　　　O　　　O　　　OH
　　　　　　　　　　　　　　　\　／
　　　　　　　　　　　　　　　CH₂

ビニロン（木綿と似た合成繊維）

（ポリビニルアルコール中の—OH の 30～40 % をアセタール化）

（注）ポリビニルアルコールは水に溶けやすいので、一部をアセタール化して水に溶けないようにする。

問2　a　ポリビニルアルコール $\left[CH_2-CH(OH) \right]_n$ の分子量を M とすると、くり返し単位の式量は 44 であるから、次式が成り立つ。

$$M = 44n = 4.4 \times 10^4$$

よって、$n = 1000$

b　分子量 M のポリビニルアルコール分子に含まれる—OH 数は重合度 n と同じで、$n = \dfrac{M}{44}$ 個である。このうち x [%] がホルムアルデヒドと反応（アセタール化）したとする。

アセタール化すると，－OH 2個あたり式量が12(C原子1個分)増加する。つまり，－OH 1個あたり式量が6増加する。

（注）  (問1の解説参考)

したがって，アセタール化による高分子全体の式量増加分は，

$$\underbrace{\left(\frac{M}{44}\times\frac{x}{100}\right)}_{\text{アセタール化された－OH数}}\times 6$$

よって，ビニロンの分子量は，　$M+\left(\frac{M}{44}\times\frac{x}{100}\right)\times 6$

ポリビニルアルコールとビニロンについて，分子量の比＝質量の比より，次式が成り立つ。

$$\begin{matrix}\text{ビニロン}\longrightarrow\\ \text{ポリビニルアルコール}\longrightarrow\end{matrix}\ \frac{M+\left(\frac{M}{44}\times\frac{x}{100}\right)\times 6}{M}=\frac{0.461\,\mathrm{g}}{0.440\,\mathrm{g}}$$

Mを消去すると，　$1+\left(\frac{1}{44}\times\frac{x}{100}\right)\times 6=1+\frac{0.021}{0.440}$

よって，　$x=35\,\%$

問3　ジアミン $H_2N-(CH_2)_m-NH_2$ とジカルボン酸 $HOOC-(CH_2)_n-COOH$ を縮合重合させて得られる重合物のくり返し単位は，次式のように表される。

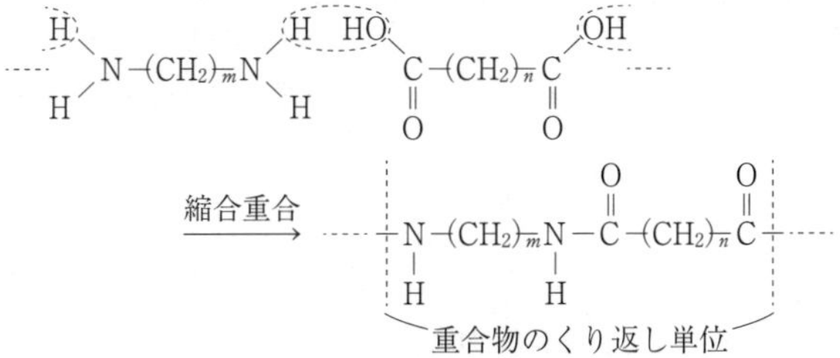

重合物中のN原子(原子量14)の含有率(質量%)は10.0%であるから，くり返し単位中に含まれるN原子も10.0%である。くり返し単位1個に含まれるN原子の数は2個であるから，次式が成り立つ。

$$\frac{\overset{\text{N}}{\overset{\downarrow}{14\times 2}}}{\underset{\text{CH}_2}{\underset{\uparrow}{14(m+n)}}+\underset{\text{NHCO}}{\underset{\uparrow}{43\times 2}}}\times 100=10.0\,\%$$

よって，$m+n=13.8\doteqdot 14$

第3章　天然高分子化合物

79

問1 ③　問2 ③　問3 [1]-④　[2]-③　問4 ③

問1　各糖類は，次のように分類される。

単糖類 $C_6H_{12}O_6$ …フルクトース，グルコース，ガラクトース

二糖類 $C_{12}H_{22}O_{11}$ …マルトース，ラクトース，セロビオース

多糖類 $(C_6H_{10}O_5)_n$ …デンプン，デキストリン，グリコーゲン

（注）デンプン，デキストリン，グリコーゲンはいずれも α-グルコースの縮合重合体である。デンプンを加水分解していくと，分子量がデンプンよりやや小さいデキストリンを経て，二糖類のマルトース，さらに単糖類のグルコースへと変化していく。グリコーゲンは動物デンプンともよばれ，動物のエネルギー貯蔵物質である。

短期攻略のツボ

糖類の分類

分子式
単糖類 $C_6H_{12}O_6$

$2C_6H_{12}O_6 \xrightarrow{-H_2O} C_{12}H_{22}O_{11}$ 二糖類

$nC_6H_{12}O_6 \xrightarrow{-nH_2O} (C_6H_{10}O_5)_n$ 多糖類

$nC_6H_{12}O_6 \xrightarrow{-(n-1)H_2O} H\text{-}(C_6H_{10}O_5)_n\text{-}OH$ オリゴ糖（$n=2\sim10$）

問2　①（誤）単糖類のグルコースとフルクトースは，ともに還元性を示す。しかし，その鎖状構造は，グルコースの方はアルデヒド基をもつが，フルクトースの方はアルデヒド基をもたずケトン基をもつ。

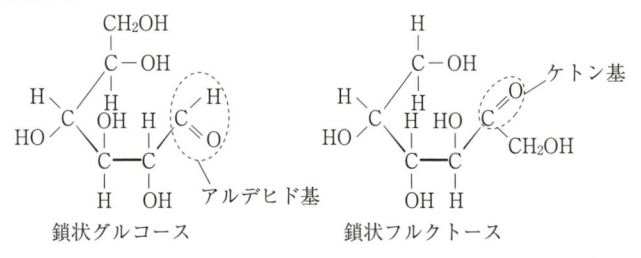

鎖状グルコース　　　鎖状フルクトース

（注）ケトン基は一般に還元性を示さないが，$R-\underset{\cdot\cdot}{C}O-CH_2OH$ のような構造では還元性を示す。

②（誤）スクロースは，α-グルコースと β-フルクトースが脱水縮合した構造をもつが，還元性を示す構造をつくるのに必要なヒドロキシ基-OH がそれぞれ結合に使われているため，還元性を示さない。

α-グルコース　β-フルクトース　→(−H₂O)　スクロース

③（正）　グルコースは，環状構造でも鎖状構造でも，ともに5個のヒドロキシ基−OHをもつ。

α-グルコース　⇌　鎖状グルコース　⇌　β-グルコース

（水溶液中での平衡）

（注）　不斉炭素原子の数

　　　α-グルコース　鎖状グルコース　β-グルコース
　　　　　5　　　　　　4　　　　　　　5

④（誤）　グルコースやフルクトースを完全にアルコール発酵させると，次式に示すように，1分子のグルコースやフルクトースから<u>2分子</u>のエタノールと2分子の二酸化炭素が生じる。

$$C_6H_{12}O_6 \xrightarrow[発酵]{酵母菌} 2C_2H_5OH + 2CO_2$$

　　グルコースなど　　　　エタノール　二酸化炭素

⑤（誤）　β-グルコースの縮合重合体であるセルロースを加水分解すると，二糖類のセロビオースを経て，グルコースを生じる。一方，α-グルコースの縮合重合体であるデンプンを加水分解すると，二糖類のマルトースを経て，グルコースを生じる。

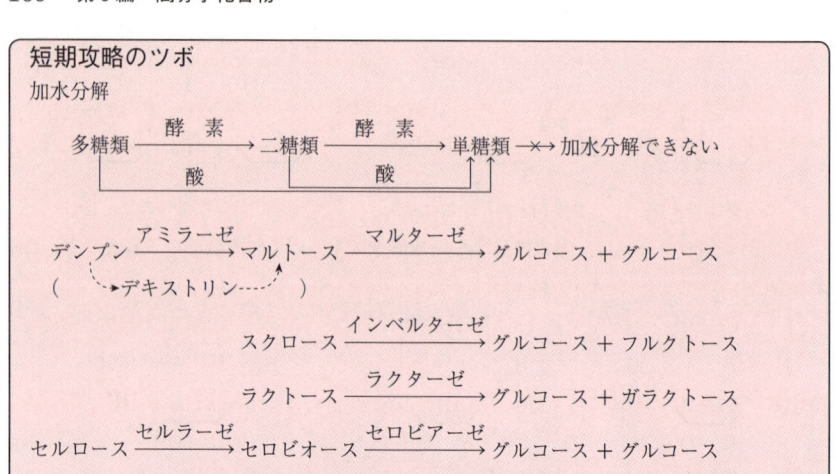

短期攻略のツボ

加水分解

多糖類 —酵素/酸→ 二糖類 —酵素/酸→ 単糖類 —×→ 加水分解できない

デンプン —アミラーゼ→ マルトース —マルターゼ→ グルコース ＋ グルコース
（┈┈▶ デキストリン ┈┈）

スクロース —インベルターゼ→ グルコース ＋ フルクトース

ラクトース —ラクターゼ→ グルコース ＋ ガラクトース

セルロース —セルラーゼ→ セロビオース —セロビアーゼ→ グルコース ＋ グルコース

インベルターゼ（スクラーゼ）によるスクロースの加水分解は転化ともよばれ，その生成物（グルコース＋フルクトース）は転化糖とよばれる。

問3 デンプンの水溶液にヨウ素溶液を加えると，ヨウ素デンプン反応が起こって，青色～青紫色に呈色する。デンプンの水溶液に唾液を加えて室温で放置すると，唾液中に含まれている酵素アミラーゼ（ 1 ）の作用により，デンプンが加水分解され，二糖類のマルトースが生じる。二糖類や単糖類は，ヨウ素デンプン反応を示さないが，還元性を示す。このため，加水分解後の溶液にフェーリング液（ 2 ）を加えて加熱すると，酸化銅（Ⅰ）Cu_2O の赤色沈殿が生じる。

（注） ヨウ素デンプン反応は，α-グルコースの縮合重合体に起こる反応で，高分子のらせん構造内にヨウ素分子が入り込むことにより呈色する。

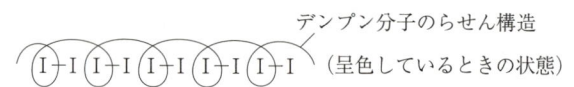

デンプン分子のらせん構造
(I)-(I)-(I)-(I)-(I)-(I)-(I)-(I) （呈色しているときの状態）

問4 ① デンプンもセルロースも，酸を触媒として完全に加水分解すると，単糖類のグルコースになる。

② デンプンは，酵素アミラーゼによって加水分解され，二糖類のマルトースになる。セルロースは，アミラーゼによっては加水分解されないが，酵素セルラーゼによって加水分解され，二糖類のセロビオースになる。

③ デンプンは多数の α-グルコースが縮合した構造をもち，セルロースは多数の β-グルコースが縮合した構造をもつ。

④ デンプンやセルロースなど炭水化物（糖類）は，一般式 $C_m(H_2O)_n$ で表される。

⑤ デンプンやセルロースなど多糖類は，還元性を示さないので，フェーリング液を還元しない。

以上より，セルロースには当てはまるが，デンプンには当てはまらない記述は，③である。

80

問1 ⑥   問2 ④   問3 ⑥   問4 ⑥   問5 ④

問1 ① (誤) タンパク質中の α-アミノ酸(約20種)のうち，グリシンのみ不斉炭素原子をもたない。

$$\underset{\alpha-\text{アミノ酸}}{\overset{R}{\underset{NH_2}{H-C^*-COOH}}} \quad (\text{不斉炭素原子}(R \neq H \text{のとき})) \qquad \underset{\text{グリシン}}{\overset{H}{\underset{NH_2}{H-C-COOH}}}$$

② (誤) タンパク質を構成する天然の α-アミノ酸には，システインやメチオニンのように，元素としてH, C, N, Oの他にSを含むものがある。

$$\text{システイン} \quad \overset{CH_2SH}{\underset{NH_2}{H-C-COOH}} \qquad \text{メチオニン} \quad \overset{CH_2CH_2SCH_3}{\underset{NH_2}{H-C-COOH}}$$

③ (誤) α-アミノ酸の水溶液は，酸性のものから塩基性のものまで種々ある。

<u>水溶液</u>

例 グルタミン酸 $\overset{(CH_2)_2COOH}{\underset{NH_2}{H-C-COOH}}$ 酸性

  リシン $\overset{(CH_2)_4NH_2}{\underset{NH_2}{H-C-COOH}}$ 塩基性

④ (誤) α-アミノ酸は，結晶中では次のような双性イオン(両性イオン)の状態で存在しており，酸の水溶液にも塩基の水溶液にも反応してよく溶ける。

例 アラニン

$$\overset{CH_3}{\underset{NH_3^+}{H-C-COOH}} \xleftarrow{\text{酸}(H^+)} \underset{\text{双性イオン}}{\overset{CH_3}{\underset{NH_3^+}{H-C-COO^-}}} \xrightarrow{\text{塩基}(OH^-)} \overset{CH_3}{\underset{NH_2}{H-C-COO^-}} + H_2O$$

⑤ (誤) アミド結合 −NHCO− をもつナイロン66を加水分解すると，ヘキサメチレンジアミンとアジピン酸が生成する。α-アミノ酸は生成しない。

$$\{NH-(CH_2)_6-NHCO-(CH_2)_4-CO\}_n + 2n\ H_2O$$
$$\text{ナイロン66}$$
$$\longrightarrow n\ H_2N-(CH_2)_6-NH_2 + n\ HOOC-(CH_2)_4-COOH$$
$$\underset{(\text{ジアミン})}{\text{ヘキサメチレンジアミン}} \qquad \underset{(\text{ジカルボン酸})}{\text{アジピン酸}}$$

⑥（正）α-アミノ酸にニンヒドリン溶液を加えて温めると，赤紫色に呈色する。この反応は，ニンヒドリン反応とよばれ，アミノ酸の検出に用いられる。（この反応は，タンパク質でも呈色する。）

短期攻略のツボ

α-アミノ酸の分類

〔中性アミノ酸〕… ┌──1分子中──┐
　　　　　　　　　　 −COOH 数 = −NH$_2$ 数
　　　　　グリシン，アラニン，チロシン，システイン，メチオニンなど

〔酸性アミノ酸〕… −COOH 数 > −NH$_2$ 数
　　　　　グルタミン酸　HOOCCH$_2$CH$_2$CHCOOH　など
　　　　　　　　　　　　　　　　　　　　|
　　　　　　　　　　　　　　　　　　　NH$_2$

〔塩基性アミノ酸〕… −NH$_2$ 数 > −COOH 数
　　　　　リシン　H$_2$NCH$_2$CH$_2$CH$_2$CH$_2$CHCOOH　など
　　　　　　　　　　　　　　　　　　　　　　　　|
　　　　　　　　　　　　　　　　　　　　　　　NH$_2$

問2 ①（正）この反応を，ビウレット反応という。トリペプチド以上（ペプチド結合 −NHCO− 2個以上）のペプチドであれば，この反応で赤紫色を呈する。これは，加えた Cu^{2+} がペプチド結合部位で配位結合を形成するためである。タンパク質（ポリペプチド）は，多数のペプチド結合をもつので，この反応が起こる。

②（正）この反応を，キサントプロテイン反応という。分子内にベンゼン環をもつタンパク質やアミノ酸は，この反応で黄色になり，さらに塩基性にすると橙黄色になる。これは，分子内のベンゼン環がニトロ化されるためである。

（注）ベンゼン環をもつα-アミノ酸

　フェニルアラニン　⌐￣￣￣⌐−CH$_2$−CH−COOH
　　　　　　　　　　|⟨　 ⟩|　　　　　|
　　　　　　　　　　└＿＿＿┘　　　NH$_2$

　チロシン　HO−⌐￣￣￣⌐−CH$_2$−CH−COOH
　　　　　　　　|⟨　 ⟩|　　　　　 |
　　　　　　　　└＿＿＿┘　　　　NH$_2$

③（正）酵素はタンパク質の一種であり，その触媒作用は温度や pH の影響を受けやすい。反応速度が最大になる温度（最適温度）は，一般に 35～40℃付近で，これより温度が高くなるとタンパク質の変性が進むため，急激に反応速度が低下する。また，反応速度が最大になる pH（最適 pH）は，中性付近であるものが多いが，酵素によって異なる。

酵素の例	最適 pH
アミラーゼ（だ液中）	約 7（中性付近）
ペプシン（胃液中）	約 1.5（酸性）
トリプシン（すい液中）	約 8（塩基性）

④（誤）タンパク質を加熱したり，タンパク質に酸・塩基，アルコール，重金属イオンなどを作用させると，変性が生じる。これは，タンパク質の立体構造が変化するためであり，ペプチド結合が切れるためではない。

⑤（正）タンパク質は，その構成成分により単純タンパク質と複合タンパク質に分類される。

　　単純タンパク質：加水分解すると，アミノ酸のみを生じるタンパク質
　　複合タンパク質：加水分解すると，アミノ酸以外に，糖類，色素，核酸，脂質，リン酸
　　　　　　　　　　などを生じるタンパク質

（注）タンパク質は，その形状により球状タンパク質と繊維状タンパク質に分類される。球状タンパク質は，水や酸・塩基，塩の水溶液にコロイド溶液となって溶けるが，繊維状タンパク質は，一般に水に溶けにくい。

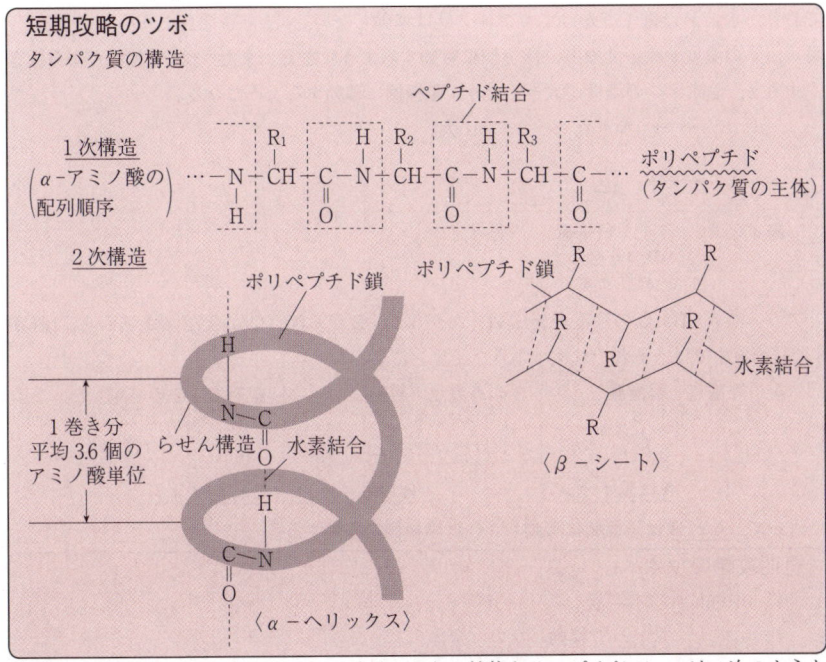

短期攻略のツボ

タンパク質の構造

1次構造（α-アミノ酸の配列順序）：…—N—CH—C—N—CH—C—N—CH—C—… ポリペプチド（タンパク質の主体）
　　　　　　　　　　　　　　　　　　|　 |　||　 |　 |　||　 |　 |　||
　　　　　　　　　　　　　　　　　　H　R$_1$ O　H　R$_2$ O　H　R$_3$ O

（ペプチド結合）

2次構造：
〈α-ヘリックス〉らせん構造，水素結合，1巻き分 平均3.6個のアミノ酸単位
〈β-シート〉水素結合

問3　グリシン2分子とアラニン1分子からなる鎖状トリペプチドの一つは，次のような構造をもつ。

```
 N末端                  H           H  CH₃   C末端
   H—N—CH₂—C—N—CH₂—C—N—C*H—C—OH  （C*は不斉炭素原子）
      |     ||        ||        ||
      H     O         O         O
    グリシン(Gly)  グリシン(Gly)  アラニン(Ala)
      残基          残基          残基
```

これを簡略化して表すと，

Gly－Gly－Ala*

その他の構造も同様にして表すと，以下のようになる。

Gly－Ala*－Gly, Ala*－Gly－Gly

各トリペプチドには，不斉炭素原子を1個もつAla*が含まれるので，それぞれ1組の光学異性体が存在する。よって，光学異性体も含めると，トリペプチドは全部で3×2＝6種類ある。

問4 この反応は，タンパク質を構成するアミノ酸に，システインやメチオニンのような硫黄Sを含むものがあるために起こる。このとき生じる黒色沈殿は硫化鉛PbSであり，この反応は硫黄Sの検出に利用される。

（注）卵白に含まれるタンパク質は，アルブミンやグロブリンである。

問5 アミノ酸は，等電点において，ほとんどが正・負電荷のつり合った双性イオンになっており，水溶液に電圧をかけてもアミノ酸は移動しない。pHを等電点より小さくすると，陽イオンの濃度が大きくなり，陰極側に移動するようになる。また，pHを等電点より大きくすると，陰イオンの濃度が大きくなり，陽極側に移動するようになる。

pH小 ← 等電点 → pH大
（＋） ← （±） → （－）
陽イオン　正・負電荷　陰イオン
　　　　　のつり合った
　　　　　双性イオン

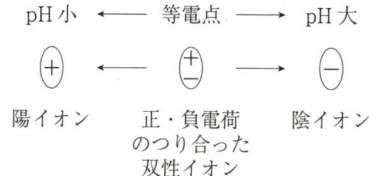

アミノ酸A，B，Cの等電点(pH)は，Aが3.22，Bが6.00，Cが9.72であるから，pHが8の緩衝液中では，それぞれ次のようなイオンになる。

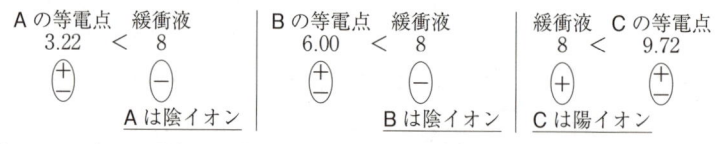

Aの等電点　緩衝液	Bの等電点　緩衝液	緩衝液　Cの等電点
3.22　＜　8	6.00　＜　8	8　＜　9.72
（±）→（－）	（±）→（－）	（＋）←（±）
Aは陰イオン	Bは陰イオン	Cは陽イオン

よって，<u>AとB</u>は陽極側に移動し，Cは陰極側に移動する。

短期攻略のツボ

〔例〕中性付近の水溶液

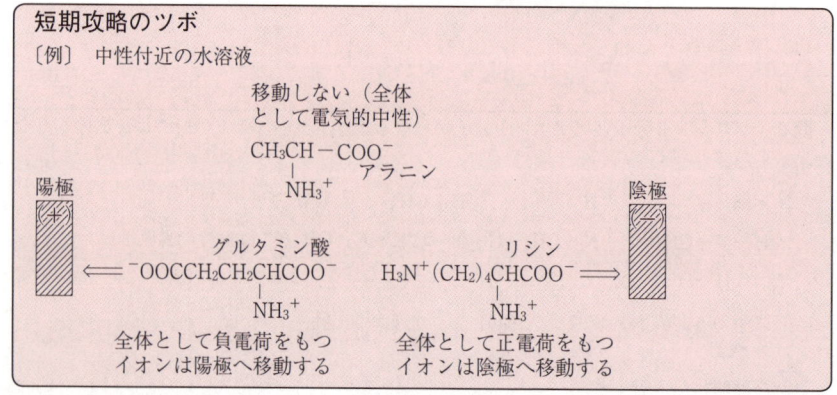

移動しない（全体として電気的中性）

$CH_3CH-COO^-$
　　│
　　NH_3^+　アラニン

陽極　　　　　　　　　　　　　　　　　　陰極
（＋）⇐　グルタミン酸　　　　　リシン　⇒（－）
　　　$^-OOCCH_2CH_2CHCOO^-$　　$H_3N^+(CH_2)_4CHCOO^-$
　　　　　　　│　　　　　　　　　　　　│
　　　　　　NH_3^+　　　　　　　　　NH_3^+

全体として負電荷をもつ　　　全体として正電荷をもつ
イオンは陽極へ移動する　　　イオンは陰極へ移動する

81

問1 ①　問2 ①　問3 ③　問4 a-④　b-③, ⑥（順不同）

問1 くり返し単位 $C_6H_{10}O_5$ の式量は162であるから，分子量 6.0×10^6 のセルロース $(C_6H_{10}O_5)_n$ の重合度 n（くり返し単位の数）は，

$$n = \frac{6.0 \times 10^6}{162} = 3.70 \times 10^4$$

セルロース分子

くり返し単位1個の長さは 0.40 nm であるから，このセルロース分子の長さは，

$0.40\,\text{nm} \times 3.70 \times 10^4 \fallingdotseq 1.5 \times 10^4\,\text{nm}$

問2 マルトースの加水分解反応は，次の(1)式で表される。

$C_{12}H_{22}O_{11} + H_2O \longrightarrow 2\,C_6H_{12}O_6$ ……(1)
マルトース　　　　　グルコース

また，グルコースのアルコール発酵は，次の(2)式で表される。

$C_6H_{12}O_6 \longrightarrow 2\,C_2H_5OH + 2\,CO_2$ ……(2)
　　　　　　　エタノール

(1)式より，マルトース $C_{12}H_{22}O_{11}$（モル質量 342 g/mol）500 g から得られるグルコースの物質量は，

$$\frac{500\,\text{g}}{342\,\text{g/mol}} \times 2 = \frac{500 \times 2}{342}\,\text{mol}$$

(2)式より，生成したグルコースから得られるエタノール C_2H_5OH（モル質量 46 g/mol）の最大質量は，

$$\left(\frac{500 \times 2}{342}\,\text{mol} \times 2\right) \times 46\,\text{g/mol} \fallingdotseq 269\,\text{g}$$

問3 発生したアンモニア NH_3 の物質量は，

$$\frac{224\,\text{mL}}{22.4 \times 10^3\,\text{mL/mol}} = 1.00 \times 10^{-2}\,\text{mol}$$

NH_3 1分子に含まれるN原子は1個なので，NH_3 1.00×10^{-2} mol に含まれるN原子の物質量は，1.00×10^{-2} mol である。

したがって，このタンパク質 875 mg に含まれていたN原子（モル質量 14 g/mol）の質量は，

$1.00 \times 10^{-2}\,\text{mol} \times 14\,\text{g/mol} = 0.140\,\text{g}\,(140\,\text{mg})$

以上より，このタンパク質に含まれる窒素の質量%は，

$$\frac{140}{875} \times 100 = 16.0\,\%$$

（注）単純タンパク質を構成する成分元素の質量%は，タンパク質の種類によらず，ほぼ

一定になっている。(C 50～55％, O 19～24％, N 15～19％, H 7～8％)

問4 **a** 核酸(ポリヌクレオチド)は、単量体に相当する ア ヌクレオチド が、鎖状に縮合重合した構造をもつ高分子化合物である。ヌクレオチドは、イ 五炭糖(ペントース) と ウ リン酸 と有機塩基からなる。五炭糖と有機塩基からなる部分は、ヌクレオシドとよばれる。

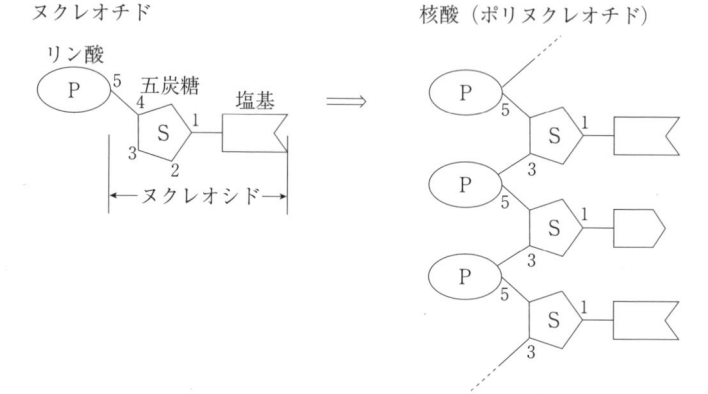

核酸には、DNA(デオキシリボ核酸)とRNA(リボ核酸)の2種類が存在する。

(注) DNAとRNAの違い

	DNA	RNA
構成する五炭糖	デオキシリボース $C_5H_{10}O_4$	リボース $C_5H_{10}O_5$
構成する有機塩基	アデニン(A) グアニン(G) シトシン(C) チミン (T)	アデニン(A) グアニン(G) シトシン(C) ウラシル(U)

リボース：脱水縮合するところ。デオキシリボースはここがHである。

DNAは遺伝情報を伝え、RNAはその情報に従ってタンパク質を合成する。

b DNAは、2本の分子間の AとT, GとC の部分で水素結合をつくり、二重らせん構造を形成している。(RNAは通常、1本鎖で存在している。)

(注) DNAはこの構造をとるために、含まれる4種の塩基について Aの数＝Tの数 かつ Gの数＝Cの数 が成り立っている。

短期攻略のツボ

核酸は，単量体のヌクレオチドどうしが糖部分(3位の−OH)とリン酸部分(−OH)で縮合重合してできたポリヌクレオチドである。

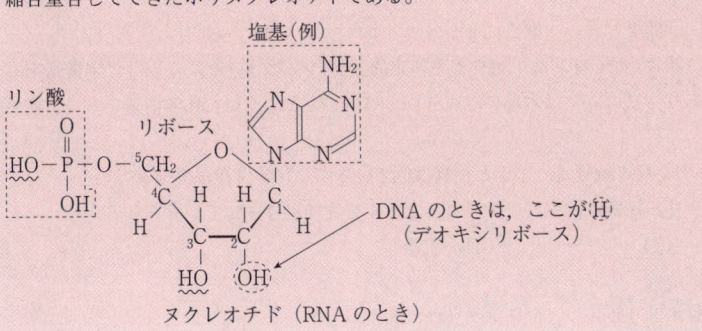

（リン酸）　（リボース）　塩基(例)

DNAのときは，ここがH（デオキシリボース）

ヌクレオチド（RNAのとき）

第4章 生活と高分子化合物

82

問1 ③　問2 ④　問3 a−⑤　b−⑥　問4 ④

問1 ①（誤）ナイロンは，絹や羊毛の主成分（タンパク質）とよく似た化学構造をもつ合成繊維であり，ビニロンは木綿の主成分（セルロース）とよく似た化学構造をもつ合成繊維である。

②（誤）アクリル繊維は，羊毛と性質は似ているが，化学構造は異なっている。

（注）アクリル繊維は，主にアクリロニトリルを付加重合させてつくられる。

$$n\,CH_2{=}CH{-}CN \longrightarrow {-}[CH_2{-}CH(CN)]_n{-}$$

アクリロニトリル　　ポリアクリロニトリル

③（正）銅アンモニアレーヨンやビスコースレーヨンは，セルロースからつくられる再生繊維である。

④（誤）ポリエステル（ポリエチレンテレフタラート）は，火をつけると，融解しながら黒煙を上げて燃え，黒褐色の塊を残す。

⑤（誤）ナイロンは，天然繊維と比べて吸湿性にとぼしい。

問2 ①（誤）鎖状構造をもつポリエチレンは，熱可塑性プラスチックであり，加熱するとやわらかくなる。

②（誤）三次元網目構造をもつフェノール樹脂は，熱硬化性プラスチックであり，加熱してもやわらかくならない。

③（誤）ポリ塩化ビニル $-[CH_2CHCl]_n-$ は，燃焼させると塩化水素 HCl を発生するが，硫黄 S 原子を含まないので，硫化水素 H_2S を発生することはない。

④（正）ポリスチレンは，発泡ポリスチレン（発泡スチロール）として，断熱材，緩衝材，梱包材として大量に使用されている。

⑤（誤）鎖状構造をもつポリプロピレンは，熱可塑性プラスチックであり，耐熱性はない。フライパンの表面加工には，耐熱性，不燃性，耐薬品性をもつポリテトラフルオロエチレン（フッ素樹脂）$-[CF_2CF_2]_n-$ が用いられている。

問3　a　陽イオン交換樹脂は，分子中にスルホ基−SO_3H などの酸性基を多く含む。この樹脂に電解質水溶液を通すと，酸性基から生じる H^+ と電解質の陽イオンが交換される。

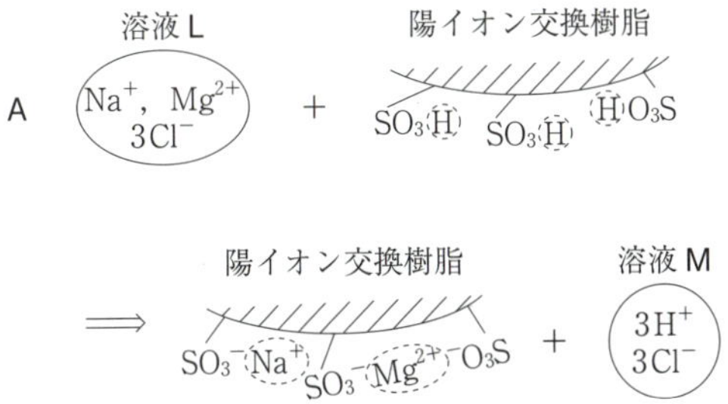

第4章　生活と高分子化合物　175

A　溶液L $(Na^+, Mg^{2+}, 3Cl^-)$ ＋ 陽イオン交換樹脂 $(SO_3^-H\ SO_3^-H\ HO_3S)$

⟹ 陽イオン交換樹脂 $(SO_3^-Na^+\ SO_3^-Mg^{2+}O_3S)$ ＋ 溶液M $(3H^+, 3Cl^-)$

よって，溶液Lから Na^+ と Mg^{2+} が除去できる。

　b　純水を得るためには，溶液M中の Cl^- をすべて OH^- と交換すればよい。これには物質Xとして陰イオン交換樹脂を用いる。陰イオン交換樹脂は，分子中に $-N^+R_3OH^-$（Rは CH_3 などのアルキル基）などの塩基性基を多く含む。この樹脂に電解質水溶液を通すと，塩基性基から生じる OH^- と電解質の陰イオンが交換される。

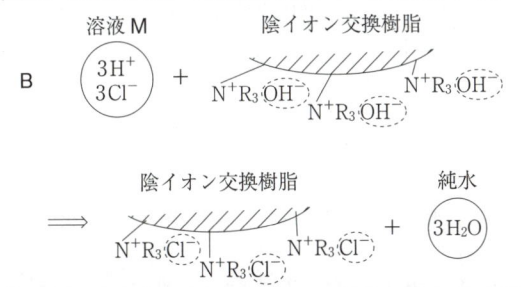

B　溶液M $(3H^+, 3Cl^-)$ ＋ 陰イオン交換樹脂 $(N^+R_3OH^-\ N^+R_3OH^-\ N^+R_3OH^-)$

⟹ 陰イオン交換樹脂 $(N^+R_3Cl^-\ N^+R_3Cl^-\ N^+R_3Cl^-)$ ＋ 純水 $(3H_2O)$

短期攻略のツボ

イオン交換樹脂
　Ⓐ　陽イオン交換樹脂　$R-SO_3H$
　Ⓑ　陰イオン交換樹脂　$R-CH_2-N^+(R')_3OH^-$
　R−はポリスチレンを母体としたもの

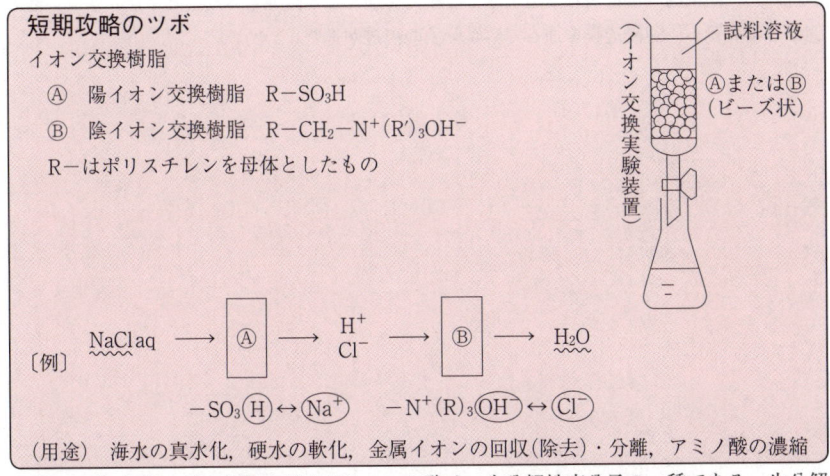

（イオン交換実験装置）　試料溶液　ⒶまたはⒷ（ビーズ状）

〔例〕　$NaClaq \longrightarrow$ Ⓐ $\longrightarrow \begin{array}{c}H^+\\Cl^-\end{array} \longrightarrow$ Ⓑ $\longrightarrow H_2O$

　　　$-SO_3(H)\leftrightarrow (Na^+)$　　$-N^+(R)_3(OH)\leftrightarrow (Cl^-)$

（用途）　海水の真水化，硬水の軟化，金属イオンの回収（除去）・分離，アミノ酸の濃縮

問4　①（正）　ポリ乳酸やポリグリコール酸は，生分解性高分子の一種である。生分解性高分子は，微生物の作用によって，生体内や自然環境の中で安全な物質に分解されていく。ポリ乳酸でつくられた手術糸は，体内で一定期間が経過すると，分解・吸収されるので，

抜糸しなくて済む。

ポリ乳酸 $\left[CO-CH-O \atop \quad\quad CH_3 \right]_n$　　ポリグリコール酸 $\left[CO-CH_2-O \right]_n$

②（正）　一般に，高分子化合物は電気を通しにくいが，ポリアセチレン $\left[CH=CH \right]_n$ にヨウ素を加えると，金属に近い電気伝導性を示すようになる。このような高分子化合物は，導電性高分子とよばれる。

③（正）　ポリアクリル酸ナトリウム $\left[CH_2CH(COONa) \right]_n$ は水溶性の高分子化合物であるが，架橋化して三次元網目構造としたものは，高い吸水・保水性をもつ物質になる。このような高分子化合物は吸水性高分子とよばれ，紙おむつや土壌保水剤として役立っている。

④（誤）　成形後にその形を変形しても，ある温度以上に熱すると元の形にもどる高分子化合物は，形状記憶高分子とよばれる。形状記憶高分子には，トランス−ポリイソプレンなどが用いられる。ポリメタクリル酸メチル（メタクリル樹脂）は，このような性質をもたない。ポリメタクリル酸メチルは有機ガラスともよばれ，硬質で透明度が高いので，航空機の窓，眼鏡レンズ，光ファイバーケーブルなどに用いられる。

$\left[CH_2-C(CH_3) \atop \quad\quad COOCH_3 \right]_n$
　ポリメタクリル酸メチル
　　（有機ガラス）

⑤（正）　酢酸セルロースは，人工透析用の透析膜として，また，海水を淡水化するときに用いる逆浸透膜として，役立っている。

　［参考］　逆浸透：溶液側に浸透圧以上の圧力を加えると，通常の浸透とは逆向きに，溶液側から溶媒側へ，逆浸透膜を通って溶媒分子の浸透が進む。